U0173469

本书为全国教育规划2017年度单位资助教育部规划课题《"生命课堂"的理论与实践研究》（课题批准号：FBH170585）的研究成果。

生命课堂论

夏晋祥生命课堂论文集

夏晋祥 著

上海财经大学出版社

图书在版编目(CIP)数据

生命课堂论:夏晋祥生命课堂论文集/夏晋祥著 . 一上海:上海财经大学出版社,2021.8

ISBN 978-7-5642-3769-1/F・3769

Ⅰ.①生… Ⅱ.①夏… Ⅲ.①生命科学-文集 Ⅳ.①Q1−0

中国版本图书馆 CIP 数据核字(2021)第 079605 号

□ 责任编辑　杨　闯
□ 封面设计　贺加贝

生命课堂论
——夏晋祥生命课堂论文集

夏晋祥　著

上海财经大学出版社出版发行

(上海市中山北一路 369 号　邮编 200083)

网　　址:http://www.sufep.com

电子邮箱:webmaster@sufep.com

全国新华书店经销

江苏凤凰数码印务有限公司印刷装订

2021 年 8 月第 1 版　2021 年 8 月第 1 次印刷

710mm×1000mm　1/16　17.5 印张(插页:2)　276 千字

定价:78.00 元

自　序

　　从小我就是一个主体性比较强、记忆力也比较好的人，但是现在能记住的小时候的事情已经不多了，可有两件事到如今还记忆犹新：一是在自己 5 岁刚入学时，开学不久的一节数学课，一位很年轻的女教师问了全班一个问题："5 根手指加 5 根手指等于多少根手指呀？"我抢着做了发言："等于 9 根！"老师不说话看着我，从教室的另一边径直地走到我面前，把我的小手拉了起来，大声地对着全班同学说："拿刀来，拿刀来……把多的这根手指砍下来！"年幼无知的我，当时就被这位老师吓得哇哇大哭，以至于以后看到这位老师就害怕，一上数学课就害怕，最后发展到一见数学就害怕！所以，从小学到高中，我的数学成绩一直是各门学科最差的，高考成绩也是因为数学成绩拖后腿导致没有考上心仪的大学。二是在上小学二年级语文课时，现在都还清晰地记得我坐在教室第一排，有一次一位和蔼可亲的男老教师问了一个问题，我也抢先做了发言，想不到的是这位老教师不仅表扬了我，还走到我面前给我竖起了大拇指，记忆中着实让我高兴了好几天。这个老师（非常可惜我不知道这位老师的名字，记忆中这位老师只教过我们几次课就离开了我所在的这所偏远落后的农村学校）对我的语文学习起到了很大的促进和推动作用。在基础教育的学习阶段，语文学科一直都是我的优势学科，在自己所在的班级或学校同年级考试中成绩经常是第一名。在我人生的许多关键时刻，不管是从在当时大学本科录取率非常低却能从乡村中学以优异的成绩考上大学、从老区高校调到特区深圳市教育局从事局长秘书工作，还是从中国到美国学习工作，都是"文字"能力让我脱颖而出，不断超越，不断成长！

　　可见，教师的教育理念，课堂教学能力和水平，对幼小孩子的关怀、鼓励和期待是多么的重要！在不同的教育理念指导下，就会有不同的课堂教学行为，产生不同的课堂教学模式。一个人能成为优秀教师，其根本就是因为他内心有爱,爱学生、爱学校、爱教育,这种爱会激发他不断学习、丰富自己、完善自己,聚集世界所有的光和热,去哺育学生、温暖学生!因为老师的鼓励、赞扬和期待,让我喜欢上了语文,喜欢上了老师甚至喜欢上了教育!所以,在填写高考志愿时,我填写了多所师范大学的"学校教育"专业。大学毕业后,我也一直都是从事教育工作,从未离开过学校,一直耕耘在这片"净土"里,也一直关注和研究着"三教"问题(教师、教材、教法)。

由于各种机缘的关系,我在深圳有相当长一段时间从事着中小学校长的培训工作,所以与基础教育有了更加直接的联系,有更多机会接触基础教育一线的老师,有更多机会去向基础教育一线的老师学习。记得自己2002年从美国留学回来后,正赶上中国基础教育第八次课程改革时期,便深入大、中、小学听课1 000多节。在这个过程中,发现尽管我们现在所处的时代与过去相比已发生了很大的变化,现在我所处的地域与小时候也有了天壤之别,但教育的根本问题并没有得到很好的解决,深深感到中小学学生太苦了、中小学教师太累了。当今中国的课堂,是一种理性主义盛行、知识至上、教师中心的"知识课堂"。这种课堂片面追求对客观知识的授受,而忽视了更加重要的唤醒师生生命意识、激发师生生命潜能、提升师生生命境界、促进师生生命发展的课堂教学价值。最终导致课堂教学的严重异化,教师越教,学生越不会学、越不爱学。这不仅弱化了学生的主体意识,学习的主观能动性也无法充分发挥出来,而且学生的情感被忽视,生命的灵感被抽象化,学生的创新意识和创造性都受到了遏制。

所以,作为一个有教育情怀、有志于投身中国教育改革事业且长期从事教育理论与实践研究的教育工作者,有责任和义务对我国教育存在的这些问题去进行深入的研究,更重要的是要找出解决问题的办法。于是,我提出了"生命课堂"这个全新的课堂教学概念,积极进行理论的思考与建构,撰写了几十篇有关"生命课堂"的理论文章,在我国基础教育理论与实践研究最权威刊物《课程·教材·教法》及其他刊物开设了3个"生命课堂研究"专栏,出版了《生命课堂研究丛书》,思政课"生命课堂"教学方法改革项目被列入教育部2018年择优推广计划,还积极在实验学校与教师一起营造新的课堂生活,并摸索出了一套初见成效的"生命课堂"课堂教学实践操作模式。与此同时,我还到全国100多所学校包括台湾大学宣讲"生命课堂"理念,以期通过我们的努力,让实验学校通过积极构建"生命课堂",营造"生命校园",从而形成"生命教育"的模式,使我们的教育真正能做到"赏识生命,激励生命,成就生命",使我们的教育真正成为学生生命的福音!

　　"生命课堂"作为一个教育学概念提出的时间在我国只有短短十几年,但"生命课堂"思想在我国却是源远流长,有着悠久的历史文化传统。"生命课堂"在当前我国的课堂教学实践中,则呈现出方兴未艾之势,其未来也必将成为我国课堂教学的常态!结集出版我的"生命课堂"论文,正是想通过个人的一点点努力,不断地去推动"生命课堂"成为我国课堂教学的常态,为中国的课堂教学改革尽自己的一份绵薄之力、做出自己应有的一份贡献!

夏晋祥

2021 年 1 月 9 日

目　录

公开发表的其他主要论文

理论研究篇

"生命课堂"基础理论研究

一、论人类教育价值追求的三次转换

(一)三种教育价值追求

价值是一个具有广泛意义的社会范畴,它的产生同人的需要紧密相连。马克思曾说过:"价值这个普遍概念是从人们对待满足他们需要的外界事物关系中产生的。"所以,"价值"概念,就其深层而言,它是指客体与主体(人)的需要之间关系的普遍范畴,即客体满足人的需要的关系。教育价值是指作为客体的教育现象的属性与作为社会实践主体的人的需要之间的一种特殊关系。由于作为客体的教育现象的属性与作为社会实践主体的人的需要之间的特殊关系总体来说主要体现在教育与教育自身需要之间的关系、教育与外部社会需要之间的关系以及教育与人的发展需要之间的关系三个方面,这就决定了教育价值追求也体现在三个方面,即教育的内适质量的追求、外适质量的追求以及人文质量的追求。

所谓教育的内适质量,是一种用教育系统内部制定的质量标准进行评价的质量判断,是根据教育自身内部需要、自身的内在逻辑体系为标准来判断教育的质量与价值,主要体现为一种知识的学习和一个阶段的学习为另一种知识的学习及以后阶段的学习所作准备的充分程度。内适质量高低的主要标准就是看学生掌握知识的多少,学生掌握的知识多,考试成绩好,分数高,就为学生另一种知识的学习及以后阶段的学习(如字为词的学习,小学为初中的学习)做好了充分的准备。外适质量是指学校培养的人才为社会的政治、经济、文化的发展所作准备的充分程度。它是以外部的社会需要为标准来判断教育的质量与价值。外适质量的主要标准就是看通过教育培养的学生满足社会需要的智能发展水平。知识多并不一定能力强,"高分低能"就是例证。所以,在外适质量观看来,离开了外部社会的需要来谈教育自身的质量与价值是毫无意义的。人文质量是指教育满足人身心健康发展和满足社会人文水平的提高所作准备的充分程度。它主要以学生身心健康发展需要为标准来判断教育的质量与价值。教育的人文质量观认为,促进学生知识的丰富和智能的发展是教育的一种工具性的价值目标,学生掌握知识发展能力是为学生的生命发展服务的。如果教育是通过压抑学生的思想,甚至是摧残学生的生命为代价来获得学生的某些知识与能力的发展,在人文质量观看来,这种教育质量也是意义不大的。知识、智能与情感态度价值观的统一,即内适质量、外适质量和人文质量的统一是教育价值追求的理想目标。迄今为止,人类的教育价值追求经过了三个大的发展阶段:注重知识、发展智能、尊重生命,也可以称为为生存而教、为发展而教、为享受而教三个阶段。但在不同的历史时期和在不同的教育发展阶段,知识、智能与情感态度价值观三者的地位及由此所形成的关系结构却存在很大的差异,每个教育发展阶段的核心价值追求都有所不同,但其总的核心价值追求趋势是如我国有些学者所言"从知识化、认知化到重视情感体验及情感发展"。教育价值追求的每一次转换既有否定的一面,即新的教育价值追求否定、取代了过去的教育价值追求;也有继承与发展的一面,即新的教育价值追求继承与发展了过去的教育价值追求中的合理成分,并在新的历史条件下不断发展与补充,获得了新的内涵,最终形成了全面的科学的教育价值追求!

(二)人类教育价值追求的三次转换

人类对教育价值的认识与追求,是与一定的社会政治经济的发展紧密相连的,又与人们对教育的本质与功能的认识密切相关。有什么样的政治和经济形态就会有什么样的教育价值追求。人类社会的政治和经济的发展经过了一个漫长的过程,与此相适应,人类对教育价值的认识及追求,也是随着一定社会政治和经济的发展而不断深入与发展的。

1. 远古落后时代:"为生存而教"

"为生存而教"的根本特征就是仅注重生产、生活知识的传授。人类初期,生存的环境极其恶劣,所以彼时彼刻,人类要生存,就必须尽快地将前人在生产生活实践中总结出来的经验性知识传之他人、传之下一代,否则,人类社会将难以为继。因此,"为生存而教"就成为当时教育的最迫切需要。即使在近代,尽管社会生产力有了很大的发展,人类生存的外部环境也有了很大的改变,但由于人们对教育的本质的认识受思维惯性的影响并没有多少改变,所以在对教育价值的认识与追求上,仍然仅强调知识的接受与占有,如在欧洲的 17—18 世纪,理性成为判决一切的标准与权威,理性主义哲学成为时代的一面大旗,培根的"知识就是力量"、斯宾诺莎的理智拯救说、黑格尔的"绝对精神",都是近代理性主义哲学的宣言。受其影响,教育也一味强调追求真知识、真观念,甚至为了达到这一目标,教育可以牺牲教师和学生人格的充分自由发展,这种片面追求外在工具价值的单向发展即哈贝马斯所说的理性的单向发展。如夸美纽斯的"泛智"教育理想,就是概括和综合全部人类知识,即普遍的广泛的知识,使所有的人都能接受教育,主张把"一切事物教给一切人"。还有如第斯多惠、赫尔巴特、斯宾塞等人也从不同的侧面表达了理性化教育理想。特别是赫尔巴特的四阶段教学理论和斯宾塞"科学知识最有价值"这一经典命题的提出,为当时对教育价值的认识与追求做了最好的说明。

在我国,自孔子开始,在教育价值的认识与追求上就偏重让学生掌握牢固、系统的书本知识,在学习方法上强调"记诵之学",形成了明显的以知识为本的倾向。如我国称教师为"先生",指的就是教师生活在先,掌握更多的生产与生活知识,教师的主要作用就是教给学生各种生活与生产知识;"学生"主要从书本和教师身上学习各种生活与生产知识。陶行知先生对中国教育的这种价值认识与追求有过深刻的批判:中国教育的一个"普通的误解,便是一提到教育就联想到笔杆和书本,以为教育就是读书写字,除了读书写字之外,便不是教育"。

通过对人类历史的简单回顾,我们知道,面对落后的生产方式,教育也用落后的形式为其服务,教育与知识的关系简单明了,就是"为生存而教"。彼时彼刻,教育的外在工具价值得到了最充分的体现与实现!它使得人类得以保存和延续下来,知识本身所具有的直接使用价值和发展价值也得到了充分的实现!

2. 近现代发展时代:"为发展而教"

"为生存而教"在世界各国的教育发展历史上,都占据了相当长的历史时期,一方面是由于生产力的发展是一个渐进的过程;另一方面,某些习惯行为、思想观念一旦形成,也有极强的惯性。

作为对"为生存而战"的适应,教育"注重知识"是有其存在的合理性和必要性,但自觉的能动性是人类的特点,当人类度过了"生存"的危机而高举"发展"的大旗奋勇开拓时,仅仅依靠先人积累的生产与生活的知识是远远不够的了。作为受制于人类的生产活动同时又服务于人类的生产活动的教育,必须"为发展而教"。社会历史的发展在此时要求教育不仅要传授先人积累的各种各样的知识和规范,更重要的是要发展人类的智力和能力,培养人的创新意识和实践能力,以促进社会更快更好地发展,于是发展学生的智能水平成为教育的主流。这正如认知心理学代表人物布鲁纳在其著作《教育过程》中开宗明义所指出的:由于人们处于迅速发展为特征的社会,个人和国家要想更好地得到发展,有赖于年轻一代智能的充分发展,因此发展学生的智能就成为教育的主要目的,教育主要是培养学生的操作技能、想象技能以及符号运演技能。澳大利亚科学、技术与工程理事会(Australian Science and Technoligy Council)在20世纪末发表了影响广泛的《澳大利亚未来的基石——小学的科学与技术教育》报告,指出由于社会的不断发展,要求人们具有与之相适应的科学技术能力和阅读写作水平,而传统教育和纯粹意义上的知识教学,已不能适应现代社会对教育的要求,现代社会的发展要求学校通过教育培养学生们的质询意识、分析技巧、抽象思维能力、解决问题的能力和创造能力。我国是世界上最大的发展中国家,社会的发展需要大量的智高能强的人才,在1999年6月13日公布的《中共中央国务院关于深化教育改革全面推进素质教育的决定》中明确指出,实施素质教育,重点是"培养学生的创新精神和实践能力",以适应我国社会迅速发展的需要。

"为生存而教"和"为发展而教"使教育的外在工具价值得到了最充分的实现!在当时的历史条件下,教育的主要价值追求体现为外在和客体的"传授知识"和"发展智能",既体现了社会发展的需要也反映了人们对教育本质的认识水平,其合理性和必要性是显而易见的。其实一直到近代,人类历史都主要执着于对客体性的追求。人类之所以对主体相对缺乏应有的关怀,完全是因为人类在客体面前尚未长大的原因。实践的历史产生了主客体的对立与分离,同时也产生了主体对客体漫长的遵从。但教育外在工具价值的实现和外在适应论的标准和机制带来了如日本学者池田大作所言的两个弊病:"一是学问成了政治和经济的工具,失掉了本身应有的主动性,因而也失去了尊严性;另一个是认为唯有实利的知识和技术才有价值,所以做这种学问的人都成了知识和技术的奴隶,由此产生的结果是人类尊严的丧失。"教育神圣的生命价值,在这种工具性教育中荡然无存!教育一旦把工具价值作为根本,把知识、能力、分数作为根本的追求,教育就不再是给生命自由和幸福的"福祉",而是违反生命的本性,成为生命的"痛苦之源"。教育和人都成为工具,成为"异化"社会的奴役对象,其不合理性也是显而易见的,对它的摒弃也就成为历史的必然了!

3. 当代知识经济时代:"为享受而教"

教育的根本目的有两种:一种是"有限的目的",即指向谋生的外在的目的;另一种是更为重要的"无限的目的",即指向人的自我创造、自我发展、自我实现的内在的目的。但在人类社会的生存与发展阶段,教育的主要功能只是教人去适应、掌握、发展外部的物质世界,着力于教会人的是"何以为生"的知识与本领。它放弃了"为何而生"的内在目的。它不能让人们从人生的意义、生存的价值等根本问题上去认识和改变自己,它抛弃了塑造人自由心灵的那把神圣的尺度,把一切教育的无限目的都化解为谋取生存适应的有限目的。教育的这种"外在化"弊病,造成了人只求手段与工具的合理性,而无目的的合理性。其实科学的教育,不仅要让学生"学会"前人积累下来的各种经验与规则,还要发展学生的智力和能力,让学生变得更"会学"。但最重要的是,要能通过我们的教育,让学生体会到知识与科学的美丽与神奇,充分体现学生个人的经验、价值与情感,使学生在教育中体会到自我生命的意义与价值,充分享受到教育对人的精神需要的满足与促进,变得更"爱学"。这样的教育,就成为学生生命意义得以彰显、生命价值得以尊重的场所,成为学生的创造之源、幸福之源,成为师生一起成长共同享受的殿堂!因为人的生命延续和发展都需要教育,教育是生命存在的形式,是生命的一种内在品性,是生命自身的内在需要,正如教育人类学家所说,教育唯一地属于人,教育和生命内在地融合在一起。当教育成为学生生命延续和发展的需要,受教育的过程是学生需要满足的过程,是学生生命价值被不断发现、不断提升,得到尊重的过程,那么在这种教育中,学生就可以不断地获得自由和幸福,获得一种精神上的享受!

另一方面,人类社会经过生存与发展阶段,社会财富的原始积累和不断扩充,为人类自身的进一步发展打下了坚实的物质基础。人类在不断地征服自然的过程中,也在不断地反思:人类不断发展的目的是什么?马克思主义经典作家对这个问题进行了终身思考并为之探索和奋斗了一生。他们的著作《德意志意识形态》《资本论》《社会主义从空想到科学的发展》等，都论述了人是人的最高目的，人类不断追求的目的，就是要让人自身得到全面和谐、自由的发展。马克思曾经说过，未来的社会是"以每个人的全面而自由的发展为基本原则的社会形式"。这就是说，发展社会生产力和经济文化不是人类的最终目的，发展人类自身才是发展社会生产力和经济文化的终极目标。

正是基于以上我们对社会历史发展要求及教育本质的考察，我们认为，教育作为一种社会人的生产活动，是与总的历史发展相适应的，它的目的不仅反映社会对人的发展的需要，而且也反映作为社会生活主体的人对自身发展的追求，二者有着内在统一性。在今天，人类已经意识到也有条件去实现教育价值的根本转换：从为了社会到为了人。把自己当成最根本的目的，去享受前人和我们自己所创造的各种物质和精神的文明，包括享受我们的教育活动。因此，"为享受而教"就成为时代的强音！这种教育就成为培养真正的人的活动——引导学生去欣赏和享受人类的精神文化遗产并构筑自己的精神家园，引导学生去过道德的、善的生活，培养学生的独立性、主体性和创造性！而"注重知识"体现为一种外在的目的，忽视了最根本的人，使高贵的人只成为被奴役、被利用的社会的工具和手段。社会的发展和本真的教育要求我们关注人，关注生命的价值与尊严，以学生为本，要"尊重生命"。情感心理学教学理论认为真正的学习涉及整个人，而不仅仅是为学习者提供事实，主张教学的根本目的是促进学生成为一个完善的人，正是体现了这一观点。而我国目前进行的新课改把培养学生正确的情感态度价值观作为课程的基本要求和教学指导思想也正是代表了这一发展趋势！

(三)教育必须要尊重生命

教育要"尊重生命"，是由于教育起于生命、依据生命、服务生命。生命是教育的基础，主要体现在：一是生命价值是教育的基础性价值；二是生命的精神能量是教育转换的基础性构成；三是生命体的积极投入是学校教育成效的基础性保证。教育与人的生命和生命历程密切相关。教育的开展既需要现实的基础——生命个体，又要把提升人的生命境界、完善人的精神作为永恒的价值追求。教育受制于生命发展的客观规律，它必须遵循个体身心发展的规律来进行。教育的生命基础特性决定了教育必须依据生命、尊重生命、提升生命。

　　教育要"尊重生命"，还因为，第一，学生生命个体是"意识的存在物"。正是由于学生是有意识的存在物，学生才可能现实地成为实际活动着的、实践创造着的主体，才能进行自由自觉的活动，才能不断地根据自己的意愿和追求塑造着理想世界。第二，学生生命个体是"能动的存在物"。这里讲的能动性，是指人们通过实践，能动认识世界和能动改造世界。自觉的能动性是人的特点，人的这种自觉能动性，是人区别于物的根本标志。正是由于人的这种自觉能动性，人再也不像一般动物那样，听任自然的摆布，而是把自身和自然界区别开来、个体与群体区别开来，并且在实践中不断地去能动认识世界和能动改造世界，以满足自己的生存、发展和享受的需要，并不断推动着人类社会的发展和进步。学生作为"能动存在物"，体现在学校生活中，他们是天生的学习者、人人都可以创新、潜能无限、具有较强的独立性。教育尊重了学生的这些特性，就等于是保护了他们最大发展的可能性。第三，学生生命个体是"独特的存在物"。每一个学生的生命都是独特的，这种独特性以其独特的遗传因素与环境相互作用，并通过其经历与经验、感受与体验体现出来。国内外许多学者都强调对生命个体独特性的尊重，并把这种独特性和差异性当成教育教学的宝贵资源，"并以之作为教学的出发点"而加以开发和利用。

　　教育要"尊重生命"反映了教育哲学观的变迁。主知主义教育哲学把传授终身受用的知识、发展人的理性作为教育的最终目标。这种"知识中心主义"后来衍变成教育的工具化与实用逻辑。这种教育具有外施性、强制性、分离性的特性，而没有达到内外一体的体验境界，缺少应有的生命活力和育人魅力。"知识完成了理性的事业，而理性则成了同人的需要、人的情感、人的意志、人的生活绝对无关的东西，它实际上已经从现实的人中抽象出来、独立出来了。因此，传统理性主义所理解的知识的理性化，也就是知识的非人化、知识的非社会化。"教育的异化正是伴随着理性与人的情感、意志、需要相脱离开始的。工具理性支配下的教育实践从根本上是与人的生命活动相隔离的，它剥夺了个体发展生命、创造生活的权利，这种教育使受教育者被淹没在理性编织成的"科学世界"中，而遗忘了丰富多彩的生活世界——一个充满生活的意义与价值的世界、一个充满鲜活体验的世界。随着社会的发展，人们通过对"技术至上"时代所造成的人的物化、异化的深刻批判与反思,在认识论上倾向于用人文哲学去找寻人类已经失去的精神家园,教育得以从理性王国回归生活世界、回归生命、回归和谐。当前国际上流行的现象学的、存在主义的、解释学的、后现代的课程与教学理论皆有这种特点。教育哲学观的这种变迁反映了教育由对客观知识的占有转到对生命价值的追求,由重生存的技能转向重存在的生活意义,教育要"尊重生命"正是反映这种转变的产物。

参考文献

[1][德]马克思,恩格斯.马克思恩格斯全集(第19卷)[M].北京:人民出版社,1965.

[2]戚业国,陈玉昆.论教育质量观与素质教育[J].中国教育学刊,1997(3):26—29.

[3]朱小蔓.关于学校道德教育的思考[EB/OL]. http://www.sina.com.cn.

[4]中央教科所.陶行知教育文选[M].北京:教育科学出版社,1981.

[5]施良方,崔允漷.教学理论:课堂教学的原理、策略与研究[M].上海:华东师范大学出版社,1999.

[6]张彤,唐德海,蒋士会.现代教育圣经[M].广州:广东旅游出版社,2000.

[7][日]池田大作,[英]汤因比.展望二十一世纪[M].荀春生,等译.北京:国际文化出版公司,1985.

[8]鲁洁.通识教育与人格陶冶[J].教育研究,1997(4):16—19.

[9][德]马克思,恩格斯.马克思恩格斯全集(第23卷)[M].北京:人民出版社,1972.

[10]冯建军.教育即生命[J].教育研究与实验,2004(1):23—26.

[11]郭思乐.教育走向生本[M].北京:人民教育出版社,2001.

[12]刘慧,朱小蔓.多元社会中学校道德教育:关注学生个体的生命世界[J].教育研究,2001(9):8—12.

[13]卢敏玲.课堂学习研究——如何照顾学生个别差异[M].北京:教育科学出版社,2006.

[14]林建成.现代知识论对传统理性主义的超越[J].社会科学,1997(6):42—45.

[15][加]马克斯·范梅南.教学机智——教育智慧的意蕴[M].李树英,译.北京:教育科学出版社,2001.

(本文发表于《教育研究与实验》2008年第4期)

二、我国课堂教学价值追求的演进

课堂教学是在教育目的规范下,教师根据一定社会的要求,有目的、有计划,系统地激发、强化、优化学生的自主学习,从而帮助学生掌握知识、发展智能、形成健全心灵的一种活动。知识、智能与情感态度价值观的统一是课堂教学价值追求的理想目标。在不同的历史时期和不同的教育发展阶段以及在不同的教育工作者思想观念中,对课堂教学本质、功能及价值追求的认识是不同的,课堂教学价值追求的发展与变化,是随着社会历史的发展变化和人们对教育本质与功能认识的不断深入而不断发展变化的。

(一)"双基"教学的回顾——新中国成立以来课堂教学价值追求的演进及文化背景透视

1."双基"教学理论的演进

基本知识和基本技能(双基)是学生进一步掌握知识的阶梯,也是培养创新思维的前提,是人进一步发展的重要基础。因此,教学中教师必须加强基本知识和基本技能的教学,并从不同角度、不同层面去努力实现。所以,我国一直都非常重视基本知识和基本技能的教学。所谓"双基"教学,可以看作是以"基本知识和基本技能"教学为本的教学理论体系,在实践过程中逐渐地形成了一种教学模式。中国"双基"教学理论与西方的教学理论流派不同,没有公认的倡导者或权威性著作。它是新中国教育界几代人成功实践探索的理论结晶,不仅对中国当代的教育理论研究与实践产生了深刻的影响,也算得上是中国教育工作者对世界教育理论宝库的重要贡献。在这里,我们不妨先对我国"双基"教学问题作一个简单的历史回顾。

新中国成立后60多年数学教学发展的历史大致可以分成五个阶段:

第一阶段:加强基础知识教学

新中国成立初期,全面学习苏联,引进苏联的教学大纲和教科书。这段时期主要强调加强基础知识教学。

第二阶段:加强"双基",加强基本能力训练

经过20世纪60年代的教学实践发现,仅加强基础知识教学是不够的,还必须加强基本能力的训练,知识才能巩固并应用。那一时期人们普遍认为,基础知识教学和基本技能训练是相互联系、相辅相成的。基本技能训练应以掌握基础知识为前提,基本技能训练又能促使基础知识的巩固。

第三阶段:加强"双基",重视发展智力

我国改革开放后,教育系统拨乱反正,对中小学的教学内容和教学方法进行深刻的反思。这使我们认识到20世纪60年代提出的加强"双基"的方针和做法是正确的,必须坚持。因此,在1978年数学教学大纲中继续强调加强"双基",并根据时代要求提出发展智力的要求:"小学数学教学,要使学生不仅长知识,还要长智慧。""要经常注意启发学生动脑筋,想问题,逐步培养学生肯思考问题,善于思考问题。"

第四阶段:加强"双基",既重视发展智力,又重视非智力因素

1986年,国家教委在1978年教学大纲的基础上,修订颁发了数学教学大纲。这个教学大纲强调除必须重视发展智力,还必须重视非智力因素的作用。数学教学大纲指出:"通过数学的实际应用,不断地对学生进行学习目的的教育,激发学生学习的积极性,培养学生的学习兴趣。""通过数学的训练,使学生养成书写整洁、严格认真的学习习惯和独立思考、克服困难的精神。"广大教师通过对大纲的学习和贯彻,引起对非智力因素这个问题的重视和研究。

第五个阶段:加强"双基"同创新教育相结合

为了适应新世纪新时代对教育的要求,中共中央国务院作出在我国全面推进素质教育的决定。在素质教育的更高要求下,继续发展数学双基教学。教育部颁发的《基础教育课程改革纲要》中明确指出:"使获得基础知识和基本技能的过程同时成为学会学习和形成正确价值观的过程。"这句话清楚地表明,新课程改革是重视加强"双基"的,并进一步要求加强"双基"的过程同时成为学会学习和形成正确价值观的过程。

从以上对我国有关"双基"教学历史的简单回顾可以看出,我国是一个十分

相信教育基础重要性的国家。实践也证明,在中国经济落后、文化科技水平低下、教育基础相当薄弱的时期,重视和加强"双基"是迅速提高教育质量的有效方法,并且它一直伴随着新中国的基础教育及其课程教材,经历 60 年的改革和发展,在实践中逐渐形成了一套具有中国特色的课程理论体系。

2."双基"教学的文化透视

"双基"教学的产生是有着浓厚的传统文化背景的,关于基础重要性的传统观念、传统的教育思想和考试文化对"双基"教学都有着重要影响。

(1)关于"基础"的传统信念

中国是一个相信教育基础重要性的国家,基础的重要性多被作为一种常识为大家所熟悉,在沙滩上建不起来高楼,空中无法建楼阁,要建成大厦,没有好的基础是不行的。从事任何工作,都必须有基础。没有好的基础不可能有创新。"现代社会没有或者几乎没有一个文盲做出过创新成果"常被视作为"创新需要知识基础"的一个极端例子。这样的信念支配着人们的行动,于是,大家认为,中小学教育作为基础教育,打好基础、储备好学习后继课程与参加生产劳动及实际工作所必备的、初步的、基本的知识和技能是第一位的,有了好的基础,创新、应用可以逐步发展。这样,注重基础也就成为自然的事情了。

其实,学生是通过学习基础知识、基本技能这个过程达到一个更高境界的,不可能越过基础知识、基本技能类的东西而学习其他知识技能来达到创新能力或其他能力的培养。所以,通往教育深层的必由之路就是由基本知识、基本技能铺设的,"双基"内容应该是作为社会人生存、发展的必备平台。没有基础,就缺乏发展潜能,无论是中国功夫,还是中国书法,都是非常讲究基础的,正是这一信念为"双基"教学注入了理由和活力。

(2)文化教育传统

中国"双基"教学理论的产生发展与中国古代教育思想分不开。首开先河的应是孔子的教育思想。孔子通过长期教学实践,提出"不愤不启,不悱不发"的教学原则。"愤"就是积极思考问题,还处在思而未懂的状态;"悱"就是极力想表达而又表达不清楚。就是说,在学生积极思考问题而尚未弄懂的时候,教师才应当引导学生思考和表达。又言"举一隅,不以三隅反,则不复也",即要求学生能做到举一反三、触类旁通。这种思想和方法被概括为"启发教学"思想。

如何进行启发教学,《学记》给出过精辟的阐述:"君子之教,喻也。道而弗牵,强而弗抑,开而弗达,道而弗牵则和,强而弗抑则易,开而弗达则思,和易以思,可谓善喻也。"意思是说,要引导学生而不要牵着学生走,要鼓励学生而不要压抑他们,要指导学生学习门径,而不是代替学生作出结论。引而弗牵,师生关系才能融洽、亲切;强而弗抑,学生学习才会感到容易;开而弗达,学生才会真正开动脑筋思考,做到这些就可以说得上是善于诱导了。启发教学思想的精髓就是发挥教师的主导作用、诱导作用,教师向来被看作"传道、授业、解惑"的"师者",处于主导地位。这种教学思想注定了"双基"教学中的教师的主导地位和启发性特征。

关于学习,孔子有一句名言:"学而不思则罔,思而不学则殆。"意思是说,光学习而不进行思考则什么都学不到,只思考而不学习则是危险的,主张学思相济,不可偏废。学习必须以思考来求理解,思考必须以学习为基础。这种学思结合思想用现在的观点看,就是创新源于思,缺乏思,就不会有创新,而只思不学是行不通的,表明学是创新的基础,思是创新的前提。故而,应重视知识的学习和反思。朱熹也提出:"读书无疑者,须教有疑,有疑者却要无疑,到这里方是长进。"这种学习理念对教学的启示是,要鼓励学生质疑,因为"疑"是学生动了脑筋的结果,"思"的表现,通过问,解决疑,才可以使学问长进。课堂上,教师要多设疑问,故布疑阵,设置情境,不断用问题、疑问刺激学生,驱动学生的思维。这种学习思想为"双基"教学注入了问题驱动性特征。因此,"双基"教学理论可以说是中国古代教育思想的引申与发展。

(3)考试文化对"双基"教学具有促进作用

中国有着悠久的考试文化,自公元 597 年隋文帝实行"科举考试"制度,至今已延续近一千五百年。学而优则仕,学习的目的是为了通过考试达到自身发展(如做官)的目标。到了现代,考试一样也是通往美好前程的阶梯。而考试内容绝大部分只能是基础性的试题,因为"双基"是有形的,容易考查,创新性、灵活性、应用能力的考查比较困难,尤其是在限定的时间内进行的考查。另外,教学大纲强调"双基",考试以大纲为准绳,教学自然侧重于"双基"教学,考试重点考"双基",那么各种教学改革只能是以"双基"为中心,围绕"双基"开展,最终是使"双基"更加扎实,使"双基"更加突出。这种考试要求与教学要求的相互影响,使得"双基"教学得到加强。

3．"双基"教学存在问题的分析

"双基"教学理论对中国当代的教育实践产生了深刻的影响,实践证明,在教育事业相当落后之时,重视和加强"双基"是迅速提高教育质量的有效方法。但是,我们也应该看到,虽然传统"双基"教学观有其优势,但在课堂教学实践中也存在着许多"缺陷":一是认为知识是客观存在,衍生出的教育观将知识量化、分解,知识之间缺乏应有的联系;二是知识的绝对化,课本知识就是权威,教育目标单一,限制学生的综合发展;三是知识简单化,认为知识是固定不变的,只按照一定的逻辑形式进行传授;四是在实践中导致课堂教学"满堂灌""填鸭式"的现象比比皆是,以致造成"双基"教育理论对基础知识和基本技能的过分重视,片面追求升学率,不利于学生能力和健全人格的形成和发展。

"双基"的局限性还在于:一方面学生们以极大的精力和体力掌握着大量的却未必有现代准备性意义的知识技能,同时丢失了宝贵的时间和开阔的空间以及主体自觉自主的选择性,它们尽管能帮助学生应付考试,但是却迫使学生以牺牲或失落可持续发展为代价。另一方面,恰恰由于这种局限、保守、枯燥和无聊,潜隐地制造了学生厌学、逆反等不良品格。

导致教育理论界过分强调"双基"教学的至高无上,还有一个非常重要的原因就是,这些观点的提出者,他们只是从一个学校教育者的角度来看问题,他们仅仅把学生作为一个学习者而没有作为一个完整的社会人去看,也就是说这仅仅是从教育来谈教育的"小教育观"。这种观点仅仅是从教育内部需要出发:教育工作有其自身的内部需要和自身的内在逻辑体系,它的开展需要学生前面阶段的学习为后面阶段的学习做好充分的知识准备。小教育观判断教育质量高低的主要标准就是看学生掌握知识的多少,学生掌握的知识多,考试成绩好,分数高,就为学生另一种知识的学习及以后阶段的学习(如字为词的学习;小学为初中的学习)做好了充分的准备,而不是把教育放在社会大背景下谈的"大教育观"。大教育观不仅从教育内部需要出发谈教育,也从社会的需要来要求教育:以外部的社会需要为标准来判断教育的质量与价值。主要标准就是看通过教育培养的学生满足社会需要的智能发展水平。知识多并不一定能力强,"高分低能"就是例证。所以在大教育观看来,离开了外部社会的需要来谈教育自身的质量与价值是毫无意义的。要从人的终生健全发展的需要来要求教育。大教育观主要以学生身心健康发展需要为标准来判断教育的质量与价值，认为促进学生知识的丰富和智能的发展是教育的一种工具性的价值目标，学生掌握知识发展能力是为学生的生命发展服务的。如果教育是通过压抑学生的个性、甚至是摧残学生的生命为代价来获得学生的某些知识与能力的发展，在大教育观看来，这种教育质量也是意义不大的。这正如华东师范大学陈玉琨教授一针见血地指出的，我国的“双基”，只是学生学习的基础，不是学生终生发展的基础。所以说，基本知识和基本技能只是对学生的下一步的学习起到了重要甚至是根本的作用，决定学生终生发展的根本基础不可能是基本知识和基本技能而只能是别的什么东西。

（二）“新双基”的提出——课堂教学新的根本的价值追求

随着社会的不断进步和人们对教育本质与规律认识的不断深入，“双基”教学在实践中带来的种种问题也不断促进人们思考：决定人发展的因素有哪些？什么因素才是决定个人发展的最根本的要素？通往教育深层的必由之路就是由基本知识、基本技能铺设的，没有基础，就缺乏进一步学习与发展的潜能，这正如西方谚语“空袋不能直立”所言一样，基本知识和基本技能的重要性对于一个学习者来说是不言而喻的。人的发展以基本知识和基本技能为基础，那么人怎么样才能知识丰富、智高能强呢？也就是说，人发展的动力是什么？就像建设一栋大楼，需要水泥、钢材等基础性的材料，没有这些基础性材料，是无法建造一栋高楼的。但是，如果一个人从来就没有意愿去建造一栋大楼，他又怎么会去积累这些建造大楼所必需的材料呢？所以，我们从直接与近期来看，水泥和钢材等基础性材料对建造一栋大楼来说是非常重要的基础，但是如果你从长期与间接来看，建房的意愿与坚持精神才是决定一个人能否建造好一栋大楼的最根本的要素。在学习上的道理也同样如此，如果一个人没有学习的要求，碰到困难就灰心丧气，缺乏学习的动力，他是不可能获得很多“知识”等这些基础性材料的，一个人要想获得扎实的基本知识和基本技能，他就必须具有一种强烈的可持续的学习动力和一种不需要付出多少努力但又能持久的自动化的行为方式，这就是“爱心”和“良好的习惯”。

“爱心”是人的一种主观情感体验，具体表现为对爱的对象的靠近、关注、接纳甚至与爱的对象合二为一,从本质上讲,爱心是人和外在世界的相互连接、吸引、统一的关系的一种主观反映。"习惯"在《现代汉语词典》上的解释是:"常常接触某种新的情况而逐渐适应;在长时期里逐渐养成的、一时不容易改变的行为、倾向或社会风尚。"不难看出,习惯具有个体和社会群体两个层面的意义,从个体层面来看,习惯是个体后天习得的自动化了的动作、反应倾向和行为方式,它是条件反射在个体身上的积淀;从社会群体层面看,习惯是人们在长期的生活中形成的共同的、相对稳定的行为方式和反应倾向。

人类的学习和人生的发展,不是盲目的、自动的,而是需要一定的动力的。人生的动力有很多种,爱心就是相当重要的一种。人总是情愿为自己所爱的东西付出。母亲因为爱自己的孩子,所以愿意为自己的孩子含辛茹苦;科学家因为热爱科学,所以才会忘我工作、无私奉献;我们因为热爱自己的祖国和人民,所以会在祖国和人民需要我们时献出一切! 人们竟然可以为爱而放弃自己的生命,可见爱心的力量是多么巨大。甚至在一定程度来说,爱心是人生最根本的动力。现在我们有些人人生没有目的,生活没有意义,对任何学习都提不起兴趣,因而变得意志消沉、精神颓废,觉得人生毫无意义和价值,不愿意学习和奋斗,这其实就是缺乏人生动力的表现,根本上来说就是心中缺乏爱心的表现!教育工作说到底,其最根本的功能就是培养学生心中对生活、对事业、对社会的热爱。有了这种爱,便有了生活的动力,有了生活的动力,他就会主动去探索人生的奋斗目标和前进的方向并进而去寻找实现目标的路径和方法,去积累事业发展与创新所需要的种种基本知识和基本技能。

西方的一则寓言故事很能说明这个道理:

有位妇人走到屋外,看见前院坐着三位有着长白胡须的老人。她并不认识他们。于是说:"我想我并不认识你们,不过你们应该饿了,请进来吃点东西吧。"

"我们不可以一起进去一个房屋内!"老人们回答说。

"为什么呢?"妇人想要了解。

其中一位老人解释说:"他的名字是财富。"然后又指着另外一位说:"他是成功,而我是爱心。"接着又补充说:"你现在进去跟你丈夫讨论一下,看你们家里需要我们其中的哪一位。"

妇人进去告诉她丈夫刚刚谈话的内容。她丈夫非常高兴地说:"原来是这么一回事啊! 让我们邀请财富进来!"

妇人并不同意,说道:"亲爱的,我们何不邀请成功进来呢?"他们的儿媳妇在屋内的另一个角落聆听他们谈话,并插进自己的建议:"我们邀请'爱心'来不是更好吗?"

丈夫对其太太讲:"就让我们照着儿媳妇的意见吧! 快去请'爱心'来做客。"妇人到屋外问那三位老者:"请问哪位是'爱心'?"

爱心起身朝屋子走去。另外二位也跟着他一起。妇人惊讶地问"财富"和"成功":"我只邀请爱心,怎么连你们也一道来了呢?"

老者齐声回答:"如果你邀请的是财富或成功,另外二人都不会跟进,而你邀请爱心的话,那么无论爱心走到哪,我们都会跟随。那儿有爱心,财富和成功就会随之而来。"

这则寓言故事说明,一个人如果心中有爱心,就情愿为自己所爱的东西付出,愿意去学习与拼搏,就能够不断地去积累事业成功与创新所需的基本知识和基本能力,具备了丰富的知识和高强的能力时,事业自然就能成功,财富和成功自然就会随之而来! 所以说,有了爱心,就为人的终身发展提供一个最根本、最扎实的基础,也为人的人生成功提供了一个最根本、最扎实的基础!

习惯是一种自动化了的、相对稳定的行为,一经形成就会成为人的第二天性。良好的行为习惯一旦形成就成为人的一种相对稳定的行为方式,它们将在人的一生中发挥重要的作用,因为人都是有意无意地生活在自己所养成的各种习惯中。因此,少年儿童如果养成一系列做人、做事和学习方面的良好行为习惯,必然终身受用,成为自身可持续发展的重要力量。良好的行为习惯成为人不断发展进步的动力源泉。

1988年1月,当75位诺贝尔奖得主会聚巴黎之时,有人问一位诺贝尔奖获得者:"请问您在哪所大学学到了您认为最主要的东西?"

这位科学家平静地回答:"在幼儿园。"

提问者大感不解:"在幼儿园学到什么?"

科学家深情地回忆说:"学到把自己的东西分一半给小伙伴;不是自己的东西不要拿;东西要放整齐;吃饭前要洗手;做错了事情要表示歉意;午饭后要休息;要仔细观察周围的大自然。我想我学到的主要东西就是这些。"

这位科学家出人意料的回答,说明了儿时养成的良好习惯对人一生具有决定意义。所以,中国俗语中有"三岁看大,七岁看老"之说,就是说从一个人儿时的习惯如何可以推测其未来。

习惯能决定人的命运,习惯能改变人的一生。拿破仑说,成功和失败都源于你所养成的习惯。卡耐基说,一个良好的习惯,就像一张无限额的支票,可以让你受用一生。世界级心理学巨匠威廉·詹姆士说:播下一个行动,你将收获一种习惯;播下一种习惯,你将收获一种性格;播下一种性格,你将收获一种命运。著名教育家乌申斯基也有一个精彩的比喻:"好习惯是人在神经系统中存放的资本,这个资本会不断地增长,一个人毕生都可以享用它的利息。而坏习惯是道德上无法偿还的债务,这种债务能以不断增长的利息折磨人,使他最好的创举失败,并把他引到道德破产的地步。"好习惯是加速器,是助人腾飞的双翼;坏习惯是枷锁,是难以挣脱的羁绊。习惯支配人生,成也习惯,败也习惯。中国青少年研究中心研究员孙云晓说:"大量事实证明,习惯决定一个人的成败,也可以导致事业的成败,最根本的教育就是养成教育。"著名教育专家关鸿羽说:"养成教育是管一辈子的教育,是教给少年儿童终身受益的东西,它与素质教育密切相关。"

(三)爱心和良好的习惯的培养

爱心和良好的习惯在人的终身发展过程中是如此的重要,那么,作为教育工作者来说,应该如何在教育教学过程中培养学生的这些优秀品质呢?

1."爱心"的教育与培养

学生心中对学习、他人、社会、自然"爱心"的形成,既受自身遗传物质因素的影响,也受着家庭、社会、学校等多方面因素的影响,但教育的影响却具有主导的作用,教师是学生"爱心"形成的引导者和主持人。学生"爱心"的形成,是依赖教师同样的东西,即教师必须也具有同样的"爱心",即教师的"爱心",在有声无声中影响、熏陶和感染着学生。教师对学生的爱心是一种巨大的教育力量,有人把感情比作教育者与被教育者之间的纽带,教师用关怀、爱心来沟通学生之间的感情关系,通过爱心的情感去开启学生的心扉,达到通情而达理的目的。可以这么说,没有爱心就没有教育,学生对学习、生活、他人、社会、祖国的爱心,很大程度上决定于老师的情感,所以柳斌同志说:"'育人以德'是重要的,

'育人以智'也是重要的,但如果离开了'育人以情',那么'德'和'智'都很难收到理想的效果。"师生之间良好情感的形成,要求教师热爱每一位学生、教学民主、以情激情、以美激情。

在学校教育过程中,学生爱心形成的途径有课堂教学、班级建设、社会活动、义务劳动等。课堂教学是学校教育的主渠道,同样也是促进学生爱心发展的基本途径。教师可以通过深入挖掘各种情感因素来培养学生的爱心的情感,这些情感因素主要包括:(1)教材之情:要把握教材固有的情感因素。善于准确无误地挖掘教材内蕴涵的情感。(2)教师之情:教师要以饱满的激情投入课堂教学,做到以情激情。通过有效的方法、褒贬的策略,引导学生正确地悟情。(3)学生之情:学生在课堂中动情、入情、移情的过程,要体现与教材之情交融。同学之间在交流中情感互融。(4)英雄之情:科学家、革命家以及其他先烈们为了社会和人类的进步付出了大量的热情甚至生命,这些都是感动人、激励人的巨大力量。(5)社会之情:只要有人的地方,就会有真善美的宝藏,这些也是教育人的丰富的材料。在每门学科的教学中,都有许多的"爱心"的因素可以挖掘,思想政治品德课自不必说,语文、历史、地理、数、理、化也一样,语文课中有曹雪芹创作的呕心沥血,"字字看来都是血,十年辛苦不寻常";数学课可以讲陈景润的痴迷执着、百折不挠;物理课中有居里夫人为了获取镭而表现出来的"历史中罕见的""工作的热忱和顽强"。知识是美的,科学家们为了获取真理而展示的理想、毅力和强烈的社会责任心更是一种激励学生向上的强大的教育力量。教师在课堂教学中,应充分挖掘这些"爱心"的内容,促进学生心中对学习、他人、社会、自然"爱心"的形成!

2. 良好习惯的培养

北京跨世纪成功成才研究中心主任周士渊多年来一直在探索习惯与成功的关系,并著有《终身的财富——习惯、性格、命运》一书。据他的分析,一个良好习惯的养成,21 天是个平均数。养成的习惯不一样,每一个人的认真程度不一样,刻苦程度不一样、所用的时间也肯定不一样。既然这 21 天是个平均数,那我们用一个月的概念更好记,而且更保险。培养习惯重在一个月,关键在前三天。同时,周先生还总结出习惯培养的七个秘诀,即:(1)真正懂得重要性;(2)做出可行性分析;(3)统筹安排,逐一击破;(4)关键前三天,重在一个月;

(5)每天前进一点;(6)借东风;(7)坚持不懈,直到成功。正如美国著名教育家曼恩的名言,"习惯仿佛像一根缆绳,我们每天给它缠上一股新索,要不了多久,它就会变得牢不可破"。

参考文献:

[1]夏晋祥.论生命课堂及其价值追求[J].课程·教材·教法.2016(12):91—97.

[2]邱学华.数学"双基"教学的历史与发展[EB/OL].http://www.yzzxjyjt.com.

[3]邵光华,顾泠沅.中国"双基"教学的理论研究[J].教育理论与实践,2006(2):48—52.

[4]杨启亮."双基"的局限:素质教育的迷失[J].教育研究,2001(7)25—29.

[5]林格.教育,就是培养习惯[EB/OL].http://book.sina.com.cn.

[6]柳斌.重视"情境教育",努力探索全面提高学生素质的途径[J].人民教育,1997(2):6—8.

(本文的主要内容发表在《深圳信息职业技术学院学报》2012年第4期)

三、课堂教学的三种模式及其现代化的思考

（一）教学模式及其要素

任何一个模式，对其进行研究时必须首先弄清它是什么、为什么要进行研究，以及如何来研究，这就是哲学上所讲的本体论、价值论和方法论。

所谓"模式"，它是"一种重要的科学操作与科学思维的方法。它是为解决特定的问题，在一定的抽象、简化、假设条件下，再现原型客体的某种本质特性；它是作为中介，从而更好地认识和改造原型客体、构建新型客体的一种科学方法"。

"教学模式"一词最初是由美国学者乔伊斯和韦尔等人提出的。他们认为，"教学模式"是构成课程的课业、选择教材、提高教师活动的一种范型或设计。在我国，到 20 世纪 80 年代中期才开始有介绍国外教学模式的理论，并进行研究和实践。当前国内对教学模式有三种观点：(1)教学模式与教学程序基本同义。如"教学模式是指具有独特风格的教学样式，是就教学过程的结构、阶段、程序而言的。长期而多样化的教学实践，形成了相对稳定的、各具特色的教学模式"。(2)教学模式与教学方法或教学方法组合同义。如"教学模式为特殊的教学方法适用于某种特殊的情境"。(3)教学模式类似教学设计。如"教学过程的模式，简称教学模式，它作为教学理论中的一个特定的概念，指的是在一定教育思想指导下，为完成规定的教学目标和内容，对构成教学的诸要素所设计的比较稳定的简化组合方式及其活动的程序"。我们认为，教学模式是在一定教学思想指导下建立起来的较为稳固的教学程序及其方法的策略体系，包括教学过程中诸要素的组合方式、教学程序及相应的策略。它一般包括下列五个要素。

(1)教学理论或教学思想。即指导教学活动的教学理论或思想。任何教学

模式都有一定的教学理论或思想依据。有的教学模式是在长期实践中形成的，可能开始时没有明确的理论依据，但在对教学经验系统概括时，总有其指导思想。例如，我国中学、高校普遍使用的讲授式，是建立于教学的重要任务是使学生掌握系统科学知识这样的思想基础上的。

(2)教学目标。任何教学模式都指向和完成一定的教学目标，即预计教学活动对学习者产生的影响，具体表现为学生知识、能力、思想品德及其他非认知因素的发展和变化。凯洛夫等人的"传递—接受"式教学模式，其目标主要在于让学生系统地掌握知识、技能。德国的范例教学模式，其目标在于使学生掌握基本概念和基础知识中选出来的示范性材料，能举一反三，培养独立思考和独立工作的能力。

(3)教学内容。每种教学模式都以其特定的指导思想和对教师、学生、教学手段的特定处理方式为基础，完成一定的教学目标。教学内容是完成教学目标的手段。不同的教学模式往往对教学内容的编排有不同要求。例如，程序教学以行为主义心理学的操作条件反射理论为基础，要求教材按小步子编排，循序渐进，及时评定学习结果。范例教学模式在教学内容上主要有三个特性：基本性、基础性和范例性。

(4)师生结合。在教学中，怎样看待师生关系，怎样发挥学生的主动性、积极性，让他们的大脑、感官、四肢协同活动，怎样处理师生与教学内容的关系，不同教学模式有不同的认识和安排。

(5)操作程序。即完成教学目标的步骤和过程。各种教学模式都有其独特的操作程序，确定教学活动中师生先干什么、后干什么、各步骤应完成的任务。操作程序的实质在于处理教师、学生与教学内容的关系及其在时间顺序上的实施。例如，程序教学把教学内容设计成一系列小步子，每一程序学习一小步教材，回答程序课本提出的问题，并及时强化，再进入下一程序学习。

教学模式是教学理论应用于教学实践的中介环节，研究和探讨教学模式不仅可以丰富和发展教学理论，而且有益于提高教师教学技能和效益。教学模式的研究价值主要体现在理论和实践两方面。

(1)理论价值。首先，教学模式可以解决理论与实践脱节的问题。由于教学理论抽象而教学实践具体，就使得两者"远距离"结合产生一定困难。而教学模式比教学理论层次低,较为具体、简明,易于理解、运用;同时,它又比教学经验层次高,较为概括、系统。因而,教学模式可作为理论与实践沟通、结合的"桥梁"。其次,教学模式可为丰富教学理论提供源泉。最后,教学模式对教学理论具有补充功能。

(2)实践价值。首先,教学模式有利于提高教师的教学水平,提高教学质量。其次,教学模式可使教学活动多样化,更利于切合不同教学内容、对象和环境的需要。

(二)课堂教学的三种模式类型及其现代化的思考

综观课堂教学的实际,其表现形式丰富多彩、多种多样,对具体的丰富的课堂教学进行抽象概括,我们可以把课堂教学的模式划分为"生命课堂""知识课堂"和"智能课堂"三种。所谓"生命课堂",就是指师生把课堂生活作为自己人生生命的一段重要的构成部分,师生在课堂的教与学过程中,既学习与生成知识,又获得与提高智能,最根本的还是师生生命价值得到了体现、健全心灵得到了丰富与发展,使课堂生活成为师生共同学习与探究知识、智慧展示与能力发展、情意交融与人性养育的殿堂,成为师生生命价值、人生意义得到充分体现与提升的快乐场所。而高职类院校的"知识课堂"和"智能课堂"则是指在"知识中心"和"能力本位"思想指导下所形成的高职类院校的课堂生活,它把丰富多彩的课堂生活异化成为一种单调的"目中无人"的毫无生命气息的以传授知识、完成认识性任务作为中心或以传授知识培养智能作为唯一任务的课堂教学模式。

课堂教学模式走向现代化,我们必须注意如下几点:

首先,课堂教学模式走向现代化,前提条件就是要科学的教育观念到位,科学地认识教育的本质。教育的本质是培养人的活动,教育的终极功能是培养人的健全的心灵、高尚的品德,这在教育学界早已无疑义。但在教育的实践中,离教育的本质限定越来越远,有些教育实践甚至与教育的本质限定背道而驰!其实培养人格健全、和谐发展的人是教育的最根本的也是最终极的目的,教育(不管是普通教育还是职业教育还是其他什么教育)传授知识、培养技能都是为人的发展服务的。教育的根本价值是一种对人的关注、关怀与提升,把人(包括教师和学生)当成人的最高目的。培养人是教育的最本质特点,人文教育是教育的根本和灵魂。重技能轻人文的教育之所以讲它是一种本末倒置的教育,其原因就在于这种教育把工具性的目标当成了根本的目标,把工具性的质量当成了根本的质量;教育一旦遗忘了人文知识和人文精神,就等于失去了灵魂。而缺乏人文知识和人文精神的"人才",对于其自身而言,缺乏可持续发展的能力;对于社会而言,缺乏促进与推动作用甚至会带来相当的危害!

其次,课堂教学模式走向现代化,要求教师应该有新的教学模式观。我们认为,教师的教学模式观应该是丰富多彩的。课堂教学有模式但没有固定的模式。每一种教学模式都有其产生和形成的特定背景,总有一定的适用范围。那种把某一位教师经常使用、又很成功的教学模式作为科研成果在一定范围内加以推广的做法,其实是既不科学又不明智的,因为这样做束缚了教师和学生的手脚,限制了教学本身所具有的多样性、灵活性和丰富性。一个教师,不要只对一种模式情有独钟,甘愿为一种教学模式而默默奉献,那样会限制自身发展,使自己成为一种模式的"牺牲品"。教师面对众多的教学模式,应该加以评判、选择,博采众长,为我所用。任何时候、任何情况下也不要相信有"包治百病"的"灵丹妙药"。而且,教师不应只是教学模式被动的操作者,应该同时也是教学模式主动的构建者。任何教学模式都是在一定的情境和条件下发挥作用的,只有在一定教学情境和条件下比较适宜的模式,而没有最好的模式。

最后,课堂教学模式要走向现代化,构建教学模式应在传统教学模式的基础上实现以下突破:

(1)价值追求:从知识获取走向生命的充分发展。过去,我们把人的发展简单化为知识获取,教学的主要目的是让学生掌握更多的知识。但在信息时代,知识是学不完的,唯有智慧、人格和人文精神的充分发展,才能适应瞬息万变的现代社会。因此,所构建的教学模式应把人的生命充分发展作为追求的目标。

(2)本位状态:从物化固态走向人化活态。对于教学模式,人们往往把它当作物化了的固定格式,拟出了多种稳定模式,使它们大多在课堂上难以实施,束之高阁者比比皆是。现代信息技术具有自主化、智能化、网络化等多种特征,在它所提供的技术和物质条件下,现代教学模式不再是"标准样式""稳固结构"了,它具有灵活性、针对性、层次性、交互性等多种特点。它处处贯穿着人的精神,不但有智,而且有情。赋予现代教学模式感情色彩,将是我们为之努力的方向。

(3)操作实践:从机械照搬走向智能运作。当今不少教师教学总是照搬已建好的模式,教学结构与具体的教学内容和教学对象往往不相融,出现不少专家痛斥的"程式化""刻板化"倾向。实施具体的教学模式是教师创造性劳动的结果,不应是机械照搬,而应是智能运作,应按以下三步进行系统构建:一是意向设计,即根据教学对象和学习内容,按教育基本理论和学科特点,进行理论设计;二是技术构形,将拟好的教学模式方案与计算机多媒体技术相融贯,制作出或设计出相应的课件,使教学模式有"形""声""色";三是创造实施,紧扣信息技术非线性、无结构、相互交涉性、可编辑性等特点,灵活运用教学模式。与此同时,实施教学模式的过程也应是学生主动学习的过程,在构建现代化教学模式时,一要遵循学习的过程规律,二要在学生学习过程中予以"完形"。从这个角度来说,我们所建立的教学模式只有与学生的学习过程相融合,才算是真正完整的教学模式。

参考文献:

[1]查有梁. 教育建模[M]. 南宁:广西教育出版社,1998.

[2]刁维国. 教学过程的模式[J]. 教育科学,1989(10):19—22.

[3]温世顿. 教育心理学[M]. 台北:三民书局,1981.

[4]吴恒山. 教学模式的理论价值及其实践意义[J]. 辽宁师大学报:社科版,1990(3):16—20.

[5]班华. 中学教育学[M]. 北京:人民教育出版社,1997.

(本文发表在《深圳信息职业技术学院学报》2007 年第 3 期)

四、"生命课堂"产生的历史与现实背景

　　教育是培养人的。这一毋庸置疑的命题让我们不能不追问历史上与现实中的教育到底赋予了人一种什么样的关切。

　　人是教育的对象。但这一毫无疑义的命题并不能自然导向将人作为教育的出发点与归宿。事实上,长期以来,教育不过是以人为对象而已,除此之外,教育的视野中并没有人。

　　在历史上,世界各地的教育无不是作为社会政治、经济、文化的决定性产物而行使着使个体适应社会的职责。在现实中,世界各地的教育几乎都是在追赶现代化或科学化的过程中实现了现代主义意义上的转换。昔日那种所谓"装饰性的""不务实的"教育已被彻底淘汰。显然,无论是历史上的还是现实中的,教育都是作为一种社会化的工具而存在,它不允许编织任何与政治、经济无关的所谓乌托邦式的梦想。它追求的必须是实实在在的、外显的名与利,而不是虚无缥缈的、内在的魅力。

　　概括地讲,从早期的奴化教育、神化教育到今天的物化教育,它们有一个一脉相承的逻辑、准则、思维方式与理念,即都呈现出了否定与压抑人性、个性、自主性、主动性的特征,都暴露出了非人化的、反教育的品质。这一点从有史以来教育的运行机制、方法及形式上可得到充分的说明与解释。

　　教育发展的历史与现实表明,教育实质上并未真正地培养人,甚至充当着压抑人、异化人的工具。尤其是今日异常发达的教育实践、异常"繁荣"的教育景致无不是以牺牲其内在价值为代价的。以至于在当代教育领域,外在多余的东西却越来越多。它只勾起、满足人们肤浅的名与利方面的需求,不再令人神往、肃然起敬;它只给人们在生物界竞争与强大的本事,但却难以赋予人精神上的寄托,让人的灵魂难以安顿;它只给人以种种"武器",却没有使人树立起做人

的理想、理念与境界。然而,离开人,再发达的教育,都因其失去了根本而如同大厦建于沙滩,是虚幻的、危险的。其实,教育的目的有两种:一种是"有限的目的",即指向谋生的外在的目的;另一种是更为重要的"无限的目的",即指向人的自我创造、自我发展、自我实现的内在的目的。但当代教育的主要宗旨只是教人去追逐、适应、认识、掌握、发展外部的物质世界,着力于教会人的是"何以为生"的知识与本领。它放弃了"为何而生"的内在目的。它不能让人们从人生的意义、生存的价值等根本问题上去认识和改变自己,它抛弃了塑造人自由心灵的那把神圣的尺度,把一切教育的无限目的都化解为谋取生存适应的有限目的。教育的这种"外在化"弊病,造成了人只求手段与工具的合理性,而无目的的合理性;只沉迷于物质生活之中而丧失了精神生活,只有现实的打算与计较而缺乏人生的追求与彻悟,失去了生活的理想与意义。人性为技术与物质所吞没。

显然,教育重建已刻不容缓、迫在眉睫。然而,教育的重建绝不只是内容、方法、措施、形式等方面的改革,更为重要的是关于教育的"轴心思想",即教育品质的重新定位。它意味着关于教育问题本体论、认识论、价值论意义上的根本性变革。彼得·科斯洛夫斯基曾说:"本体的贫乏不可能由工具的扩展来替代。"不从本体上探求问题的症结所在,寻求根本性的解决办法,不仅原有的问题不能得到解决,还会引发种种新问题。因此,教育的内在品质的转换,是当代教育重建的根本。

教育重建的基点在学校课堂生活的重建,人类对课堂教学功能的认识,随着社会历史的发展,已经发生了根本的变化,由"知识课堂"到"智能课堂"再到今天的"生命课堂"是对课堂教学本质理性认识的大飞跃,彰显出了人类对自身价值的理性关怀和人文关怀,也反映出了课堂教学实际的迫切呼声,更体现了师生生命发展的主体需要。认识的深入并不代表实践的到位,也不一定体现认识的丰富。对"生命课堂"的探索,是教育工作者一个永恒的主题,它没有终点,值得我们去进行永恒的探索。

(一)"生命课堂"的提出,反映了社会历史发展的必然要求

自从有了人类社会,就有了人类的教育活动。教育的产生,源自人类传授生存与生活经验的需要。

　　人类初期,生存的环境极其恶劣,在与大自然抗争的过程中,每个群体成员都是重要一员。增加一个人,就增加了群体安全,而群体反过来又保护了个体。但前提是这个成员必须是合格的、具有生存本领的人。

　　最初,人类生存本领的获得,靠的是不断大胆尝试后的偶然发现。"燧人氏钻木取火"的故事,证明了这个看法。诸如此类的生存本领,构成了人类的经验性知识。"知识就是生存本领"是对这一时期的知识价值的最好概括。按照我们今天的观点,经验性知识就是实用性知识,是具有谋生价值的知识。

　　譬如,一群原始人生活在渺无人烟的原始森林中,他们缺少食物,只好到处去寻找可以吃的野果,人们小心地尝试着吃各种野果,有人因此中毒而死,但最终找到了新的果腹之物,于是,赶紧将这一经验性知识传之他人,于是所有人都得以生存。在这个故事里面,包含了所有的关于人类社会的生存之道:单个个体无法生存,每个人都属于群体,生存得依靠群体活动;合格的成员,首先必须是具备生存本领的个体;生存本领在成员间传递是为了群体的生存,是群体生存和发展的要求。

　　通过对人类历史的回顾,我们知道,最初的教育活动和知识本身,都是非常简单的,教育从形式到内容,都与直接的物质生产活动分不开。面对原始的生产方式,教育也用原始的形式为其服务,教育在人们生产和生活中显得如此之重要。那时,教育与知识的关系简单明了,就是为生存而教。

　　据历史记载,人类在氏族公社时期,就已经发明了人工取火的技术。人们在磨制工具的过程中,发现物体摩擦生热甚至燃烧,经过长期试验,终于掌握了摩擦生火的技术。历史同时记下了那些首先掌握该项生存本领、或首先将该经验性知识传给其他社会成员的人类祖先。我国古代传说中,有燧人氏"钻燧取火"的说法,《尸子》中还有"伏羲之世,天下多兽,故教民以猎"这个传说。《周易·系辞》中记载:"神农氏始作耒,教民农作。"燧人氏、伏羲氏、神农氏,据一些典籍的记载,皆被部落尊为首领,成为"半人半神"的偶像。稍后,又出现了其他一些历史人物,如中国的尧、舜、禹,埃及祭司摩西等。

　　人类社会为生存而战的历史是漫长的,直至今天,世界上处于"为生存而战"的地方与人群还占有相当的比例,"一定的文化(当作观念形态的文化)是一定社会的政治和经济的反映。"所以就不难理解,作为对一定社会的政治与经济要求相适应的教育,就必须"为生存而教",必须尽快地将前人在生产生活实践中总结出来的生产与生活知识传授给下一代,以解决人类的生存之需。所以也就不难理解,为什么直到今天,在一些落后地方的学校和教师中,还认为课堂教学的主要功能,就是传授知识,学校成为"教校",课堂成为"知识课堂"。

"知识课堂"在教学理论上的代表人物是赫尔巴特及其所代表的传统教学思想,这种教学思想的基本主张是:

1. 知识—道德本位的目的观

赫尔巴特从个人本位道德出发,主张教育的目的是培养学生的五种道德观念,即内心自由、完善、仁慈、正义和公平,并强调通过传递知识来实现这些道德观念。

2. 知识授受的教学过程

这点不难理解,教学就是教师传授知识,学生接受知识的过程。

3. 科目本位的教学内容

这种教学理论在教学内容方面主要有这样一些特征:①强调以本知识为主,以讲授间接经验为主,沿袭了"百科全书"式的课程传统;②学科或分科课程占主导地位;③以学科逻辑来组织教材,强调教材的系统性,强调知识点的联系,因此重视了教学的知识目标,而忽视了其他目标;④课程的规范程度较高,从教学计划、教学大纲,到教科书,并以学科为课程的范本;⑤课程内容考虑得最多的是学生的过去世界,很少考虑教学的生活世界和未来世界。

4. 语言呈示为主的教学方法

尽管在理论陈述上,这种教学理论也涉及其他方面的呈示方式,如讨论、实验、参观实习指导等,但在课堂教学实践中还是集中在语言和文字的呈示上。

"知识课堂"在世界各国的教育发展历史上,都占据了相当长的时期,这一方面是由于生产的发展是一个缓慢的渐进过程,生产和生活资料的原始积累,物质财富基础的打牢,是不能一蹴而就的,它也是一个漫长的过程;另一方面,某些习惯行为、思想观念一旦形成,也有极强的惯性,其影响是深远的。但是,随着历史与社会的发展,随着社会政治经济的不断变革,生产力的迅猛发展要求教育也必须作出重大的调整,正如毛泽东同志所说:"人类的生产活动是最基本的实践活动,是决定其他一切活动的东西。"在此基础上,人们对教育的本质、对课堂教学的功能的认识也在不断地深化。

　　作为对"为生存而战"的适应,"知识课堂"是有其存在的必要与可能的,但人类社会不可能仅停留在如此低水平的生活与生存状态下,不可能会永远如此被动地受制于自然。自觉的能动性是人类的特点,当人类解决了生存之困后,作为具有主观能动性的人类,就必然会不愿再被动地受制于客观外部环境,而愿意成为社会的主宰了。

　　而要成为世界的主宰力量,人类就必须不断地发展壮大自己。所以,当人类度过了"生存"的危机而高举"发展"的大旗奋勇开拓时,仅仅依靠先人积累的生存与生活的知识就不够了。彼时彼刻,作为受制于人类的生产活动同时又服务于人类的生产活动的教育,必须"为发展而教",所以其改革就成为必然的了。社会历史的发展在此时要求教育不仅要传授先人积累的各种各样知识和规范,更重要的是要发展人类的智力和能力,于是"智能课堂"成为教学的主流便应运而生了。

　　"智能课堂"在教学理论上的代表人物是美国教育心理学家布鲁纳及其所代表的认知心理学教学理论,这种教学理论的基本主张是:

　　1. 理智发展的教学目标

　　布鲁纳认为,教学目的应符合社会发展的需要。在他看来,当时美国科技空前发达,人们已处在以急剧变化为特征的社会,个人和国家要想有更好的生存机会,有赖于年轻一代智力的充分发展,因此,发展学生的智力就成了教学的主要目的。他在《教育过程》中开宗明义地指出,我们必须要强调教育的质量和理智的目标,也就是说,教育不仅要培养成绩优异的学生,而且还要帮助每个学生获得好的理智发展。教育主要是"培养学生的操作技能、观察技能、想象技能以及符号运演技能"。具体地说,鼓励学生发现自己猜想的价值和可修正性,以实现试图得出假设的激活效应;培养学生"经济地运用心智";培养理智的诚实。

　　2. 动机—结构—序列—强化原则

　　布鲁纳认为,教学理论必须考虑三件事:学生的本性;知识的本质;知识获得过程的性质。学生的心智发展,虽然有些受环境的影响,并同时影响他的环境,但主要是独自遵循他自己特有的认识的程序。教学的目的就是要帮助和形成学生智慧或认知的发展,因此,教育工作者的任务,是要把知识转化为一种适应正在发展着的学生的某种心智形式。

3. 学科知识结构

布鲁纳认为,任何学科的知识,都具有这样三个特征:知识结构的表征方式;知识结构的经济性;知识结构的效力。这三者是随学生的年龄差异、学习风格的差别和学习内容的不同而变化的。知识结构的表征方式有三种:适合于达到某种结果的一组行动(动作表征);代替概念的一组映象或图解(肖像表征);从一种符号系统中推导出来的一组符号或命题(符号表征)。知识结构的经济性,是指学生必须具有的信息量,以及为达到理解而必须加工的信息。例如,把自由落体的特征归纳为 $S = 1/2gt^2$,并得出一系列数字,或用文字表述更为经济些。知识结构的效力是指学生掌握的种种命题具有生产性价值,即能够在学生头脑里得到一些并没有告诉过他们的信息。例如,告诉学生"甲比乙高,丙比乙矮"。有些学生能够得出"甲比丙高"的结论,这说明学生掌握的知识具有效力。

4. 发现法

布鲁纳认为,学习包括三个几乎同时发生的过程:习得、转换和评价。学生不是被动的知识接受者,而是积极的信息加工者。教师的角色在于塑造可让学生自己学习的情境,而不是提供准备齐全的知识。因此,他极力提倡使用发现法。

"智能课堂"强调认为教学更重要的是培养学生的智力和能力,应该说,相对于"知识课堂"来说,"智能课堂"对教学的功能与本质的认识已大大前进了一步,但就课堂教学的根本而言,还不在于此。因为人的发展以科学知识为基础、以智能为核心,那么人怎样才能做到知识丰富、智高能强呢? 也就是说,人发展的动力是什么? 事实上,如果个人没有学习的要求,碰到困难就灰心丧气,缺乏学习的动力,是不可能获得很好的发展的。在同样的环境和条件下,每个学生发展的特点和成就,主要取决于自身的心理素质,取决于心灵是否健全,这是因为人只有具备了健全的心灵,才可能有目的地主动地去发展自己,并自觉为实现预定的目标克服困难。所以作为课堂教学来说,不仅要让学生掌握科学文化知识,"学会"前人积累下来的各种经验与规则,同时还要发展学生的智力和能力,让学生变得更"会学"。但最重要的是,要通过我们的课堂教学,让学生体会到知识的价值,知识与科学的美丽与神奇,变得更"爱学",更主动积极地学,这是从课堂教学的功能来考察为什么课堂教学要关注人,要关注人的生命价值。

另一方面,人类社会经过早期生存阶段的社会财富的原始积累,经过发展阶段社会生产力的迅猛发展及社会财富的不断扩充,使人类度过了艰难的生存危机,社会的物质文明的发展也为人类自身的进一步发展打下了坚实的基础。人类在不断地征服自然与社会时,也在不断地反思:人类不断发展的目的是什么?

马克思主义经典作家对这个问题进行了终身思考并为之探索和奋斗了一生。他们的著作《1844 年经济学哲学手稿》《德意志意识形态》《共产党宣言》《1857—1858 年经济学手稿》《资本论》《社会主义从空想到科学的发展》等,都论述了人是人的最高目的,人类不断追求的目的,就是要让人自身得到全面和谐、自由的发展。马克思曾经说过,未来的社会是"以每个人的全面而自由的发展为基本原则的社会形式"。这就是说,发展社会生产力和经济文化不是人类的最终目的,发展人类自身才是发展社会生产力和经济文化的终极目标,人的全面、自由、和谐的发展才是社会发展的最高原则和最高的评价标准。当然,马克思主义也认为,人的全面自由和谐发展的实现是需要一定的客观条件的,它必然是一个与社会生产力、经济政治、文化和自然生态持续发展相协调、逐渐提高的过程,人的全面自由、和谐发展的实现只有在生产力高度发达、社会物质产品极大丰富的社会里才有可能。

正是基于以上对社会历史发展要求及教学本质与功能的考察,我们认为,教育作为一种社会人的生产活动,是与总的历史发展相适应的,它以现成的生产力和社会关系为基础,通过社会人的再生产反作用于生产力和社会关系,促进社会的发展。它的目的不仅反映社会对人的发展的需要,而且也反映作为社会生活主体的人对自身发展的追求,二者有着内在统一性。教育只有以促进人的发展为目的,提高人的内在价值,肯定人的主体地位,增进人在改造自然、改造社会中的自由度,它自身才能成为推动社会发展与变革的积极力量。正因为如此,在社会生产力已高度发达、社会物质财富已极为丰富的今天,人类已有条件把自己当成最根本的目的,去享受前人和我们自己所创造的各种物质和精神的文明,包括享受我们的教育活动,因此,"为享受而教"就成为时代的强音,因为教育已成为个体生活的需要,受教育的过程是需要满足的过程,在满足需要的过程中,个体可以获得自由和幸福,获得一种精神上的享受。"知识课堂"与"智能课堂"都体现为一种外在的目的,忽视了最根本的人,已经不能适应当今社会对教育的要求,社会要求我们教育更关注人,更关注生命的价值与尊严,更以学生为本,正是在此历史与现实背景下,我们顺应时代与社会的要求,提出了"生命课堂"并以此来希望我们的课堂教学,从此高举生命的大旗,在我们教育与教学活动中,"赏识生命、激励生命、成就生命"!

(二)"生命课堂"反映了教育哲学与认识论的变迁

1."生命课堂"反映了教育哲学的变迁

"主智"与"主情"是教育科学发展中两种具有代表性的教学思想。"主智"教学论起源于夸美纽斯、赫尔巴特等人的教学思想体系,以传授系统知识和形成技能、技巧,发展智力作为教学的主要任务。其坚持以传统的学科课程为中心,强调知识的内在逻辑体系,注重认知因素的作用和教师对知识的权威性,更多地侧重于从理性角度来思考教学过程。"主情"教学论缘于西方的人文主义教育传统,认为教学的目的应该是促使"完美人性的形成",引导教育对象充分实现人的潜能,即"自我实现",提倡"软课程"模式。他们强调教学内容的知识性和情感性的内在渗透,坚持统整的原则,使课程编排富有弹性,并常将课程内容扩展到学生的全部生活经验上,形成特有的情意教学模式。他们关注教育者对教育对象的爱、赞许和关怀,以及学生对所学内容的情绪反应,侧重于从非理性角度来思考教学过程。因此,"主智"与"主情"之争,实质上是科学主义与人文主义、理性主义与非理性主义在教学过程中的具体之争。

主智主义产生于科学主义与理性主义盛行的时代。"传统理性主义的一个极端的表现就是对知识的盲目崇拜。在它看来,只有具备普遍必然性的知识才是真正的知识,而且它对普遍必然性作了绝对化的理解,认为普遍必然性的知识就是绝对精确、绝对无矛盾的,在任何时间和任何地点都是绝对有效的知识。这样,抽象度越高、形式化越强,离现实生活越远的知识反倒成了真正的知识,而那些贴近社会生活、形式化程度不高的知识则被看成是不纯的知识"。这种教育哲学把传授终身受用的知识、发展人的理性作为教育的最终目标。这种"知识中心主义"后来衍变成教育的工具化与实用性逻辑。工具化的教育把教育关系变成了自然科学式的"目的—手段"的关系,把"教育关系中的某个个人"变成了处于"一般状态的个人",受教育者被动接受知识灌输。这种教育具有外施性、强制性、分离性的特性,而没有达到内外一体的体验境界,缺少应有的生命活力和育人魅力。知识完全成了理性的事业,而理性则成了同人的需要、人的情感、人的意志、人的生活绝对无关的东西,它实际上已经从现实的人中抽象出来、独立出来了,因此,传统理性主义所理解的知识的理性化,也就是知识的非人化、知识的非社会化。教育的异化正是伴随着理性与人的情感、意志、需要相脱离开始的。它重理性,轻情感;重知识,轻悟性;重记诵,轻灵性。生命智慧退化为生存本能,生命的超载性、创造性、反思性被"搁置"了。工具理性支配下的教育实践从根本上与人的生命活动相隔离,它剥夺了个体发展生命、创造生活的权利。正如雅斯贝尔斯所说,这种教育"是一种心灵隔离活动",而没有达到与"精神相契合"的境界。异化了的教育不再是完整的、和谐的,受教育者被淹没在由理性编织成的"科学世界中",而遗忘了丰富多彩的生活世界——一个充满生活的意义与价值的世界、一个充满鲜活体验的世界。

20世纪是人们有意识地反思和改造科学主义及理性主义思维及其产物的时代。人们通过对"技术至上"时代所造成的人的物化、异化的深刻批判与反省,在认识上倾向于用人文哲学去寻找人类已经失去的精神家园。教育哲学开始由探求普遍化的教育规律转向探寻情境性的教育意义,教育的视界由传统的知识论、认识论转向存在论、生活论。生活、生命、体验成为教育哲学的主流话语。教育得以从理性王国回归生活世界,回归自然之境,向生命个体开放。教育被视为一个内在的、从自我出发的、倾注着个人感受和体验的生活活动过程,而不是外在于其生命本体的异己力量。教育应回归生命,回归完整,回归和谐,凸显体验,凸显对生命的体悟。存在主义教育哲学把人体对周遭世界以及自身的生命感受、体验纳入教育的日常生活中。存在主义认为,一个良好教育的立足点首先要鼓励学生去思考这样一些问题:"我是谁?""我正在哪里?""我为什么会在这里?"但回答这些问题的前提要承认个体是一个有感情、理性的生命存在。

教育哲学观的变迁反映了由对客观知识的占有转向对生命价值的追求,由对人的理性的崇拜转向对人性的完整与和谐的追求;由重生存的技能转向重存在的生活意义的追求,由重对自然的控制转向对"天人合一"境的追求。

2."生命课堂"反映了认识论的发展

从认识论上讲,对教学过程本质的认识,经过了经验论—先验论—建构主义的发展过程。

撒开心理学史初期的数个不成熟的心理学流派不论,在美国心理学上占主导地位的是行为主义心理学(Behaviorism Psychology)。行为主义心理学家对认识论中主客体关系的认识可以称为经验主义(Empiricism)。他们主张在人的意识之外有一独立存在的知识客体。人的认识过程就是如何准确无误地在主观意识中反映这一客观存在的知识实体。所以在行为主义看来,认识或学习的过程是被学习者所处的客观环境所制约的。这一客观环境包括了学习者的外界物质环境和社会环境。

这一认识论的观点在美国心理和教育界风行数个世纪之久。直至认知主义心理学(Cognitive Psychology)在 20 世纪五六十年代崛起。有趣的是,认识主义心理学兴起的一个重要因素并不发生在心理学界内部,对行为主义心理学的挑战是一位语言学家乔姆斯基(Chomsky)发起的。乔姆斯基观察儿童语言学习的过程,发现了行为主义心理学不能完满解释语言现象的两大规律:一是语言的多样性。他认为,同一个思想内容可以有多种表达的方法。在英语中最简单的句子都可以有主动语态和被动语态的不同,而这种多样性的表达并不是每一个儿童在语言的学习过程中全部经历过的。如果没有客观环境中的经验,儿童是从哪里学得这样多变的语言表达形式的呢? 第二是语言的规律性。乔姆斯基研究了多个民族的语言现象,发现尽管这些民族在社会及文化方面有诸多不同,但论及深层的语言结构显示了高度的一致性。比如,在我们学习英语的过程中,发展得最慢的是词汇的部分。因为中文和英文之间共用的词汇很少,可是当我们学习语法的时候就会发现中、英文有许多共通的语法规则可以互为借鉴,"主谓宾补状"是可以普遍适用的词汇分类方法。乔姆斯基认为,客观的外在环境并不是这样有序的,甚至常常是杂乱无章的。人们怎么可能如行为主义所描述的那样,从无规则的客观环境中诠释出高度有序的知识呢?

乔姆斯基认为,既然语言的高度的规律性不是来自外部环境,那只能是人们与生俱来的了。他把它称为是"语言的深层结构",而且这种深层结构是各种文化教育所共享的。根据他的认识,人的知识是生而有之的,学习过程是一个学习者逐渐地揭示或意识到自己内心本已存在的知识的过程。在心理学和哲学中称这样的认识论为"先验论"(Nativism)。

作为对行为主义的反动,先验论在推动认知主义的发展中起了很大的作用,但是,显而易见的是先验论过分强调了主观意识在认识过程的作用。在实际的学习情景中也很难操作(怎样才能让学生"意识"到自己的知识呢?),所以并没有在教育心理学界引起很大的震动。但是先验论的提出却给人们提供了一个对认识过程和知识起源的平衡的看法:认识和学习的过程是主客体的相互作用从而在主体形成独特经验的过程。这就是现今在教育界及教育心理学界占主导地位的建构主义(Constructivism)的认识论。

建构主义的认识论可以上溯到皮亚杰(Piaget)和维果斯基(Vygotsky)这两位早期的认知心理学的开拓者。他们不约而同地强调学习过程中学习者和外界环境交互作用的重要性。所不同的是皮亚杰较重视学习者与外界物质环境的互动,而维果斯基更重视学习者与外界社会环境的互动。但他们都指出,人的学习过程远不是对外界环境的简单的反映,学习的过程是学习者用客观环境所提供的素材(信息)来加工自己的知识。学习者在学习过程中的主观能动作用使每个人在他的环境中(哪怕是同一个外界环境中)所建构的知识从一开始就很不相同。这一个体在认识上的差异又影响了其后的学习过程,其结果就是"性相近,习相远"。

有一位心理学家曾用"砌墙"来比喻这三种认识论的不同。他说,如果我们的目的是要砌一堵墙,一位持经验主义理念的老师会越俎代庖,自己动手帮学生砌墙,一位持先验论主义的老师会认为学生心中已有那堵要砌的墙,老师的任务是让学生看见那堵墙。而一位持建构主义理念的老师会给学生提供砖块和其他所需的材料,指导学生动手砌那堵墙。

那么在这三类老师中,您属于哪一类呢?是急于动手帮学生砌墙呢,是等待学生发现自己心中的墙呢,还是提供砖块指导学生砌墙呢?这虽然只是一个比喻,却也是您给自己的教育哲学所作的定位。

(三)生命课堂反映了课堂教学现实的迫切需求

课堂教学,是学校实施素质教育的主阵地,也是教育促进人发展的根本途径。然而,审视当前课堂教学,人们发现其并未发挥出应有的作用,传统课堂教学中满堂灌、填鸭式、高耗低效的现象依然存在。当前学术界关于课堂教学的缺陷已有许多研究,概括起来主要有如下几种观点:(1)从"特殊认识说"出发,认为其主要缺陷是重教轻学、重智轻能、重智力因素轻非智力因素；(2)站在课堂教学"生命活力"的高度,认为其根本缺陷是把丰富复杂的教学过程简括为特殊认识活动,从而使师生的生命力在课堂中得不到充分发挥,连传统教学视为最主要的认识性任务也难以有效完成；(3)从教学病理学视角把教学缺陷归纳为教学失衡、教学专制、教学偏见和教学阻隔等几个方面；(4)从教学整体功能角度,认为当前课堂教学中存在着有效性、主体性、创造性和情感性的严重缺失。

在实践中,课堂教学在不少学校事实上已简单等同于考试的要求,考什么教什么,怎么考怎么教；教育已沦落成为一种工具——是学生升学、就业的工具,教育已"异化"成为"非教育",背反由是产生:一方面我们期望的教育是"一切教育改革的终极目标是为了发展个性,开发潜能,使每个人的潜能得到充分发展,实现先哲们'各尽所能''人尽其才'的目标"。另一方面,我们现实的教育是"大批量地生产出'成品',致命的弊端则是压制人的潜能的发展,尤其压制了有才华的人的发展。"现实中教育在许多方面,其实不是在培养人,而是在压抑人、摧残人,甚至是扼杀人。具体表现在教育观念上是人才观的单一(学生的个性没有得到尊重),教育目标上是脱离学生实际的高期望(目标不依据学生)、发展是强调整齐划一(学生的个性被扼杀),在教育内容上是陈旧、落后繁琐的内容充斥教材和课堂,在教育方法上则更是不尊重学生、"目中无人"的满堂灌、重复枯燥的简单练习和死记硬背、加班加点(学生成为了没有灵性的机器)。这种不尊重学生个性的"被动教育"、目中无人的"奴役教育"、不遵循教育规律和学生成长规律的"强制教育"、不讲究教育教学方法的"野蛮教育",导致许多学生的厌学,加重了学生负担!

现实中的课堂教学存在的主要问题,具体地说表现在:

1. 目中无人

表现在:第一,中小学课堂教学极端地强调知识的系统性、完整性、理论性,在教学目标上,知识目标至高无上；在教学方法上,科学思维方法、辩证法被庸俗化、绝对化；在教学内容上,教材被顶礼膜拜,师生视教材为圣经,不敢也不能越雷池一步；而课堂教学中师生交往关系的丰富内涵仅仅剩下单一的认知关系。种种迹象表明,中小学课堂教学关注的是科学世界或书本世界,儿童的生活世界、精神世界成为被遗忘的角落。书本世界的独尊,使学生沉浸在各种符号的逻辑演算之中,课堂教学缺乏生活意义和生命价值。

第二,脱离现实生活,缺乏对儿童可能生活的合理构建。脱离儿童生活和社会现实是当前中小学课堂教学的通病。在中小学课堂教学中,儿童不是为自己而活着,仿佛是为教材而活着。课堂教学脱离现实生活和社会实际,缺乏对完满的可能生活的构建。教材不过是为儿童提供的沟通现实生活的可能生活的"案例",课堂教学的终极目的不是习得"案例"本身,而应习得"案例"之后的某些更有价值的东西。案例之后应该是什么?这是值得思考的问题。如果课堂教学总是囿于教材,让学生作痛苦的甚至无聊的表演,没有学生对现实的认识、对生活的体验、对精神的感悟,那么,课堂教学便不能成为学生生活的组成部分,他们会日渐失去生活的原动力,失去学习的兴趣和动力。

第三,乏味单调的理性生活成为主旋律,不能满足学生完满的精神生活的需要。从课堂教学的活动形式来看,当前的课堂教学,忽视学生内在的体验和感悟,从而学生在课堂这一生活空间中的道德生活、审美生活乃至整个精神生活的需要不能得到满足。其实,课堂教学中学生的生活形式不仅仅包括认知,还包括体验、感悟、内省等多种形式。诚如古罗马教育家普鲁塔克所指出的那样,儿童的心灵"不是一个需要填满的罐子,而是一颗需要点燃的火种"。要点燃儿童心灵的火种,仅有认知过程的理性活动是远远不够的。

第四,课堂生活的物理空间和精神空间狭小。教学内容的传递基本上是从书本或教材到课堂,缺乏对教材静态情景的动态拓展。从教学组织形式方面看,班级规模过大,学生被固定在课堂的某一位置上,缺乏足够宽松的生活空间和交往空间。在教学方法上,事无巨细的直观教学和注重结果忽视过程的知识教学,不能为学生提供适当的思维、想象和创造的空间。

2. 截流式教学

现实中的课堂教学强调知识的传授,但这种知识的传授表现为截流式而非源流式的。本来任何的知识都是有其来源的,有些科学真理的获得还充满神奇与曲折;任何的知识都是大有用处的,可以解决我们现实生活的许多问题。但是在我们现在的课堂教学中,许多教师对知识的起源和知识的去处是截断的,不展示知识的全过程,只讲"你是谁"(知识是什么),不讲"你从哪里来"(知识的来源),也不问"你到哪里去"(知识的应用),使我们的课堂教学变得单调、乏味、无奇。

当然,作为间接知识的教学,我们在许多时候,不能回到事物的本源中去,但我们却要树立尽可能去揭示知识全过程的思想,即便有时不可能做到,我们也要尽可能创设知识产生的情境,让学生身临其境去体验去思考,这是我们每一位教师都要去认真做到的。

3. 完成认识性任务是课堂教学的中心或唯一任务

在传统教学看来,课堂教学是按计划进行的,每节课无一例外地必须完成规定的教学进度(课时任务),这样一课时跟着一课时循序渐进地完成所有的教学任务。怎样做到这一点呢? 那就是按教案上课。每节课的内容和进程都具体地甚至按时间顺序分解在教案里,课堂教学就像计算机输出规定程序一样,是教案的展开过程。从教师的角度说,按照教案里设定的教学目标,在课堂上"培养""引导""发展"了学生,教学任务就算完成了,教学目的就算达到了,至于学生是否改变了、进步了、提高了,则是不重要的。所以,以教案为本位实际上也就是以教师为本位,教案反映的是教师的教学过程(设计),而不是学生的学习过程(创造)。

以教案为本位的教学是一种封闭性的教学,封闭性使课堂教学变得机械、沉闷和程式化,缺乏生气和乐趣,封闭必然导致僵化,只有开放,才能搞活。

4. 在教学方式方法上,重"教"轻"学","教"体现为一种"死教"

(1)注入式。尽管对单向灌输和"填鸭式"教学的反对声不绝于耳,但注入式仍是现实中占据主要地位的教育方式,老师讲、学生听仍是最为普遍的课堂状态。注入式的特点是教师主宰,大量注入,学生被动地接受。注入式之所以能盛行,是由于它与"知识中心"的教育格局相吻合。长期不懈地"填鸭"、灌注,对学生接受和掌握知识是起作用的。但是,它对"创新"的阻滞非常明显。一是长期的被动状态导致学生主体精神和主动性的弱化,严重影响创新人格的形成。二是一味地注入反复强化学生的吸纳接受能力,而创新所需的问题意识、探究能力却因没有开发训练而萎缩。

(2)教条式:主要表现是重理论、轻实际,重结论、轻过程,强调范式、反对逾越,崇拜条条、反对质疑。如在教材编写上一味追求体系完整,而对生活实际和学生学习实际却不够重视。在教学过程中特别注重公式和结论的巩固与应用，而对公式结论的产生过程则轻描淡写。理化生实验本来是结论的支撑，但对实验的重视远不能与重视解题同日而语。在问题解答上，多是要求背框框、答条条，恪守固定范式，谨遵标准答案，若有稍许逾越，必遭"扣分"厄运。教条式的危害一是束缚思想，束缚手脚，令学生动辄得咎，畏首畏尾。有人研为什么学生普遍害怕作文，得出原因是由于作文的限制太多，"范式"强调过分，学生因此不能自由地说出自己想说的话。二是在远离生活实际、略去知识产生过程的情况下，学生们面对的是一堆僵硬的条条，由此无可避免地引发枯燥感、单调感和厌倦感，销蚀追求知识的激情。

（3）单向纵深式。集中力量"深挖洞"，求深求难，重纵向深入，轻横向发散，专攻教材"考纲"而不及其余，满足于单一方式、单一角度的正确而不思变换。教学时间紧，考试难度大，只有集中攻坚，而不会有联想、变换、列举和发散的余地。纵深式适应激烈的考试竞争，但狭隘的、单一方向的纵深，对创新素质的负面影响也很明显。一是使学习背景狭窄化。创新是很需要广阔度的，杨振宁博士要求他的学生必须广泛阅读新动态的杂志，即使不懂也要读，这样可以获得大的背景与把握，"而不是在小缝里一点一点地学"。二是忽视发散性思维训练。不利于培养思维的多向性、流畅性和变通性，不利于创新性思维品质的形成。

（4）理性泛化式，即重逻辑、轻直觉，重理性、轻感受。不管文科理科，逻辑演绎，"标准化"处理。语文本来是富含人文内蕴、情感价值和审美趣味的学科，但语文教学的常用手法却是把一篇篇优美的文章变成一堆摆设整齐、逻辑合理却了无生气的零件，于是学生无需感悟，无需激动，只需动用理性逻辑加以"掌握"。艺术类教育本来是最典型的情感性教育，它的根本任务本在于让学生感受美、体验美，并引导学生发现美和创造美，可现实中的音乐、美术课一不留神就成了知识课和技能训练课。文科类尚且如此，理科类只重逻辑排除直觉就更加理直气壮。面对一个钟表指针指向的数学填空题，我们的学生全体毫不迟疑地动笔列方程，西方学生则当即动手拧动腕上的手表。更可叹的是，当听说"拧表"之后我们的孩子很感到不可思议——解数学题不列式行吗？

理性和逻辑的确是提高素质所必不可少。但理性的片面强化和过分泛化，则可能造成对悟性、直觉和灵感的抑制。脑科学研究表明,逻辑思维、语言思维为左脑功能,而非逻辑的形象思维尤其是直觉思维和灵感、顿悟等,则是右脑功能,左脑的常规性较强,而右脑却与创造发现关系密切。忽视形象与直觉,显然对开发右脑,培育创新思维不利。

(5)苛严管束式。表现为只信强制、不信自觉,只讲约束、不讲自由,只讲严格、不讲宽容,乐于训导却不善鼓励,乐于指正却吝惜赞赏。师生关系多为管制与被管制的关系,教育气氛多呈紧张、沉闷、压抑状,学生的思想行为大多纳入了严格的管束,时间、空间大部分被强制性的"苦学"所占领。处于这样的教育氛围中,学生几乎失去了独立性和自主性,失去了自主思考、学习和自由做事、游戏的余地。有首儿歌碰巧生动地勾画出了苛严管束之下的学生状态,即"我们都是木头人,不准说话不准动"。可想而知,经常处于"木头人"和"准木头人"状态的人们,距离"创新"是多么遥远。

5. 对教学结果,重"学会",轻"会学"与"爱学"

由于现实中的课堂教学过分注重让学生"学会"现成的结论,使教师教学等同于教书,学生学习就等同于读书,这种以书本为本位的课堂教学导致了重理论轻实践、重理性轻感性、重结果轻过程,使以书本知识为本位的课堂教学成为了阻碍学生发展的场所,使现实的课堂教学成为了导致学生厌学的直接因素,丧失了对学生应有的感染力和号召力,扼杀了学生智慧,摧残了学生的个性!

正是由于现实中的课堂教学的种种不如人意,使得学生在教育中承受着种种不该有的过重的压力,造成了不少学生不同程度的焦虑,这种焦虑吞没了他们的心灵,这已成为不争的事实。

据北大精神卫生研究所提供的数据,我国 17 岁以下未成年人约有 3.4 亿,其中有各类学习、情绪、行为障碍者约 3 000 万(保守估计),青少年行为问题的检出率为 12.9%,表现为忧郁症、恐怖症、焦虑症等。中学生心理障碍患病率为 21.6%~32%。其中初中生占 15% 左右,高中生占 19% 左右。他们普遍存在着嫉妒、自卑、任性、孤僻、焦虑、逆反心理、情绪反常、神经衰弱、社交困难、学习不良、吸烟酗酒,乃至自杀、犯罪等心理问题。目前许多青少年处于一种心理亚健康或心理不健康状态。中科院心理所一项对 432 名高中一年级学生的调查表明:从来不感到抑郁的占 21.8%,重度到严重抑郁的占 3.4%。如果这种消极的焦虑抑郁状况得不到及时的宣泄而任其发展下去,就会导致过激行为产生。

　　教育是引导人心灵的事业,但现实中的教育却经常走向其反面,失落和窒息了学生的心灵,这不能不说是我们教育的悲哀! 正由于此,我们的课堂教学,在无可非议地倡导传授知识,发展智能的同时,更重要的还是要走进学生的心灵,去引人求知、引人高尚、引之自信、引人自爱、引人热爱生活、引人关爱生命、去实现生命与生命的对话。

参考文献

　　[1]鲁洁.通识教育与人格陶冶[J].教育研究,1997(4):16—19.

　　[2][德]彼得·科斯洛失斯基.后现代文化——技术发展的社会文化后果[M].毛怡红,译.北京:中央编译出版社,1999.

　　[3]施良方,崔允漷.教学理论:课堂教学的原理、策略与研究[M].上海:华东师范大学出版社,1999.

　　[4][德]马克思,恩格斯.马克思恩格斯全集(23)[M].北京:人民教育出版社,1972.

　　[5]林建成.现代知识论对传统理性主义的超越[J].社会科学,1997(6):42—45.

　　[6]阎光才.教育的生命意识——由荒野文化与园艺文化的悖论谈起[J].清华大学教育研究.2002.(2)

　　[7]蓝云.对学习过程基本问题的探讨[J].教育科学研究,2002(6):38—43.

　　[8]宋秋前.课堂教学问题问诊与矫治[J].教育研究,2001(4):47—51.

　　[9]吕型伟.发展个性,开发潜能[J].上海教育,1998(1):57—61.

　　[10]郭元祥.论课堂生活的重建[J].教育研究与实验,2000(1):25—29,72.

　　[11]姚燕平.创新教育呼唤教育创新[J].教育研究,2000(3):32—36.

　　[12]钱镇宇.未成年人心理卫生谈——未成年人心理卫生是当前的一个热门话题[J].青少年犯罪问题,2003(5):28.

　　(本文选自作者著作《用生命激励生命》一书第二章"生命课堂产生的历史与现实背景",贵州人民出版社 2005 年 5 月第 1 版)

五、论"生命课堂"及其价值追求

"生命课堂"在我国一经提出就迅速成为我国基础教育的热点,说明它遵循了教育的本质与规律,彰显出了人类对自身价值的理性关怀和人文关怀,反映了社会历史发展的必然要求和课堂教学实际的迫切需要,也反映了教育哲学观和认识论的最新成果,更体现了师生生命发展的主体需要。然而,有关"生命课堂"的理论与实践研究才刚刚起步,理论大厦还没有建立,实践土壤还非常贫瘠,它需要我们教育工作者去进行长期而艰辛的探索,是我们教育工作者一个永恒的主题,它没有终点,值得我们去进行永恒的探索。本文仅就课堂教学三种表现形式"生命课堂""知识课堂"与"智能课堂"的联系区别与历史沿革及"生命课堂"最基本的价值追求作一探讨,以就教于热衷于课堂教学改革的同仁们!

(一)课堂教学表现形式及其历史沿革

课堂教学是在教育目的规范下,教师根据一定社会的要求,有目的、有计划、系统地激发、强化、优化学生的自主学习,从而帮助学生掌握知识、发展智能、形成健全心灵的一种活动。知识、智能与情感态度价值观的统一是课堂教学价值追求的理想目标。在不同的历史时期和不同的教育发展阶段以及在不同的教育工作者思想观念中,对课堂教学本质、功能及价值追求的认识是不同的,根据这种不同,可以将课堂教学的表现形式具体划分为知识课堂、智能课堂与生命课堂三种。

"知识课堂"是指在"知识中心"思想指导下所形成的课堂生活,它把丰富多彩的课堂生活异化成为一种单调的"目中无人"的缺乏生命气息的以传授知识、完成认识性任务作为中心或唯一任务的课堂教学模式。"智能课堂"则是在"能力本位"思想指导下所形成的课堂生活,以传授知识培养智能作为中心或唯一任务的课堂教学模式。而"生命课堂"是指师生把课堂生活作为自己人生生命的一段重要的构成部分,师生在课堂的教与学过程中,既学习与生成知识,又获得与提高智能,最根本的还是师生生命价值得到了体现、健全心灵得到了丰富与发展,使课堂生活成为师生共同学习与探究知识、智慧展示与能力发展、情意交融与人性养育的殿堂,成为师生生命价值、人生意义得到充分体现与提升的快乐场所。

课堂教学价值追求的发展与变化,是随着社会历史的发展变化和人们对教育本质与功能认识的不断深入而不断发展变化的,迄今为止,课堂教学的价值追求经过了注重知识、发展智能、尊重生命三个发展阶段。在我国,自从有学校教育开始,在教育价值的认识与追求上就偏重让学生掌握牢固、系统的书本知识,在学习方法上强调"记诵之学",形成了明显的以知识为本的倾向。陶行知先生对中国教育的这种价值认识与追求有过深刻的批判:中国教育的一个"普通的误解,便是一提到教育就联想到笔杆和书本,以为教育就是读书写字,除了读书写字之外,便不是教育"。在 17、18 世纪的欧洲,教育也一味强调追求真知识、真观念,甚至为了达到这一目标,教育可以牺牲教师和学生人格的充分自由发展作为代价,这种片面追求外在工具价值的单向发展即哈贝马斯所说的理性的单向发展,如夸美纽斯的"泛智"教育理想,就是概括和综合全部人类知识,即普遍的广泛的知识,使所有的人都能接受教育,主张把"一切事物教给一切人"。还有如第斯多惠、赫尔巴特、斯宾塞等人也从不同的侧面表达了理性化教育理想。特别是赫尔巴特的四段教学法和斯宾塞"科学知识最有价值"这一经典命题的提出,为当时对教育价值的认识与追求做了最好的说明。但是,社会要更快地发展与进步,仅仅依靠传授先人积累的各种各样的知识和规范已经远远不能适应社会发展的要求,教育更重要的是要发展人类的智力和能力,培养人的创新意识和实践能力,以促进社会更快更好地发展,于是发展学生的智能水平便成为教育的主流。这正如认知心理学代表人物布鲁纳在其著作《教育过程》中开宗明义地指出的,由于人们处于迅速发展为特征的社会,个人和国家要想更好地得到发展,有赖于年轻一代智能的充分发展,因此发展学生的智能就成为教育的主要目的,教育主要是"培养学生的操作技能、想象技能以及符号运演技能"。随着社会的发展,传统教育体现的"知识中心主义"后来逐渐演变成教育的工具化与实用逻辑。这种教育具有外施性、强制性、分离性的特性,而没有达到内外一体的体验境界,缺少应有的生命活力和育人魅力。"知识完全成了理性的事业,而理性则成了同人的需要、人的情感、人的意志、人的生活绝对无关的东西,它实际上已经从现实的人中抽象出来,独立出来了。因此,传统理性主义所理解的知识的理性化,也就是知识的非人化、知识的非社会化。"教育的异化正是伴随着理性与人的情感、意志、需要相脱离开始的。工具理性支配下的教育实践从根本上是与人的生命活动相隔离,它剥夺了个体发展生命、创造生活的权利,这种教育使受教育者被淹没在理性编织成的"科学世界"中,而遗忘了丰富多彩的生活世界——一个充满生活的意义与价值的世界、一个充满鲜活体验的世界。社会发展到今天,人们通过对"技术至上"时代所造成的人的物化、异化的深刻批判与反思,在认识论上倾向于用人文哲学去找寻人类已经失去的精神家园,教育得以从理性王国回归生活世界、回归生命、回归和谐。当前国际上流行的现象学的、存在主义的、解释学的、后现代的课程与教学理论皆有这种特点。教育哲学观的这种变迁反映了教育由对客观知识的占有转到对生命价值的追求,由重生存的技能转向重存在的生活意义。教育要"尊重生命"正是反映这种转变的产物。

"知识课堂""智能课堂""生命课堂"是在不同的教育思想指导下所形成的课堂生活,它们之间有着明显的特征差异。在价值观上,"知识课堂"重视知识,"智能课堂"重视智能,"生命课堂"在重视知识与智能的基础上,更加关注师生的生命发展,重视学生的情感、意志和抱负等健全心灵的培养;在教学目标上,"知识课堂""智能课堂"重视预设性目标,"生命课堂"既注重预设性目标,更注重生成性目标,鼓励学生在课堂中产生新的思路、方法和知识点;教学方式上,"知识课堂"重视"教","智能课堂"重视"导","生命课堂"不仅有"教"有"导",还更加倡导教师去积极创设情境,鼓励学生自己去"自学";在教学过程上,"知识课堂"的教学过程就是教师对学生单向的培养过程。"智能课堂"则体现为在知识传授的过程中,会关注学生的智能发展。而"生命课堂"强调的教学过程是师生合作学习、共同探讨的过程,激励欣赏、充满期待的过程,心灵沟通、情感交融的过程。在教学结果上,"知识课堂"重视"学会","智能课堂"重视"会学","生命课堂"在强调掌握知识学会学习的同时更加重视学生求知欲望有没有得到更好的激发,学习习惯有没有得到进一步的培养,学生的心灵是不是更丰富、更健全了。

(二)"生命课堂"的价值追求

人类对课堂教学本质与功能的认识,从早先的"知识课堂"到"智能课堂"再到现在的"生命课堂",是对课堂教学本质理性认识的大飞跃。在课堂教学三种具体形式中,知识、智能与情感态度价值观三者的地位及由此所形成的关系结构都存在很大的差异,每一种课堂教学形式的核心价值追求都有所不同,但其总的核心价值追求趋势是如我国有些学者所言"从知识化、认知化到重视情感体验及情感发展"。在这一追求过程中,课堂教学教育价值追求的每一次转换既有否定的一面,即新的教育价值追求否定、取代了过去的教育价值追求;也有继承与发展的一面,即新的教育价值追求继承与发展了过去的教育价值追求中的合理成分,并在新的历史条件下不断发展与补充,获得了新的内涵,最终形成了全面的科学的教育价值追求!

1."生命课堂"的基础价值追求:让学生掌握基本知识

我国的课堂形态尽管一直都存在着对"以学生的长远发展、健康发展和全面发展为本"的"生命课堂"理想追求,但现实中的课堂形态的主体实质是一种"知识课堂"或"智能课堂",体现为教师对学生单向的"培养"活动,教师负责教,学生负责学,以教为中心,学围绕教转,教学的双边活动成为单边活动,教学由共同体变成了单一体,"学校"成为"教校"。"知识课堂"和"智能课堂"虽然忠诚于知识与智能,但却忽视了人的实际需要;追求教师教学的可操作性,却忽视了学生的创造性;体现了社会的科技体制理性,却没有了师生的精神交往。其结果,是"教"走向了其反面,成为"学"的阻碍力量。它们使课堂教学逐渐教条化、模式化和静止化,最终导致课堂教学的异化,教师越教,学生越不会学、越不爱学。这不仅弱化了学生的主体意识,学习的主观能动性无法充分发挥出来,而且学生的情感被忽视,生命的灵感被抽象化,学生的创新意识和创造性受到了遏制。传统的"知识课堂"和"智能课堂"所固有的弊端在新的历史发展时期逐渐暴露出来并因此陷入困境。

我国传统的"知识课堂"与"智能课堂"的弊端说明了从"知识课堂""智能课堂"走向"生命课堂"的势在必行!然而我们要清醒地意识到,无论教育怎么改革,或者赋予"课堂教学"这样那样的含义,但让学生掌握基本的科学文化知识是"生命课堂"的基础价值追求,这一点是永远也不会改变的。因为,教育要实现其促进人发展的目的，就必须抓住科学知识教育这一基础环节，这是由于人的发展都要以科学知识和深厚的文化为基础，西方谚语"空袋不能直立"讲的就是这个意思。它表现为两种情况：其一，学习和掌握科学知识的活动过程的本身，也是认识世界，接受文化熏陶，德、智、体等素质发展的过程；学习和掌握科学知识的过程，就是占有人类社会历史经验精华的过程。科学文化知识不仅凝结着人类认识和改造客观世界的成果，而且凝结着人类主观精神，如情感、意志、抱负等。学生在学习和掌握它们时，对学生自身的情感、意志、品德、抱负也是一个促进。其二，掌握知识，为人的其他方面的发展打下了坚实的基础。例如："抱负"从何而来，它是受教育的结果，是科学的产物；"道德""纪律"等也都需要有科学知识作为基础，才能达到自律自觉的程度。教育史上曾经出现过忽视科学知识教育的倾向，其结果都是以失败而告终。美国实用主义教育思潮，是最突出的例子。他们轻视科学知识的教育，认为在中小学，特别是小学，不必要也不可能进行科学知识教育，主张代之以儿童经验、生活常识、活动技能，使学生学会生活，适应社会。其影响所及，教育质量下降，连美国人自己后来也起来纠偏。苏联在 20 世纪 20 年代实施的教育改革也是一个典型的例子。他们轻视、甚至否定科学知识的教育，废除教科书，取消课堂教学，代之以生产劳动、社会课堂。到了 30 年代，他们不得不改弦更张，乃至又矫枉过正。我国在 20世纪 50 年代末的一些做法，在"十年动乱"时期被推到极端——不是提倡学习科学知识以提高劳动者的素质，而是相反，鼓吹"宁要没有文化的劳动者"，其性质和后果，是众所周知的。其中值得一提的是，在美国，不仅对实用主义教育思想和实际进行了批评，而且对 20 世纪 60 年代忽视基础知识教学的课程革新，也作出批判性的评价，甚至诱发了一场带有保守倾向的"恢复基础"的运动。

"生命课堂"的基础价值追求是让学生掌握基本的科学文化知识，而知识的掌握是一个复杂的过程，需要教育工作者进行积极的探索。首先，转变知识观是学生掌握知识的先导和前提。在知识观上，过去我们一直认为给学生灌输的知识越多越好，因而不管学生能否接受。实际上，按照现代教育心理学，学生只有学习那些最基本、最具迁移力的知识，建构自己的知识结构，才能增强学习的统摄力和学习效益，在学习活动中逐渐学会学习，这才是学生知识学习的根本。对此，孔子有一则非常经典的表述："不愤不启、不悱不发、举一隅不以三隅返，则不复也。"(《论语·述而》)在这里孔子指的"一"就是具有广泛迁移性的、"含金量"较高的那些知识。之所以要讲授这个"一",是因为学生学到的知识越是基本,几乎归结为定义,则它对新问题的适应性就越宽广;还因为庄子所言:"吾生也有涯,而知也无涯。"(《庄子·秋水》)面对"有涯"与"无涯"的矛盾,学生只能去掌握最基本的知识。

其次,优化学生主体活动是学生掌握知识的关键。优化学生主体活动,第一,应确立什么是以学生为主体?以学生的什么为主体?以学生为主体强调的是在学习过程中,学生是认识的主体,应当以学生的思维活动为主体,以学生的认识过程为主体。第二,要优化师生关系,尊重热爱学生。教师用热爱与尊重学生的行为去赢得学生对教师的喜爱与信任,创造出一种宽松和谐、互相尊重的教学氛围。第三,应注意主体活动的全面性。在教学中,不同科目的教学都有一些共同的学生主体活动因素,如记忆、想象、思维、言语、情意活动等。但每门学科之间主体活动存在差异,如语文学科有听、说、读、写等主体活动。物理则有观察与实验、逻辑推理、分析运算等主体活动。教师应充分考虑每门学科学生主体活动结构的完善,从而有效地促进学生相关能力的发展。第四,学生主体活动要真正落实到教学过程中去,就必须在课堂教学的程序及各个环节上真正体现"以学为主,先学后教,以学定教",要打破以教师、课堂、书本为中心、以讲授为主线的教学套路,构建以学生主动参与、积极活动为主线的教学模式。这种教学模式的核心就是创造全体学生都积极参与学习的条件,让学生在主动参与中获得直接的知识和经验。如我们在实践教学中总结提炼的中小学语文教学"读、记、议、提"教学模式,把课堂教学的环节分为"读、记、议、提"四环节:"读"即让学生多读;"记"即学生读完后将自己的感想、体会、建议及读懂的没读懂的都记下来;"议"即学生将记下来的各种问题先自己思考后再将不懂的交到小组讨论,小组不能解决的再拿到全班讨论,全班学生不能解决的教师也可以参与讨论;"提"即教师根据学生前面三个环节学习情况,依据知识、能力、情感态度价值观三维目标的要求,对学生在学习过程中没有涉及或完成的三维目标问题提出来,让学生再讨论或由教师直接解答。这种教学模式前面三个环节都是以学生为主,后一个环节体现了教师的引导作用,整个教学环节充分体现了"以学为主,先学后教,以学定教"的课改精神。

2."生命课堂"的核心价值追求:开发学生智能

随着社会科学技术的迅猛发展,使得知识的发展呈现出知识更新周期缩短、知识总量激增,各学科不断分化的同时又不断综合,边缘学科不断涌现三大趋势。由于知识不断老化,知识学习本身的意义也就不断黯然失色,加上人生有涯而学无涯,使人不可能掌握世界上所有的科学知识。另外,也并非每个人需要所有知识。在这种情况下,一个人在现代社会适意地生存,关键不是知识量的大小,而是学会学习、学会适应。仅就学会适应而言,绝非知识广博量大就适应能力强,而是基础扎实。世界教育史、发明史上无数事实都表明,知识尤其是其他学科的知识多少并不能决定一个人的成就。数学大师希尔伯特曾这样解读过爱因斯坦:"你们是否知道,为什么在我们这一代爱因斯坦说出了关于空间和时间的最有卓识、最深刻的东西?因为一切有关时间和空间的哲学和数学他都没有学过。"达尔文、爱因斯坦、斯宾塞等人都持有这样一种观点。所以,为了更好地促进学生的发展,作为"生命课堂"来说,其核心价值追求应转到教育学生学会掌握和应用知识,发展学生的智力与能力,把开发学生的智能当成其核心价值追求,着重培养学生的创新意识、创新能力和创造精神。澳大利亚科学、技术与工程理事会(Australian Science and Technology Council)在 20 世纪末发表了影响广泛的《澳大利亚未来的基石——小学的科学与技术教育》报告,指出由于社会的不断发展,要求人们具有与之相适应的科学技术能力和阅读写作水平,而传统教育和纯粹意义上的知识教学,已不能适应现代社会对教育的要求,现代社会的发展要求学校通过教育培养学生们的质询意识、分析技巧、抽象思维能力、解决问题的能力和创造能力。

学生智力的发展、能力的获得,也是一个非常复杂的问题,它不仅依靠教师的言传身教,更主要的还在于学生自我主体的积极"动脑""动口""动手",形成教育教学过程中的"互动"局面,正如叶圣陶老先生所说,学习是学生自己的事,无论教师讲得多么好,学生没有真正地"动"起来,是无论如何也学不好的。学生的智能只有通过实际的活动才能逐渐发展,而活动的本质特征是个体的主动参与。心理学研究证明,没有活动经验的支持,学习到的任何知识,在社会实践面前都不会摆脱"纸上谈兵"的命运。只有经验过的世界,人们才可能建立真正的自我把握感和自我胜任感,有自我把握感和自我胜任感的支持,才会在情境适当时显示出才能。活动经验的作用是不可代替的,学生活动经验越广泛,实践锻炼的机会越多,智力的发展就越好,能力获得就越巩固。所以说,教育不仅需要提供知识,更需要提供广泛的经验世界,以利学生智能的开发。

毫无疑问,由于各种原因,我国的青少年学生,目前在家庭、学校和社会上所获得的活动经验无论从范围、深度和性质上讲,都与时代要求有很大差距。根据有关资料,在中、美、英、法、韩等国家中,中国小学生每日劳动时间最少,比劳动时间最多的美国学生少5/6,比排在中国前一名的韩国学生也少2/3。中国学生,特别是中学生,绝大多数时间都被困在了教室和家中书房狭小空间中在死记硬背。"解放学生于课堂,让学生动起来",在当今中国绝非危言耸听的呼吁,而是教育迫切需要解决的现实问题。

要让学生真正"动"起来,首先必须发扬教学民主,创设宽松和谐的学习氛围,让学生"敢"动起来,学生才能真正成为学习的主人,积极动脑、动口、动手,敢于发表自己的不同意见和创新观点;其次,要充分调动学生的积极性,让学生掌握动起来的方法,让学生"会"动;再次,要积极创造条件,提供必要的活动舞台,让学生"能"动起来,要为学生提供启发思维、动脑思考的舞台;讨论争辩、口头表达的舞台;劳动实验、动手操作的舞台以及课外、校外的广阔大舞台,使学生在"动脑""动口""动手"的过程中,得到最充分、最自由的发展。

3."生命课堂"的终极价值追求:培养学生健全的心灵

人的发展以科学知识为基础,以智能为核心,那么人怎么样才能知识丰富、智高能强呢? 也就是说人发展的动力是什么? 事实上,如果一个人没有学习的要求,碰到困难就灰心丧气,缺乏学习的动力,他是不可能获得很好的发展的。在同样的环境和条件下,每个学生发展的特点和成就,主要取决于他自身的心理素质,取决于他心灵是否健全,这是因为人只有具有了健全的心灵,才可能有目的地主动地去发展自己,并自觉确定预定目标并为实现预定的目标克服困难、自觉奋斗,这是健全心灵推动人发展的高度体现。所以,"生命课堂"的终极价值追求是通过我们的教育活动,使学生通过知识的学习深刻地体会到科学知识的美、神奇与力量,了解凝结在知识背后人类在探求真理的过程中所需要的情感、意志、抱负等精神力量,进而去丰盈自己的精神世界,促进自己精神力量的成长,使自己成为一个立于天地之间的具有健全人格和伟大精神力量的人!

情感心理学教学理论认为,真正的学习涉及整个人,而不仅仅是为学习者提供事实,主张教学的根本目的是促进学生成为一个完善的人正是体现了这一观点。"实际上,教学活动是教师和学生通过中介成分的一种共同活动,它的本质是特殊形态的实践活动,充满着人的活生生的情感。正是积极的有导向性质的情感运动,才使教学活动不仅具有传递人类民族文化遗产的功能,而且成为培养个性精神的过程"。而我国目前进行的新课改把培养学生正确的情感态度价值观作为课程的基本要求和教学指导思想也正是代表了这一发展趋势!

学生健全心灵包含着"有情、有意、有抱负"三层含义。"有情"即对他人、对社会充满着爱;"有意"即具有克服困难、挑战挫折与失败的意志和勇气;"有抱负"即具有改进社会、推动历史进步的远大理想。学生健全心灵的形成,受着家庭、社会、学校等多方面因素的影响,但教育的影响却具有主导的作用,教师是学生健全心灵形成的引导者和主持人。

学生健全心灵的形成,是依赖教师同样的东西,即教师必须也具有同样健全的心灵,即教师的情感、意志和理想信念,在有声无声中影响、熏陶和感染着学生。教师对学生的爱是一种巨大的教育力量,有人把感情比作教育者与被教育者之间的纽带,教师用关怀、爱来沟通同学生之间的感情关系,通过爱的情感去开启学生的心扉,达到通情而达理的目的。可以这么说,没有爱就没有教育,学生对学习、生活、他人、社会、祖国的爱,很大程度上决定于老师的情感,所以柳斌同志说:"'育人以德'是重要的,'育人以智'也是重要的,但如果离开了'育人以情',那么'德'和'智'都很难收到理想的效果。"师生之间良好情感的形成,要求教师热爱每一位学生、教学民主、以情激情、以美激情。学生意志品质的形成在很大程度上受教师意志品质的影响,教师为了达到教育目的而表现出的意志的坚定性、果断性、一贯性、坚持性和自制力等优秀的意志品质,不仅是完成教育任务所必需的,而且也是直接影响学生意志的巨大力量,鲁迅能成为"青年的吸铁石",与黑暗的旧中国"横眉冷对"、斗争到底、坚韧不拔,鲁迅自认为力量来自他的教师藤野先生,"他的性格,在我的眼里和心里是伟大的"。青少年理想抱负的形成,既是他们学习的动力,也是教师教育的结果。一个拥有远大理想抱负、品德高尚、学业优秀的教师,往往会成为学生学习、模仿的模样,这正如苏霍姆林斯基所说:"在教师个性中是什么东西吸引着儿童、少年和青年呢?

是什么东西使他们成为你的名副其实的学生呢？是什么东西使你的学生从精神上联合起来,并使集体成为思想上、道德上和精神心理上的统一体呢？理想、原则、信念、观点、兴致、趣味、好恶、伦理道德等方面的准则在教师的言行上取得和谐一致,这就是吸引青少年的心灵的火花。"学生这种用钦佩的教师为榜样去模仿和学习的动机和行为的欲望,正是学生理想抱负形成的极为强大的教育力量。

在学校教育过程中,学生健全心灵形成的途径有课堂教学、班级建设、心理辅导等。课堂教学是学校教育的主渠道,同样也是促进学生健全心灵发展的基本途径。可以通过将心理素质培养的内容纳入正式课程体系、深入挖掘各科教学内容中的"心育"内容等手段更好地促进学生健全心灵的形成。在实践中,课堂教学存在两方面的不足:一是"朝上"的不足,即教师在课堂教学中仅单纯地传授知识,对于凝结在知识背后的人类在发现、探索真理过程中的情感、意志、抱负等精神因素没有去挖掘;二是"朝下"的不足,即教师在传授知识过程中联系学生面临的各种实际问题不够。这两个"不足",使得教学过程平淡乏味,学生学习缺乏兴趣,更没有学习的榜样可以效仿。其实在每门学课的教学中,都有许多的精神因素可以挖掘,有许多的实际问题可以联系,思想政治品德课自不必说,语文、历史、地理、数学、物理、化学也一样,语文课中有曹雪芹创作的呕心沥血,"字字看来都是血,十年辛苦不寻常";数学课可以讲陈景润的痴迷执着、百折不挠;物理课中有居里夫人为了获取镭而表现出来的"历史中罕见的""工作的热忱和顽强"。知识是美的,科学家们为了获取真理而展示的理想、毅力和强烈的社会责任心更是一种激励学生向上的强大的教育力量。教师在课堂教学中,应充分挖掘这些"心育"内容,促进学生心灵更健康地发展。

参考文献:

[1]纪德奎.当前教学论研究:热点与沉思[J].教育研究,2007(12):73—78.

[2]夏晋祥."生命课堂"理论价值与实践路径的探寻[J].课程·教材·教法,2008(1):26—30.

[3]夏晋祥,赵卫.论人类教育价值追求的三次转换[J].教育研究与实验,2008(4):33—36.

[4]中央教科所.陶行知教育文选[M].北京:教育科学出版社,1981.

[5][捷克]夸美纽斯.大教学论[M].博任取,译.北京:教育科学出版社,1999.

[6]施良方 崔允漷.教学理论:课堂教学的原理、策略与研究[M].上海:华东师范大学出版社,1999.

[7]林建成.现代知识论对传统理性主义的超越[J].社会科学,1997(6):42—45.

[8][加]马克斯·范梅南.教学机智——教育智慧的意蕴[M].李树英,译.北京:教育科学出版社,2001.

[9]夏晋祥.从"知识课堂"走向"生命课堂"[N].中国教育报,2015—04—29.

[10]朱小蔓.关于学校道德教育的思考[EB/OL].http://www.sina.com.cn.

[11]夏晋祥.从"知识课堂"走向"生命课堂"[M].长春:吉林人民出版社,2011.

[12]张彤,唐德海,蒋士会.现代教育圣经[M].广州:广东旅游出版社,2000.

[13]叶圣陶.叶圣陶教育文集[M].北京:人民出版社,1998.

[14]朱小蔓.情感教育论纲[M].北京:人民出版社,2007.

[15]柳斌.重视"情境教育",努力探索全面提高学生素质的途径[J].人民教育,1997(3):1—2.

[16]鲁迅.鲁迅全集(第二卷)[M].北京:人民文学出版社,1957.

[17][苏]霍姆林斯基.培养集体的方法[M].安徽大学苏联问题研究所,译.合肥:安徽教育出版社,1983.

(本文发表在《课程·教材·教法》2016年第12期)

六、生命课堂:历史、现实与未来

"生命课堂"作为一个教育学概念提出的时间在我国只有短短十几年,但"生命课堂"思想在我国却是源远流长,有着悠久的历史文化传统。"生命课堂"在当前我国的课堂教学实践中,则呈现出方兴未艾之势,其未来也必将成为我国课堂教学的常态! 本文仅就生命课堂思想的历史源流及生命课堂的现状与未来发展作一探讨,以增进广大教育工作者对生命课堂的进一步了解,以期通过研究,促进生命课堂理论研究的深入及生命课堂实践的全面开展。

(一)"生命课堂"的思想历史:源远流长

生命课堂的本质就是以生为本,它以尊重生命为前提和基础,以激励生命为手段和方法,以成就生命为出发点和归宿。生命课堂倡导的以生为本,指的是教育要面向全体学生,关注每一位学生,因材施教,注重每一位学生的成长,发展每一位学生的个性,把培养人、促进每一位学生人格的健全发展作为教育的出发点和归宿。这种对教育本质与规律的认识,其思想发展源流我们可以追溯到孔子的教育学说与教育实践中。

孔子是我国伟大的教育家,他面对当时春秋末期急剧变革的社会现实,汲取夏、商的文化营养,继承周代的文化传统,创造了以"礼""仁""中庸""教"与"学"为主要内容,包括哲学、政治、伦理、道德、教育等思想在内的完整学说,自成系统,在中国历史上产生了深远的影响! 特别是在教育教学方面,孔子身体力行,在教育实践中总结提升了一系列的教育教学思想,创立了"有教无类"的教育原则;倡导"不愤不启,不悱不发""举一反三"等启发式教学思想;提出"学而不厌、诲人不倦"的教学精神;强调"学而不思则罔,思而不学则殆"的辩证学习方法;身体力行"三人行,必有我师焉""敏而好学、不耻下问"的求学精神;坚持"当仁不让于师"的师生平等观念……从中我们可以找到太多关注生命,以生为本的"生命课堂"理念。对教育目的、教育对象、教学内容、教学方法、教学形式,孔子也提出了自己独到而深刻的见解,至今都还散发出科学真理的光芒。

关于教育目的,孔子的教育理想(目的),不是"成器"(君子不器),而是"成仁"。"仁"从二人,即通过教育,将生物学的"人",变成文化学的"人"。生物学的人与文化学的人,叠合成"仁"(二人),即谓之"仁人",也就是"君子"了。儒学的教育,就是培养"君子"的教育。而君子所应具有的品格有哪些呢? 君子的品格可分为两方面:对己能"修己",对人能"安人""安百姓"。

关于孔子的教育内容,基本上都是属于道德范围。孔子是以"文、行、忠、信"来教育学生,而"行、忠、信"则属道德范畴。至于"文",则是指诗、书、礼、乐等典籍。"文"教的主要内容,概括起来就是"仁"和"礼"两大范畴。"礼"主要是指传统的西周典章制度、风俗习惯,"仁"则几乎包括了所有的道德品质。孔子道德思想的范畴,主要的是"仁",不是"礼"。他一生努力的主要方向是要"使天下归仁",用上说下教的温和方法来革新社会,在旧制的形式——"礼"中注入新的精神"仁",借以改良奴隶社会的礼制、秩序,使之更能适应当时奴隶要解放及一般自由民要求改善生活和政治地位的时代潮流,这是孔子教育思想反映在教育内容上的主要特征,也是他进步思想的一种重要的表现。

在教学方法方面。孔子强调,第一,善于诱导学生学习的积极性和注意培养学生的独立思考能力,如"循循善诱""温故知新";第二,注意学生的个别差异和学习的过程和态度,主张"因材施教",注意学生"学思行"的结合;第三,善于运用问答法的教学形式,启发学生积极的思维活动,如"不愤不启,不悱不发"。

"生命课堂"思想,不仅在孔子的教育学说与教育实践中有充分体现,而且在我国古代的其他思想家、教育家的作品中也有丰富体现。

如老子。老子是道家的创始人,他的教育思想集中反映在《老子》这部经典中。《老子》主张自然无为,一切要顺其自然,最好能像水一样,"以辅万物之自然而不敢为"(《老子》第64章)。所以在教育中主张"行不言之教",以不言为教,由人自然地发生变化,这里就有生命课堂提倡的"以生为本"、尊重个性发展个性的积极意义。在学习方法上,强调"清净"是修身养性之本,是学习之本,《老子》说"夫物芸芸,各复归其根。归根曰静,是谓复命"(《老子》第16章),意思是说,根是万物生命的来源,回归根才是静,能静才回归生命,万物生于静归于静。心不能静便无所安，心不能定便无所守，也就是说，人静不下来就不可能进行任何有效的学习，就会一事无成。正如诸葛亮在《诫子书》中写道："夫君子之行，静以修身，俭以养德。非淡泊无以明志，非宁静无以致远。夫学须静也，才须学也，非学无以广才，非志无以成学。"清静是生命的能源，清静蕴含着许多无穷的力量。老子讲，生命的根本是在清静中恢复的。静态到了极点，能知过去、现在、未来，就有了预知能力。静能养生，静能开悟，静能生慧，静能明道，要想大智大慧，大彻大悟，必须由静做起。

还有如孟子，强调"民本"，认为民心的向背是政治上成功与否的决定性因素。他说"得天下有道，得其民，斯得天下矣"（《离娄上》）。所以他认为，老百姓是最重要的，是根本："民为贵，社稷次之，君为轻。"（《尽心下》）其教育目的也是强调"仁人"的培养，把培养具有良好道德的"仁人"作为自己的最高追求，并且认为，只有具备了"仁"这种道德品质的人，才能居于高位，否则，让那些只有知识和能力却心术不正的人居于高位，对人民的危害更大。在教育内容、教学方法、教学原则等方面，孟子注重的都是"人"的培养。

孟子和孔子一样，认为一个人最主要的问题就是"立志"，要求学生树立远大的理想与抱负。齐国王子问孟子："士干什么事？"，孟子回答说"尚志"（《尽心上》），意思即要使自己志向高尚远大。而要让自己有远大的理想与抱负，就必须在社会实践中不断锻炼与提升，他说："人之有德慧术知者，恒存乎疢疾。"（《尽心上》）又说"生于忧患而死于安乐也。"（《告子下》）对于知识的获得与掌握，他也是强调"自主学习"，认为知识的学习，并非从外而来，必须经过自己努力自觉地钻研，才能彻底领悟，他说："求则得之，舍则失之，是求有益于得也，求在我者也。"（《尽心上》）在教学方法方面，他主张因材施教、启发诱导，他要求学生学习要主动、积极思考，教师不要急于代替学生作结论。他有一句名言："尽信书，则不如无书。"（《尽心下》）就是要求学生要有主动探索精神，发挥自己的主体精神，才能搞好学习。

不仅在我国古代这些伟大的教育家、思想家中，在我国古代许多的教育经典中，也蕴含着丰富的生命课堂思想！

《学记》是我国古代最早、体系比较严整而又极具价值的一部教育文献，也是世界教育史上最早出现的自成体系的教育学专著，是人类的共同财富，更是中华民族的骄傲。

《学记》非常重视教育的作用,把教育的作用概括为十六个字:"建国君民,教学为先","化民成俗,其必由学"。在《学记》中依据学生生命发展的内在规律,指出了学生一至九年的内容和程序:"一年视离经辨志,三年视敬业乐群,五年视博习亲师,七年视论学取友,谓之小成。九年知类通达,强立而不反,谓之大成。"《学记》认为,学生学习应当从离经辨志开始,经过敬业乐群、博习亲师,达到论学取友。在这个过程中,立志为先,这是儒家一贯倡导的,同时需要乐群、亲师与取友,说明《学记》注意到教学过程的积极开展需要生命之间的和谐与共融,才能使教学过程既能够"乐群",又能"亲师"和"取友"。《学记》在教学思想方面最突出的贡献是它最先提出了"教学相长"的理念,指出:"学然后知不足,教然后知困。知不足,然后能自反也;知困,然后能自强也。故曰:教学相长也。"这种既重视学生"学"也重视教师"教"的教学理念,不仅比一千多年后出现的行为主义者(强调的教师的主要任务是教学生学习知识)要先进,也比认知主义者(仅强调教学生如何学习)要科学深刻得多! 同时,《学记》还提出了许多符合生命课堂理念的教学原则与方法,如"及时施教""循序渐进""启发诱导""长善救失"等,都强调教育教学要依据学生的身心发展规律,赏识生命,激励生命,成就生命,让学生得到充分的和谐的发展。

在儒家的另一部经典《中庸》中也蕴含了丰富的生命课堂思想。《中庸》关于生命课堂的思想集中体现在开篇所说"天命之谓性,率性之谓道,修道之谓教"三个方面以及"诚明"与"明诚"两个目的一致、相辅相成、内外统一的模式和路径上。

"天命之谓性"从本原上回答了生命课堂的起点在于生命,教育是学生生命的需要(起点),教育是为了促进学生生命的成长(目的);"率性之谓道"体现了学生生命发展的规律,教育要依据学生的生命特点(过程),生命课堂要尊重学生生命发展的内在逻辑,激活学生生命内在的主观能动性,展现学生生命本有的自有天性;"修道之谓教"则阐明了教育在尊重、发展学生的内在天性的同时,还要重视学生的后天的学习与努力,不能任由学生自然发展。

在教育目的上,《中庸》用"成己"与"成物"表达了这样几层意思:教育的个体目的在于发展、完善和提升个体生命,这是"成己";教育的社会目的在于成就群体生命(化育万物)，这是"成物"；教育的目的还在于促进个体生命与群体生命的和谐共生，在成就自我生命的同时成就他者生命，这是"成己"与"成物"的结合。

在教学思想方面，《中庸》提出了博学、审问、慎思、明辨、笃行等学习步骤，并且强调生命的智力聪明与意志坚强并不是先天决定的，而是通过后天的努力实践与不断学习而获得和自我体悟出来的。

《中庸》还特别重视生命的个体差异及主观努力，认为"或生而知之，或学而知之。或困而知之。及其知之一也。或安而行之，或利而行之，或勉强而行之。及其成功一也"。是说每个学生的天赋都不一样，有的人天生就知之，有的人需要学习才知之。还有人必须经过挫折才能够明白。到了知道以后却是一样的。有的人是不需要思考就可以安然无事地去实行，有的人为了对自己有利才实行，有的人是需要经过极大的努力才能实行，到了成功以后却是一样的。《中庸》还非常强调生命的主观努力，认为自己不断地努力才是学习成功的关键。"虽愚必明，虽柔必强"，只要自己肯花功夫，不怕困难与挫折，即使是天资愚笨的人也必定能够变得明智，即使是天资柔弱的人也必定能够变得刚强。

总之我国是一个具有悠久人文教育传统的国家。在我国古代其他的教育经典著作(主要是儒家著作)如《大学》《论语》《孟子》中，也具有丰富的生命课堂思想，闪耀着人本、人文、人性的光辉，生命课堂思想在我国源远流长。限于篇幅，在此不一一赘述。

(二)"生命课堂"的现实状况：方兴未艾

"生命课堂"概念的提出，源于教育理论界对课堂教学实践的反思。毋庸讳言，当今中国的课堂，是一种理性主义盛行、知识至上、教师中心的"知识课堂"。这种课堂教学模式片面追求对客观知识的授受，而忽视了更加重要的唤醒师生生命意识、激发师生生命潜能、提升师生生命境界、促进师生生命发展的课堂教学价值。这种课堂把课堂教学活动仅仅看作是传授知识的活动，没有意识到课堂教学应以促进师生的生命发展为核心，无视课堂教学的生命体验，这是传统知识课堂的根本缺陷。

通过实践研究，研究者发现"知识课堂"虽然忠诚于知识，但却忽视了人的实际需要；追求教师教学的可操作性，却忽视了学生的创造性；体现了社会的科技体制理性,却没有了师生的精神交往。其结果,是"教"走向了其反面,成为了"学"的阻碍力量。使课堂教学逐渐教条化、模式化和静止化,最终导致课堂教学的异化,教师越教,学生越不会学、越不爱学。这不仅弱化了学生的主体意识,学习的主观能动性也无法充分发挥出来,而且学生的情感被忽视,生命的灵感被抽象化,学生的创新意识和创造性受到了遏制。传统的知识课堂所固有的弊端在新的历史发展时期逐渐暴露出来并因此陷入困境。

对此,教育理论工作者从 20 世纪末开始,从不同的角度对课堂教学的问题进行了全方位的反思,1997 年,华东师范大学叶澜教授发表《让课堂焕发出生命活力——论中小学教学改革的深化》一文,提出"把教学改革的实践目标定在探索、创造充满生命活力的课堂教学,因为,只有在这样的课堂上,师生才是全身心投入,他们不只是在教和学,他们还在感受课堂中生命的涌动和成长;也只有在这样的课堂上,学生才能获得多方面的满足和发展,教师的劳动才会闪现出创造的光辉和人性的魅力,教学才不只是与科学,而且是与哲学、艺术相关,才会体现出育人的本质"。因此,"教学改革要改变的不只是传统的教学理论,还要改变千百万教师的教学观念,改变他们每天都在进行着的、习以为常的教学行为"。并且,她也认为"把丰富复杂、变动不居的课堂教学过程简括为特殊的认识活动"是对课堂教学功能与任务的严重窄化,强调"从更高的层次——生命的层次,用动态生成的观念,重新全面地认识课堂教学,构建新的课堂教学观"。叶澜认为,课堂教学过程应该是师生生命价值得到体现的过程,课堂教学应激发师生的生命价值,真正发挥教育培养人的本质。自此,"让教育充满着生命的气息""让课堂焕发出生命的活力",已不仅仅是教育理论工作者对时代的呼唤,也成为中国基础教育变革中最具影响力的口号,并开始植根于富于创新与探索精神的全国的广大教师的教育实践中。

与此同时,有学者注意到情感在课堂教学中所具有的动力作用。朱小蔓认为:"实际上,教学活动是教师和学生通过中介成分的一种共同活动,它的本质是特殊形态的实践活动,充满着人的活生生的情感。正是积极的有导向性质的情感运动,才使教学活动不仅具有传递人类民族文化遗产的功能,而且成为培养个性精神的过程。"

还有的学者积极探讨建构情感教学模式,并且认为情感教学模式是"不同于一般的以认知为主线的教学模式,它只是根据教学中情感本身的活动规律,以情感为主线,从情感维度规范教师在教学活动中的教学行为,以充分发挥情感的积极作用,本身不是一个独立的教学模式,并不排斥其他认知性教学模式,相反,结合应用是对其他认知性教学模式的补充和完善"对理想的课堂教学模式的不断研究,促进了"生命课堂"这一专用教育学概念的正式提出。2003 年,王鉴在《课堂重构:从"知识课堂"到"生命课堂"》一文中提出:"从课堂的模式来看,传统的课堂模式是一种'知识课堂',它是知识为本或知识至上的课堂;新课程倡导的课堂模式是一种'生命课堂',它是以人的发展为本的课堂。"这是我国第一次在正正式公开刊物提出了"生命课堂"概念。

但通观王鉴《课堂重构:从"知识课堂"到"生命课堂"》全文,对"生命课堂""知识课堂"概念只是进行了一种名词的重复,并没有对"生命课堂""知识课堂"概念做出科学全面具体深入的论述,也没有对课堂教学各种形态做出科学全面具体的分析,对"生命课堂"其后也未见其进行更深入的研究。而与此同时,夏晋祥通过深入课改第一线,在大、中、小学听课 1 000 多节,和广大中小学教师一道,总结提炼出"生命课堂"概念,并出版了著作《用生命激励生命———"生命课堂"理论价值与实践路径的探寻》(贵州人民出版社 2005 年 5 月第 1 版)及发表了论文《论"生命课堂"及其教学模式的构建》(《天津师范大学学报(基础教育版)2005 年第 1 期》),对"生命课堂"概念、本质及特征进行了全面科学具体深入的论述(现在全国许多理论文章界定"生命课堂"概念,基本上都是引用他对"生命课堂"概念的解释),并对课堂教学型态即"生命课堂""智能课堂""知识课堂"及其历史沿革做出了全面科学的归纳与梳理,其后他又在《课程·教材·教法》连续发表《生命课堂理论价值与实践路径的探寻》(2008 年第 1 期)、《论生命课堂及其价值追求》(2016 年第 12 期),还出版专著《从"知识课堂"走向"生命课堂"》(吉林人民出版社 2011 年 6 月第 1 版)等,对生命课堂的概念、特征、建构路径进行了更加深入的研究。

当前,我国对"生命课堂"的理论研究,正呈现方兴未艾之势,各种研究文章纷纷发表,国家级学术刊物《课程·教材·教法》在 2016 年第 12 期还开设"生命课堂研究"专栏,地方也有一些学术期刊如《深圳信息职业技术学院学报》,也从 2017 年第 2 期开始,开设"生命课堂"专栏,专门对生命课堂有关理论与实践开展研究。生命课堂实践研究与课堂教学,也在积极开展,这其中,全国有许多中小学校自发地进行课堂教学改革,不断探索教育教学规律,努力追求课堂教学的理想模式即"生命课堂";也有许多高校教育理论研究者深入基础教育一线,和广大中小学教师形成"科研共同体",积极进行"生命课堂"的探索,取得了丰硕的研究成果,在我国的东部地区,有华东师范大学叶澜教授的"新基础教育实验",在北方地区有北京师范大学肖川教授的"生命教育研究",在南方地区有华南师范大学郭思乐教授的"生本实验",在改革开放最前沿的深圳特区,有深圳市教育科研专家工作室主持人夏晋祥教授的"生命课堂实验"。

(三)"生命课堂"的未来发展:必然趋势

《国家中长期教育改革和发展规划纲要(2010—2020年)》提出要实施生命教育,这为我国"生命课堂"的全面开展提供了制度与法规的保障,但制度与法规只是一种外在保障,要真正让"生命课堂"成为我国基础教育的课堂常态,必须要全社会和全体教师进一步从理论上加深对课堂教学本质与规律及课堂教学发展趋势的认识与把握,只有这样,"生命课堂"才会成为我们每一个教师"内化于心"的自觉行为。

课堂教学的未来发展趋势必然是从"知识课堂"走向"生命课堂",是由于"生命课堂"在重视知识与技能的基础上,更加关注师生的生命发展,重视学生的情感、意志和抱负等健全心灵的培养,使学生的可持续发展有了可持续学习愿望作为永远的基础和保证。同时,从"知识课堂"走向"生命课堂",体现了社会历史发展的必然要求,也反映了教育哲学观与认识论的发展变迁,更反映了课堂教学现实的迫切需求与师生生命发展的主体需要。

从"知识课堂"走向"生命课堂"体现了社会历史发展的必然要求。知识、智能与情感态度价值观的统一是课堂教学价值追求的理想目标。迄今为止,课堂教学价值追求经过了三个大的发展阶段:注重知识、发展智能、尊重生命,也可以称为为生存而教、为发展而教、为享受而教三个阶段。

人类初期,人类生存的环境极其恶劣,所以彼时彼刻,人类要生存,就必须尽快地将前人在生产生活实践中总结出来的经验性知识传之他人、传之下一代,否则,人类社会将难以为继。因此"为生存而教"就成为当时教育的最迫切需要,其根本特征表现为仅注重生产生活知识的传授。到了近代,社会历史的发展要求教育不仅要传授先人积累的各种各样的知识和规范,更重要的是要发展人类的智力和能力,培养人的创新意识和实践能力,以促进社会更快更好地发展,于是发展学生的智能水平成为教育的主流便应运而生了。人类社会经过生存与发展阶段社会财富的原始积累和不断扩充,为人类自身的进一步发展打下了坚实的物质基础。人类在不断地征服自然时,也在不断地反思:人类不断发展的目的是什么? 马克思恩格斯在其经典著作《德意志意识形态》《资本论》等,都论述了人是人的最高目的,人类不断追求的目的,就是要让人自身得到全面和谐、自由的发展。

"为生存而教"和"为发展而教"使教育的外在工具价值得到了最充分的实现! 在当时的历史条件下,教育的主要价值追求体现为外在和客体的"传授知识"和"发展智能",既体现了社会发展的需要也反映了人们对教育本质的认识水平,其合理性和必要性是显而易见的。其实一直到近代,人类历史都主要执着于对客体性的追求。人类之所以对主体相对缺乏应有的关怀,完全是因为人类在客体面前尚未长大的原因。但教育外在工具价值的实现却使教育神圣的生命价值,在这种工具性教育中荡然无存! 教育一旦把工具价值作为根本,把知识、能力、分数作为根本的追求,教育就不再是给生命自由和幸福的"福祉",而是违反生命的本性,成为生命的"痛苦之源"。教育和人都成为工具,其不合理性也是显而易见的,对它的摒弃也就成为历史的必然了!

其实,科学的教育,不仅要让学生"学会"前人积累下来的各种经验与规则,还要发展学生的智力和能力,让学生变得更"会学"。但最重要的是,要能通过我们的教育,让学生体会到知识与科学的美丽与神奇,充分体现学生个人的经验、价值与情感,使学生在教育中体会到自我生命的意义与价值,充分享受到教育对人的精神需要的满足与促进,变得更"爱学"。这样的教育,就成为学生生命意义得以彰显、生命价值得以尊重的场所,成为学生的创造之源、幸福之源,成为师生一起成长共同享受的殿堂!

从"知识课堂"走向"生命课堂"适应了教育哲学观与认识论的发展与变迁。"主知"与"主情"是教育科学发展中两种具有代表性的教育哲学思想。"主知"教学论缘于夸美纽斯、赫尔巴特等人的教学思想体系,以传授系统知识和形成技能、技巧,发展智力作为教学的主要任务。"主情"教学论缘于西方的人文主义教育传统,认为教学的目的应该是促使"完美人性的形成"。他们关注教育者对教育对象的爱、赞许和关怀,以及学生对所学内容的情绪反应,侧重于从非理性角度来思考教学过程。因此,"主知"与"主情"之争,实质上是科学主义与人文主义、理性主义与非理性主义在教学过程中的具体之争。

20 世纪是人们有意识地反思和改造科学主义及理性主义思维及其产物的时代。人们通过对"技术至上"时代所造成的人的物化、异化的深刻批判与反省,在认识论上倾向于用人文哲学去找寻人类已经失去的精神家园,教育得以从理性王国回归生活世界、回归生命、回归和谐。当前国际上流行的现象学的、存在主义的、解释学的、后现代的课程与教学理论皆有这种特点。教育哲学观的这种变迁反映了教育由对客观知识的占有转到对生命价值的追求,由重生存的技能转向重存在的生活意义。教育要"尊重生命"正是反映这种转变的产物。

从认识论上讲,人类对教学过程本质的认识,经过了经验论—先验论—建构主义的发展过程。行为主义心理学家对认识论中主客体关系的认识可以称为经验主义(Empiricism)。他们主张在人的意识之外有一种独立存在的知识客体。人的认识过程就是如何准确无误地在主观意识中反映这一客观存在的知识实体。

这一认识论的观点在美国心理和教育界风行数个世纪之久。直至认知主义心理学在 20 世纪五、六十年代崛起。有趣的是,认识主义心理学兴起的一个重要因素并不发生在心理学界内部,对行为主义心理学的挑战是一位语言学家乔姆斯基(Chomsky)发起的。乔姆斯基观察儿童语言学习的过程,发现了行为主义心理学不能完满解释语言现象的两大规律:一是语言的多样性,二是语言的规律性。乔姆斯基发现,语言的高度的规律性不是来自外部环境,而是人们与生俱来的。根据他的认识,人的知识是生而有之的,学习过程是一个学习者逐渐地揭示或意识到自己内心本已存在的知识的过程。在心理学和哲学中称这样的认识论为"先验论"(Nativism)。

作为对行为主义的反动,先验论在推动认知主义的发展中起了很大的作用,但是,显而易见的是先验论过分强调了主观意识在认识过程的作用。在实际的学习情景中也很难操作,所以并没有在教育心理学界引起很大的震动。但是,先验论的提出却给人们提供了一个对认识过程和知识起源的平衡的看法:认识和学习的过程是主客体的相互作用从而在主体形成独特经验的过程。这就是现今在教育界及教育心理学界占主导地位的建构主义(Constructivism)的认识论。

从"知识课堂"走向"生命课堂"还反映了课堂教学现实的迫切需求与师生生命发展的主体需要。审视当前一些学校的课堂教学,人们发现其并未发挥出应有的作用,传统课堂教学中满堂灌、填鸭式、高耗低效的现象依然大量存在。课堂教学在不少学校事实上已简单等同于考试的要求,考什么教什么,怎么考怎么教;教育已沦落成为一种工具——是学生升学、就业的工具,教育已"异化"成为"非教育"。教育是引导人心灵的事业,但现实中的许多课堂教学却走向其反面,失落和窒息了学生的心灵,这不能不说是我们教育的悲哀! 正由于此,我们的课堂教学,在积极地倡导传授知识,发展智能的同时,更重要的还是要走进学生的心灵,去实现生命与生命的对话。

"生命课堂"还体现了师生生命发展的主体需要。课堂生活是师生人生生命的一段重要的构成部分。对于学生而言,要得到好的发展,需要课堂成为其学习与探究知识、智慧展示与能力发展、情意交融与人性养育的殿堂;对于教师而言,课堂教学"不只是为学生成长所作的付出,不只是别人交付任务的完成,它同时也是自己生命价值的体现和自身发展的组成"。教师的人生意义与发展的可能性都主要依靠其主导的课堂生活的质量与水平!

参考文献:

[1]毛礼锐,瞿菊农,邵鹤亭.中国古代教育史[M].北京:人民出版社,1979.

[2]郭齐家.中国教育思想史[M].北京:教育科学出版社,1987.

[3]夏晋祥.论生命课堂及其价值追求[J].课程·教材·教法,2016(12):91—97.

[4]叶澜.让课堂充满生命活力——论中小学改革的深化[J].教育研究,1997(9):5—7.

[5]朱小蔓.情感教育论纲[M].北京:人民出版社,2007.

[6]卢家楣.论情感教学模式[J].教育研究,2006(12):55—60.

[7]王鉴.课堂重构:从"知识课堂"到"生命课堂"[J].教育理论与实践,2003(1):30—33.

[8]夏晋祥,赵卫.论人类教育价值追求的三次转换[J].教育研究与实验,2008(4):33—36.

[9][加]马克斯·范梅南.教学机智——教育智慧的意蕴[M].李树英,译.北京:教育科学出版社,2001.

[10]叶澜."新基础教育"探索性研究[M].上海:上海三联书店,1999.

（本文发表在《课程·教材·教法》2018 年第 4 期）

七、"生命课堂"的本质、特征及其教学目标

"生命课堂"就是指师生把课堂生活作为自己人生的一个重要的构成部分，师生在课堂的教与学过程中，既学习与生成知识，又获得与提高智力，最根本的还是师生生命价值得到了体现、心灵得到了丰富与发展，使课堂生活成为师生共同学习与探究知识、智慧展示与能力发展、情意交融与人性养育的殿堂，成为师生生命价值、人生意义得到充分体现与提升的快乐场所。而"知识课堂"和"智能课堂"则是指在"知识中心"和"能力本位"思想指导下所形成的课堂生活，它把丰富多彩的课堂生活异化成为一种单调的"目中无人"的毫无生命气息的以传授知识、完成认识性任务作为中心或以传授知识培养智能作为唯一任务的课堂教学模式。

"生命课堂"具体体现为：

(1)生活化：课堂教学是现实生活的一部分，教学知识来源于生活同时又服务社会生活。

(2)情感化：没有爱就没有教育。课堂中的情包括教材之情、教师之情、学生之情。

(3)激励化：在课堂教学中，教师不要吝啬两样东西：一是微笑，二是激励。在课堂教学中，教师有效激励可分为三种：一为表层的口头语言激励，这种激励的作用体现为引起学生的注意并调动学生的积极性；二为中层的问题情境激励，这种激励的作用主要体现为激活学生的思维；三为核心层的教师对教育、对学生的"爱"的激励，这是最根本的一种激励，它会让学生从中学会"爱"，包括爱社会、爱他人、爱学习。

(4)民主化：民主化是现代课堂教学的一个重要特征。课堂教学的民主化，可以让学生变得无拘无束，学生的积极性、主动性、创造性都将得到很好的发

展。

(5)开放化:课堂教学要结合学生的生活经验、直接经验,积极将生活引入课堂,同时又将课堂向生活开放。教师要通过教材这个载体、通过教室这个小小的空间,积极拓展学生学习的广度和深度,把学生的视野引向外部世界这一无边无际的知识的海洋,通过"有字的书"把学生的兴趣引向外部广阔世界这一"无字的书",把时间和空间都有限的课堂学习变成时间和空间都无限的课外学习、终身学习。

(6)科学化:课堂教学是传授科学真理的地方,其科学化的要求是不言而喻的。

(7)学生化:课堂是学生的课堂,学生化的课堂倡导的是一种能充分体现学生个性与风采的课堂文化,表现于课堂上的文化主体是学生的感悟和价值追求,是学生的诚挚话语和和谐图画,是优秀学生中蕴涵着的优秀品质的集中体现。这种课堂文化尽管表现为有的不完美、有的不优化,甚至有的是幼稚可笑且漏洞百出,但对于学生来说却平易近人、容易理解、切合实际而非高高在上、脱离实际、深奥难懂! 这种课堂文化更容易融通学生、亲切学生、激励学生!

(一)"生命课堂"的本质

"生命课堂"的本质就是以生为本。以生为本,指的是教育要面向全体学生,关注每一位学生,因材施教,注重每一位学生的成长,发展每一位学生的个性,将促进每一位学生的发展作为教育的出发点和归宿。以生为本,说起来简单,但实际上要做到这点,它牵涉到教育思想、教育体制、教育管理、教育内容、教育方法、教育形式、教材等方面的大变革!

与"知识课堂"和"智能课堂"相比,"生命课堂"体现的教育根本价值是一种对人的关注、关怀与提升,把人(包括教师和学生)当成人的最高目的。在"生命课堂"中,知识和智能成为一种工具性的目标,学生掌握知识发展能力是为学生的生命发展服务的。而"知识课堂"和"智能课堂"之所以要对它进行改造,其原因就在于这二种课堂教学模式在"知识中心"和"能力本位"思想指导下,把工具性的目标当成了根本的目标,把工具性的质量当成了根本的质量。

(二)"生命课堂"的特征

要了解"生命课堂"的特征,比较"生命课堂"与"知识课堂""智能课堂"的差别,不妨先来看一个比喻:比如要让学生掌握"1+1=?"这一知识点,不同的教师就有不同的教法。一种教师会直接告诉学生"1+1=2";还有一种教师会启发学生说"1+1=?";第三种教师会设置一个学生预想不到的富有挑战性的问题"1+1=0"去激励学生自己带着自己的价值、体验、理解去主动思考、讨论、探索。我们认为第一种为"知识课堂",第二种为"智能课堂",第三种为"生命课堂"。

从以上的分析我们可以概括"生命课堂""知识课堂""智能课堂"包括以下几个特征:(1)从教育价值取向上看,"知识课堂"强调知识本位,"智能课堂"强调智力与能力,"生命课堂"则不仅强调知识与智能,更加重视的是学生的情感、意志和抱负等健全心灵的培养,更加关注师生生命的发展。(2)从教学目标上看,"知识课堂"教师的教和学生的学在课堂上最理想的进程是完成教案,而不是"节外生枝","智能课堂"则在此基础上达到发展智力,"生命课堂"则既看预设性目标,更看生成性目标,鼓励学生在课堂教学中产生新的思路、方法和知识点。课堂教学中教师的主要任务不是去完成预设好的教案,更加重要的是同学生一同探讨、一同分享、一同创造,共同经历一段美好的生命历程。(3)在教学方式上,"知识课堂"的课堂教学重"教"不重"学",学生的学习方式是被动学习,教师"教",学生"背和记"。"智能课堂"的课堂教学重视教师的"导",学生跟着教师和教材的思路"学"。"生命课堂"的课堂教学不仅有"教"、有"导",更加重要的是倡导教师要去积极地创设情境,激励学生自己去"自学",学生的学习方式是学生主动地学、互动地学、自我调控地学。(4)在教学内容上,"知识课堂"强调吃透教材,"智能课堂"则要求在掌握教材知识的基础上发展智能,"生命课堂"则倡导不仅要让学生掌握教材的知识,更为重要的是要善于将课堂教学作为一个示例,通过教材这个载体、通过教室这个小小的空间把学生的视野引向外部世界这一无边无际的知识的海洋。(5)对教学过程,"知识课堂"体现的是教师负责教,学生负责学,教学过程就是教师对学生单向的培养过程,"智能课堂"则体现为在知识传授的过程中,会关注学生的智能发展,而"生命课堂"倡导的教学过程不仅是一个传授知识、发展智能的过程,更重要的还是一个师生合作学习、共同探究的过程,激励欣赏、充满期待的过程,心灵沟通、情感交融的过程。(6)对教学结果,"知识课堂"重视的是学生"学会"。"智能课堂"重视的是学生"会学"。"生命课堂"倡导的是不仅要看学生学到了多少知识,有没有"学会",还要看学生有没有掌握学习的方法,会不会学。同时,更加重要的是还要看学生通过课堂教学,他们的求知欲望有没有得到更好的激发,学习习惯有没有得到进一步的培养,学生的心灵是不是更丰富、更健全了。(7)在师生角色特征上,"知识课堂"上的教师角色是知识的权威、课堂的主角,是演员;学生的角色是无知者、课堂的配角,是观众。"智能课堂"上的教师角色是学生的引导者和"导师",学生是被引导者和学习者。"生命课堂"倡导的教师的角色是学生学习的激励者、组织者和欣赏者;学生的角色是主动者和探索者,是课堂的主角,是演员。(8)在师生关系上,"知识课堂"中的师生关系是主宰与服从、控制与被控制的关系。"智能课堂"中的师生关系是引导与被引导的关系。"生命课堂"倡导的师生关系是民主平等合作的关系,教师是平等中的首席。(9)在评价与管理上,"知识课堂"体现的是教师对学生的单向评价,评价的主要功能是奖惩。"智能课堂"评价的主体也体现一元化,评价的内容不仅有知识的评价,还包括对学生智能发展的评价。"生命课堂"倡导评价多元化,包括主体的多元、对象的多元、内容的多元、手段与方法的多元等。(10)在课堂文化上,"知识课堂"体现的是社会主导的文化价值,表现于课堂上的是圣者、贤者、智者的至理名言、感人教诲。"智能课堂"已开始关注学生的感悟与体验,但表现于课堂上的主要还是社会主导的文化价值。"生命课堂"倡导的是一种充分体现学生个性与风采的课堂文化,表现于课堂上的文化主体是学生的感悟和价值追求,是学生的诚挚话语,是优秀学生中蕴涵着的优秀品质的集中体现。

(三)"生命课堂"的课堂教学目标

1."生命课堂"的基础目标:高分

西方有句谚语,"空袋不能直立",形象地说明了科学文化知识对促进人的发展的重要性,教育的基础功能是传授知识,所以说,为了充分实现教育的本体功能,更好地促进学生发展,"生命课堂"的基础目标是让学生尽可能多地掌握科学文化知识,体现在知识检测考试中就是要求学生在考试中获得高分。

在生命教育的内涵中,使学生获取科学文化知识,尽可能多地掌握人类文明成果,是一个重要组成部分。当我们在大力倡导培养学生综合素质,不能片面追求升学率,反对把学生培养成为高分低能的同时,也不能进入只注重德、体、美、劳等素质的培养,而忽略知识掌握、智力素质培养的误区。学生综合素质的提高是建立在较好掌握科学文化知识的基础上的。而教育效果的评价现阶段仍需以各种类型的考试为主要手段,对学生掌握科学文化知识的状况进行鉴定,也是以考分为主要依据。现阶段有些学者在批判应试教育片面追求高分及升学率时,往往矫枉过正,甚至于提出取消一切考试(包括高考),这是对生命教育的一种误解。我们追求教育的创新,绝不意味着鼓励学生低分也可以高能,这将引导学生放弃学习科学文化知识的强烈愿望和不断追求的精神。如果没有学好科学文化知识,无论从教育的哪方面的目标来讲,如"学会做人""学会生存""学会实践"或"学会发展"等,都将是空谈和一种奢望。我们倡导和实施生命教育,追求生命教育目标,也绝不意味着引导学生回避考试。我们对"高分"应该有一个理性的思考,高分不应该是生命教育的对立物,而是学生良好素质的一个重要体现。倡导生命教育倘若放弃考试,引导学生不去重视科学文化知识的学习,对高分没有理性而辩证的认识,走向另外一个极端,那么"文革"时期出现的"白卷英雄"张铁生的悲剧就不远了!

学生考试高分的获得,也是学生高素质的表现。因为人的素质的形成,是人类文明成果内化为人自身较为全面的主体性品质的过程,在这一"内化"过程中,教育无疑是贯穿始终的重要因素之一。考试,则是教育过程中必不可少的一个环节。考试从本质上讲,应该是使学习者具有现代社会及自身人格完善所必需的综合素质中智力素质的一种检测手段。同时一个具有良好素质的人应是学习的主人,他必然是一个思维活跃、具有高质量的心智品质、心胸宽广、积极上进、爱好广泛、性格开朗、感情丰富、富有创造性的全面发展的人,这样的素质决定了他可以从容地面对各种各样的挑战。对考试也不例外。正如一位学者所说,不管现行的考试制度有多么死板,也不管考试存在多少缺陷,真正高妙的心智是决不会受禁锢的,考试至少给了他们一个检验考前强记能力及一定程度上的临场发挥能力的机会。这些能力,只不过是他们诸多能力中的一部分而已。更何况,人的优良素质是任何考试也考不倒的。考试是素质优良者展示才华的"舞台",尽管这个"舞台"不是唯一的,但却是必需的。

2."生命课堂"的核心目标:高能

高分与高能,是相互区别又相互联系的两个范畴。高分是考试成绩优秀的指标,反映了学生获取知识的水平。能力是指人们成功地完成某种活动所必须具备的个性心理特征。生命教育期望学生既要高分,又要高能,在培养过程中把发展能力作为教育的目标和实现高分的手段。这一期望是教育面向 21 世纪的必然要求,同时,也是因为高分与高能存在着一定的联系,它们可以互相促进。一方面,高分代表了知识掌握的高水准,是能力发展的基础。孔子说过"多学近乎智"。学生在掌握知识的同时,必然有一系列的智力操作,在不同程度上发展着自己的智力。能力是在掌握知识过程中发展起来的。另一方面,掌握知识又是以一定的能力为前提的,能力是掌握知识的内在条件和可能性。一个人的能力影响着他学习和掌握知识的快慢、难易、深浅和巩固程度。能力素质发展快的学生,掌握知识又多又快;能力素质发展慢的学生,掌握知识时常常有较大困难。能力既是掌握知识的结果,又是掌握知识的前提,能力和知识密切联系,相互促进。

国际 21 世纪教育委员会在《德洛尔报告》中指出:根据对未来(社会)的展望,仅从数量上满足对教育的那种无止境的需求(不断地加重课程负担)既不可能也不合适。每个人在人生之初积累知识,尔后就可无限期地加以利用,这实际上已经不够了。他必须有能力在自己的一生中抓住和利用各种机会,去更新、深化和进一步充实最初获得的知识,使自己适应不断变革的世界。归纳其所言,现代教育追求的不再仅是让人通过教师灌输、"题海作战"等外界因素来解"惑",而是进入一个更高层次,即使人学会解"惑",学会运用方法自己去解"惑",也就是古人常说的"授之以鱼,不如授之以渔"。不仅如此,我们倡导的生命教育还包括多方面地培养学生的能力,这些能力概括起来主要有:知识运用能力、社会活动实践能力、创造能力、表达能力、控制能力(包括自我控制能力)、沟通交流能力及心理承受能力等。集这些能力于一身,才能真正做到适应社会发展需要。通过教育,让学生主动发展,这正是柳斌同志论及生命教育的三要义之一。由此可见,能力取向的教育是 21 世纪赋予教育的重要变革。唐代韩愈在《师说》中对"师"定义为:"师者,所以传道授业解惑也。""传道"是传授真理、思想;"授业"指传授系统的文化知识;"解惑"可理解为解答疑惑。而作为学校教育来说,仅完成韩愈所说的这三者还不够,还应增加对学生能力的训练。简而言之,为"引疑、启智、开能"。韩愈所说的这三者仅停留在教师为主体的层次上,作为受教育者,学生仍摆脱不了被动接受教师"灌输"的状况。而其"在自己的一生中抓住和利用各种机会,去更新、深化和进一步充实最初获得的知识,使自己适应不断变革的世界"的能力仍没有得到充分的训练和培养。韩愈的论述只能是学生获得知识、掌握真理的第一个步骤,学生能力的训练是此之后的第二个步骤,或者说是第二个层面。由是,我们推行的素质应该实现从"高分低能"向"高分高能"转化,切实培养和训练学生的综合能力素质,让学生在知道"鱼"的同时,掌握"渔"的方法,具备"渔鱼"的能力。所以,为了更好地促进学生的发展,作为学校培养目标来说,其核心应该转到教育学生学会掌握和应用知识,把"引疑、启智、开能"当成其核心目标,着重培养学生的创新意识、创新能力和创新精神。

3."生命课堂"的终极目标:高情商

"情商"(EQ)概念是相对"智商"(IQ)提出来的。过去人们认为,人的成功往往取决于智力因素,后来心理学家们通过调查研究得出结论:"人格因素是取得成果的极重要的决定因素。"美国斯坦福大学著名心理学家推孟在《天才的发生学研究》一书中写道:"在最成功和最不成功的人之间,差别最大的四种品质是:取得最后成果的坚持力,为实现目标不断积累成果的能力,自信力和克服自卑的能力。"他通过不断研究推翻了人们以往的偏见和误解,提出了论据确凿的观点:早年智力测验并不能正确预测晚年的成就,一个人的成就同智力高低并无极大的关系;有成就的人,并非都是家长和教师认为非常聪明的人,而是有恒心、做事求好、求善的人。1995年10月,美国哈佛大学行为与脑科学教授、《纽约时报》科学专栏作家丹尼尔·戈尔曼(Daniel Golman)出版了《情感智商》一书,提出了"情商"(Emotional Quotient)这一概念。丹尼尔·戈尔曼认为:"决定一个人成为社会栋梁或者庸碌之辈的关键因素是什么?⋯⋯所有这些问题的答案都与一个至关重要的因素有关,那就是人们自我管理和调节人际关系能力的大小,亦即情感智商的高低。"

在人的多种素质中,心理素质居于核心地位,心理素质好,就能促进其他方面素质的提高和个性的和谐自由的发展。传统教育把学生看成是一个智能的人,儿童在学校主要是接受知识、培养智力。现代学校教育则强调良好的智能必须同良好的情感和品德相结合,只有这样,才能培养出高素质的人才。我国著名心理学家王极盛认为，生命教育与学习成绩的提高，与应试能力的提高不是矛盾的，而是统一的。学生心理素质的提高，会提高学生的学习成绩。因为良好的心理素质、健全的心灵会使人有目的地主动地去发展自己，自觉确定人生目标并为实现预定的目标克服困难，自觉奋斗，这是良好的心理素质、健全心灵推动人发展的高度体现。1989年11月在北京召开的“面向21世纪的教育”国际研讨会上，中外教育家对未来人才的素质条件，提出了七个方面的要求：具有积极进取和创新精神；具有在急剧变化的社会中较强的适应力；具有乐于树立与社会发展相适应的思想观念、行为模式和生活方式；具有与他人合作、对科学和真理执着的追求；具有扎实的基本知识基本技能，学会学习，适应科技领域综合化的能力；具有多种多样的个性和特长；具有掌握交流工具，进行国际交流的能力。这七个方面的要求，实际上就是对高素质人才的要求。七个方面的素质，概括起来主要是有关情感意志和社会适应方面的心理素质。所以说，学校教育固然有对人的文化知识和智力能力方面的要求，但它的终极目标实际上是一种精神境界，一种整体面貌，是一种自尊、自信、自谦、自持的精神；是一种关心人、关心社会、关心大自然的情怀，是一种品味，一种人格，一种自强不息、乐观向上、心胸宽广的气质。而这些，正是学校教育所孜孜以求的，它既是学校培养的终极目标，也是教育所应发挥的终极功能。

“生命课堂”在本质上说是教育本体功能的回归，也是新世纪教育精髓的体现。教育本体功能是对人的关注，是“尊重个性，发展个性”，是“应当促进每个人的全面发展”，应该使每个人“能够形成一种独立自主的、富有批判精神的思想意识，以及培养自己的判断能力”。“教育的基本作用似乎比任何时候都更在于保证人人享有他们为充分发挥自己的才能和尽可能牢牢掌握自己的命运而需要的思想、判断、感情和想象方面的自由。”所以，学校教育要充分实现其本体功能，首先就应该根据社会和时代的发展变化，明确培养人的质量规格，科学地确定其培养目标：使学生掌握扎实而又丰富的基本知识，体现高分；让学生能够将知识灵活地应用于实践，能应用知识解决各种实际问题，具有创新意识和创新能力，形成高能；还要让学生形成健全的心灵，学会合作、学会共处、学会生存与发展、学会创造，使学生成为“有情、有意、有抱负”、具有高情商的人。

参考文献：

[1]夏晋祥.论生命课堂及其价值追求 [J].课程·教材·教法,2016(12):91—97.

[2]王极盛.心商 MQ——学生最新成功法宝[M].北京:工商出版社,1997.

[3]国际面向 21 世纪教育委员会.教育——财富蕴藏其中[M].北京:教育科学出版社,1996.

[4]黄根东.活动与发展:活动教学实验研究[M].北京:学苑出版社,1999.

（本文发表在《中小学教材教学》2017 年第 7 期）

八、"生命课堂"理论价值与实践路径的探寻

人类对课堂教学功能的认识——由"知识课堂"到"智能课堂"再到"生命课堂",是对课堂教学本质理性认识的大飞跃,彰显了人类对自身价值的理性关怀和人文关怀,也反映出了课堂教学实际的迫切呼声,更体现了师生生命发展的主体需要。认识的深入并不代表实践的到位,也不一定体现认识的丰富。对"生命课堂"的探索,是教育工作者一个永恒的主题,它没有终点,值得我们去进行不断的探索。

(一)生命课堂的理论价值

在学校的教育教学活动中强调要"尊重生命",摒弃单调的"目中无人"的毫无生命气息的"知识课堂"和"智能课堂"教学模式,是由于教育起于生命、依据生命、服务生命,生命是教育的基础,主要体现在:(1)生命价值是教育的基础性价值;(2)生命的精神能量是教育转换的基础性构成;(3)生命体的积极投入是学校教育成效的基础性保证。教育与人的生命和生命历程密切相关。教育的开展既需要现实的基础——生命个体,又要把提升人的生命境界、完善人的精神作为永恒的价值追求。教育受制于生命发展的客观规律,它必须遵循个体身心发展的规律来进行。教育的生命基础特性决定了教育必须依据生命、尊重生命、提升生命。

教育要"尊重生命",还因为:(1)学生生命个体是"意识的存在物"。学生个体生命不仅是自然存在物,而且还是"有意识的存在物"。正是由于学生是有意识的存在物,学生才可能现实地成为实际活动着的、实践创造着的主体,才能进行自由自觉的活动,才能不断地根据自己的意愿追求和塑造着理想世界。(2)学生生命个体是"能动的存在物"。生命个体最基本的关系与活动有两大类:一类指向外界即个体与周围世界的关系和实践性活动;一类指向内部,即个

体与自我的关系和反思、重建性活动。在这两类关系与活动中，生命个体生存的基本方式也有两种：一是自主、能动；二是他主、被动。从生命自身发展的角度来看，这种自主性、能动性对生命个体的发展是不可或缺的，特别在今日变化急剧、生存环境中不确定因素大增的时代尤其重要。学生作为"能动存在物"，体现在学校生活中，他们是天生的学习者、人人都可以创新、潜能无限、具有较强的独立性。教育尊重了学生的这些特性，就等于是保护了他们最大发展的可能性。(3)学生生命个体是"独特的存在物"。每一个学生的生命都是独特的，这种独特性以其独特的遗传因素与环境相互作用，并通过其经历与经验、感受与体验体现出来。国内外许多学者都强调对生命个体独特性的尊重，并把这种独特性和差异性当成教育教学的宝贵资源，"并以之作为教学的出发点"而加以开发和利用。

教育要"尊重生命"反映了教育哲学观的变迁。主知主义教育哲学把传授终身受用的知识、发展人的理性作为教育的最终目标。这种"知识中心主义"后来衍变成教育的工具化与实用逻辑。这种教育具有外施性、强制性、分离性的特性，而没有达到内外一体的体验境界，缺少应有的生命活力和育人魅力。"知识完全成了理性的事业，而理性则成了同人的需要、人的情感、人的意志、人的生活绝对无关的东西，它实际上已经从现实的人中抽象出来、独立出来了。因此，传统理性主义所理解的知识的理性化，也就是知识的非人化、知识的非社会化。"教育的异化正是伴随着理性与人的情感、意志、需要相脱离开始的。工具理性支配下的教育实践从根本上是与人的生命活动相隔离，它剥夺了个体发展生命、创造生活的权利，这种教育使受教育者被淹没在理性编织成的"科学世界"中，而遗忘了丰富多彩的生活世界——一个充满生活的意义与价值的世界、一个充满鲜活体验的世界。随着社会的发展，人们通过对"技术至上"时代所造成的人的物化、异化的深刻批判与反思，在认识论上倾向于用人文哲学去找寻人类已经失去的精神家园，教育得以从理性王国回归生活世界、回归生命、回归和谐。当前国际上流行的现象学的、存在主义的、解释学的、后现代的课程与教学理论皆有这种特点。教育哲学观的这种变迁反映了教育由对客观知识的占有转到对生命价值的追求，由重生存的技能转向重存在的生活意义，教育要"尊重生命"正是反映这种转变的产物。

在当前我们的教育实践活动中强调要"尊重生命",还反映出了课堂教学实际的迫切呼声。教育是培养人的,关注人的发展,领悟生命的真谛,追求生命的意义,这本是教育的真义。但事实上我们的教育已简单等同于考试的要求,考什么教什么,怎么考怎么教;教育已沦落成为一种工具——是学生升学、就业的工具,教育已"异化"成为"非教育",背反由是产生:一方面我们期望的教育是"一切教育改革的终极目标是为了发展个性,开发潜能,使每个人的潜能得到充分发展,实现先哲们'各尽所能''人尽其才'的目标。"另一方面,我们现实的教育是"大批量地生产出'成品',致命的弊端则是压制人的潜能的发展,尤其压制了有才华的人的发展"现实中的教育在许多方面,其实不是在培养人,而是在压抑人、摧残人,甚至是扼杀人。这种异化了的教育使受教育者处于自然逻辑与生活逻辑的双重背离之中,处在生活世界中的受教育者被动机械地占有知识,却遗忘了对生命的关注,使师生的课堂生活变得单调、压抑、沉闷,缺乏应有的师生生命活力。

(二)"生命课堂"的实践路径

了解"生命课堂"固然重要,但更重要的是应该知道怎样去构建"生命课堂"。构建"生命课堂"牵涉的因素很多,包括教育观念、体制、条件,还有课程的设置、教材的编排、学生天赋及身体条件、家庭与社会环境、学生原有的基础、学习兴趣、学习能力和方法以及学生同教师之间的关系等。"生命课堂"的构建,最根本的是依靠教师,教师是"生命课堂"的主要实施者,是构建"生命课堂"的决定因素。

"生命课堂"的构建,学生的积极活动是其实现基础。因为活动是学生发展的源泉与动力,学生主体活动是学生认知、情感、行为发展的基础。"活动"与"发展"是教学的一对基本范畴,"活动"是实现"发展"的必由之路。无论学生思维、智慧的发展,还是情感、态度、价值观的形成,都是通过主体与客体相互作用的过程实现的,而主客体相互作用的中介正是学生参与的各种活动。教育要改变学生,就必须首先让学生作为主体去活动,在活动中去完成学习对象与自我的双向构建,实现主动发展。从这个角度看,教育教学的关键或直接任务,是要创造出适合学生的活动,挖掘教学中的活动因素,增强教学的开放性和实践性,拓展学生的时空。同时给学生提供适量的活动目标和活动对象,以及为达到目标所需的活动方法和活动条件。

　　构建"生命课堂"的具体操作策略是:"知识靠体悟""能力靠互动""情感靠熏陶"。这种操作策略要求打破以教师、课堂、书本为中心,以讲授为主线的教学套路,构建以学生主动参与、积极活动为主线的教学模式。这种教学模式的核心就是创造全体学生都积极参与学习的条件,让学生在主动参与中获得直接的知识和经验、提高智能、心灵得到更好的发展。如我们构建了"读(看)、议、讲、用"思想政治理论课"生命课堂"课堂教学新模式,即把思政课课堂教学的环节分为"读、议、讲、用"四环节:"读(看)"即结合思政课教学内容让学生阅读(观看)各种有代表性的相关案例、资料、视频等;"议"即学生通过阅读(观看)后对产生的各种问题先自己思考后再将不懂的交到小组讨论,小组不能解决的再拿到全班讨论,全班学生不能解决的教师也可以参与讨论;"讲"即教师根据学生学习情况,依据知识、能力、情感态度价值观三维目标的要求,对学生在学习过程中没有涉及或完成的三维目标问题提出来,让学生再讨论或由教师直接解答;"用"即学生将学到的知识、原理和方法,去解决现实生活中存在的各种实际问题。

　　还有在中小学课堂教学实践中构建的小学语文课堂教学"读、记、议、提"教学模式,把课堂教学的环节分为"读、记、议、提"四环节:"读"即让学生多读;"记"即学生读完后将自己的感想、体会、建议及读懂的没读懂的都记下来;"议"即学生将自己记下来的各种问题先自己思考后再将不懂的交到小组讨论,小组不能解决的再拿到全班讨论,全班学生不能解决的教师也可以参与讨论;"提"即教师根据学生前面三个环节学习情况,依据知识、能力、情感态度价值观三维目标的要求,对学生在学习过程中没有涉及或完成的三维目标问题提出来,让学生再讨论或由教师直接解答。这种教学模式前三个环节都是以学生为主,后一个环节体现了教师的引导作用,整个教学环节充分体现了"以学为主,先学后教,以学定教"的新课改精神。而中学语文课堂教学时间结构安排的"35305"模式,则把一节课的时间分组织教学时间 2 分钟,学生学习时间 43 分钟:首先的 3 分钟为学生自由演讲时间,由班上第 1 号学生从第一节课开始演讲,以后按顺序进行。第二个 5 分钟为学生自出题测验学生,测验内容为上节课所讲的或者是本节课将要讲的。由班上第 2 号学生从第一节课开始,出题由 2 号学生,评卷由大家互评。第三的 30 分钟为师生双边活动时间,老师出思考题(题目都反映了课文的基本知识点),学生分成四人小组进行讨论,然后每节课都轮流派代表发言。最后的 5 分钟则是学生的"一课一得",总结一节课的教和学,由班上最后一位学号的学生开始,以后按反顺序进行。整个教学过程都是以学生为主,学生学习的自觉性、主动性、积极性都充分发挥出来。而教师的主导作用也得到了充分体现,学生演讲什么、怎么演讲;出什么题、怎么出题;基本知识点的把握、学生的质疑问难、新思想新见解的解答等都依赖教师的指导。这两种课堂教学新模式,教师的主要作用体现为创设情景,将生活引入课堂,同时又将课堂向生活开放,成为学生学习的组织者、帮助者、激励者和欣赏者。而在整个教学过程中都是以学生为主,学生学习的自觉性、主动性、积极性都充分发挥出来,学生的创造、需要和情感都充分地在课堂教学中展示出来。这种课堂,由于师生的生命价值都得到了充分体现,课堂也就成为学生应用知识进行表演的舞台,成为师生能力发展与智慧展示的场所、情意交融与人性养育的殿堂!

参考文献:

[1]郭思乐. 教育走向生本[M]. 北京:人民教育出版社,2001.

[2]刘慧,朱小蔓. 多元社会中学校道德教育:关注学生个体的生命世界[J]. 教育研究,2001(9):8-12.

[3]卢敏玲,庞永欣,植佩敏. 课堂学习研究——如何照顾学生个别差异[M]. 北京:教育科学出版社,2006.

[4]林建成. 现代知识论对传统理性主义的超越[J]. 社会科学,1997(6):42-45.

[5][加]马克斯·范梅南. 教学机智——教育智慧的意蕴[M]. 李树英,译. 北京:教育科学出版社,2001.

[6]吕型伟. 发展个性,开发潜能[J]. 上海教育,1998(1):57-61.

[7]黄根东. 活动与发展:活动教学实验研究[M]. 北京:学苑出版社,1999.

[8]夏晋祥. 第三教法:本真教育的回归[J]. New Waves,2003,8(3).

(本文发表在《课程·教材·教法》2008 年第 1 期)

九、"生命课堂"的理论基础

"用生命激励生命""让教育充满着生命的气息""让课堂焕发出生命的活力",已不仅仅是教育理论工作者对时代的呼唤,它已深深地植根于富于创新与探索精神的全国的广大教师的教育实践中。"生命课堂"一经提出并迅速成为我国基础教育的热点,说明它反映了教育的本质与规律,反映了现代教育的必然趋势,有着坚实的理论基础。在此,我们仅从哲学、心理学、教育学三个方面作一简要论述。

(一)"生命课堂"的哲学基础

1. 马克思主义人学

马克思主义认为,人是人的最高目的,"历史不过是追求着自己目的的人的活动而已"。又指出"人双重地存在着,主观上作为他自身而存在着,客观上又存在于自己生存的这些自然无机条件中"。这就从根本上揭示了人与自然存在物的不同。人之所以能成为"万物之灵长",就在于人是"能动的自然存在物"。人的能动性意味着人在现实生活中,并不单纯受制于外物或他人作用的被动存在,在活动中,具有目的性、计划性、创造性。人作为社会生活的主体,是一种"创造着"历史和为历史"所创造"的生物。此外,人作为主体也是自主的。马克思、恩格斯在《德意志意识形态》中就把人的主体活动称为"自主活动",并认为"这种自主活动就是对生产力总和的占有以及由此以来的才能总和的发挥"。自主性是人本质力量的表现和主体地位的确证,它说明人对于影响和制约着自身存在和发展的主客观因素有了独立、自由、自决和自由支配自己的权力和责任、必要和可能。当然人作为主体,并不是超自然的、超社会的,必然要受自然和社会的制约。也就是说,人作为主体,不仅是主动的,也是被动的。根据马克思主义人学对于人的论述,可以看出,人是我们一切工作的出发点和归宿,同时人又具有高度的自觉性、主动性和创造性,所以我们教育工作必须一切为了学生,必须高度尊重学生、全面依靠学生,"以生为主,以学为主"。

2. 人本主义哲学

"生命课堂"的哲学基础是人本主义哲学。人本主义是 20 世纪 80 年代以来中国学术界广泛使用的术语。一般在与科学主义相对的意义上使用,指某些西方哲学理论、学说或流派,有时也泛指一种以人为本、以人为目的和以人为尺度的思潮。人本主义的主要哲学流派包括存在主义、弗洛伊德主义和法兰克福学派等。人本主义是"从人本身出发来研究人的本质以及人与自然的关系、人与人之间的关系"的哲学流派。人本主义认为人的本质不依赖于人的外部环境,而依赖于人给予他自身的价值。人不是外部环境的被动产物,人应当听从和尊重他的内在原则,因而其主张从人本身的存在出发来研究人。所谓人本身的存在,不是人的感性物质的存在,也不是人的理性意识的存在,而是人的非理性心理意识的存在。人本主义认为理性意识是人的表层的东西,正像不能根据一个人讲得头头是道的理论来判断这个人的本质一样,不能根据人的理性意识来确定人的本质。人的内心深处的情感意志、本能欲望才是人的真正本质。这些东西是不能用理性概念逻辑的方法来把握,而只能靠"内省"、直觉的方法来体验。

与古典人道主义相比,现代人本主义更加强调人的主体能动性和个性自由,高扬人的自由与价值,反对把人视作物,强调人是人的最高目的。人的能动性意味着人在现实生活中,并不单纯是受制于外物或他人作用的被动存在,在活动中,具有目的性、计划性、创造性。此外,人作为主体也是自主的。自主性是人本质力量的表现和主体地位的确证,它说明人对于影响和制约着自身存在和发展的主客观因素有了独立、自由以及自由支配自己的权利和责任、必要和可能。当然人作为主体,并不是超自然的、超社会的,必然要受自然和社会的制约。存在主义认为,人是未完成的,人是一种可能性。人既然是未完成的,那么人就不可能定型,人可以不断创造新生活、塑造新的本质。人既然面临着各种可能性,那么人就有选择的自由权,并要对这种权利及其带来的行为后果承担道德和法律的责任。也就是说,人作为主体,不仅是主动的,也是被动的。

把人的问题作为哲学的中心,单独地进行研究,作为一种普遍的倾向,是在现代西方人本主义中才开始的。现代西方人本主义将人的精神活动从一般哲学中独立出来研究,将其视为哲学的根本问题,并将其提高到本体论的地位,应该说是人类认识深化的表现。根据现代西方人本主义观点,可以看出,人是我们一切工作的出发点和归宿,同时人又具有高度的自觉性、能动性和创造性,所以我们教育工作必须一切为了学生,必须高度尊重学生、全面依靠学生,做到"以生为主,以学为主"。

(二)"生命课堂"的心理学基础

1. 建构主义

近年来,认知学习理论的一个重要分支——建构主义学习理论在西方国家逐渐流行,由于多媒体计算机和基于 Internet 的网络通信技术所具有的多种特性特别适用于实现建构主义学习环境,换句话说,多媒体计算机的网络通信技术可以作为建构主义学习环境下的理想认知工具,能有效地促进学生的认知发展,所以随着多媒体计算机和 Internet 网络应用的飞速发展,建构主义学习理论正越来越显示出其强大的生命力,并在全世界范围内日益扩大其影响。在皮亚杰理论的基础上,科尔伯格在认知结构的性质和认知结构的发展条件等方面作了进一步研究;斯腾伯格和卡茨等人则强调了个体的主动性在建构过程中的关键作用,并对认知过程中如何发挥个体的主动性作了认真的探索;维果斯基创立的"文化—历史发展理论"则强调认知过程中学习者所处社会文化历史背景的作用,在此基础上以维果斯基为首的维列鲁学派深入研究了"活动"和"社会交往"在人的高级心理技能发展中的重要作用。所有这些研究都使建构主义理论得到进一步丰富和完善,为其实际应用于教学过程创造了条件。

建构主义认为,个体的认知发展与学习过程密切相关,因此利用建构主义能较好地解释人类学习过程的认知规律,即能较好地说明学习如何发生、意义如何建构、概念如何形成以及理想的学习环境应包含那些主要因素等。总之,在建构主义思想指导下可以形成一套新的比较有效的认知学习理论,并在此基础上实现较理想的建构主义学习环境。现就建构主义的学习理论、教学模式和教学方法阐述如下:

(1)建构主义的学习理论

①关于学习的含义(即关于什么是"学习")。学习是获取知识的过程。建构主义者认为,知识不是通过教师传授得到,而是学习者在一定的情境即社会

文化背景下,借助他人(包括教师和学习伙伴)的帮助,利用必要的学习资料,通过意义建构的方式而获得。由于学习是在一定的文化背景下,借助他人的帮助即通过人际的协作活动而实现意义建构的过程,因此建构主义学习理论认为"情境""协作""会话"和"意义建构"是学习情景中的四大要素或四大属性。

"情境":学习环境中的情境必须有利于学生对所学内容的意义建构,这就对教学设计提出了新的要求,也就是说,在建构主义学习环境下,教学设计不仅要考虑教学目标分析,还要考虑有利于学生意义建构的情境创设问题,并把情境创设看作是教学设计的最重要的内容之一。

"协作":协作发生在学习过程的始终,协作对学习资料的收集与分析、假设的提出与验证、学习成果的评价直至意义的最终建构均有重要作用。

"会话":会话是协作过程中不可缺少的环节。学习小组成员之间必须通过会话商讨如何完成规定的学习任务的计划。此外,协作学习过程也是会话过程,在此过程中,每个学习者的思维成果(智慧)为整个学习群体所共享。因此,会话是达到意义建构的重要手段之一。

"意义建构":这是整个学习过程的最终目标。所要建构的意义是指事物的性质、规律以及事物之间的内在联系。在学习过程中帮助学生意义建构就是要帮助学生对当前学习内容所反映的事物的性质、规律以及该事物与其他事物之间的内在联系达到较深的理解。

由以上所述的"学习"的含义可知,学习的质量是学习者建构意义能力的函数,而不是学习者重现教师思维过程能力的函数。换句话说,获得知识的多少取决于学习者根据自身经验去建构有关知识的意义的能力,而不是取决于学习者记忆和背诵教师讲授内容的能力。

②关于学习的方法(即关于"如何进行学习")。建构主义提倡在教师指导下的、以学习者为中心的学习,也就是说,既强调学习者的认知主体作用,又不忽视教师的指导作用。教师是意义建构的帮助者、促进者,而不是知识的传授者和灌输者。学生是信息加工的主体,是意义的主动建构者,而不是外部刺激的被动接受者和被灌输的对象。

学生要成为意义的主动建构者,就要求学生在学习过程中从以下几个方面发挥主体作用:

第一,要用探索法、发现法去建构知识的意义。

第二,在建构过程中要求学生主动去收集并分析有关信息和资料,对所学的问题要提出各种假设并努力加以验证。

第三,要把当前学习的内容所反映的事物尽量与自己已经知道的事物相联系,并对这种联系加以认真的思考。"联系"和"思考"是意义建构的关键。如果把联系和思考的过程与协作学习中的协商过程(即交流、讨论的过程)结合起来,则学生建构意义的效率会更高、质量会更好。协商有"自我协商"和"相互协商"(也叫"内部协商"和"社会协商")两种,"自我协商"是指自己和自己争辩什么是正确的;"相互协商"则指学习小组内部之间的讨论与辩论。

教师要成为建构意义的帮助者,就要求教师在教学过程中从以下几个方面发挥指导作用:

第一,激发学生的学习兴趣,帮助学生形成学习动机。

第二,通过创设符合教学内容要求的情境和提示新知识之间的联系和线索,帮助学生建构当前所学知识的意义。

第三,为了使意义建构更有效,教师应在可能的条件下组织协作学习(开展讨论或交流),并对协作学习过程进行引导,使之朝有利于意义建构的方向发展。引导的方法包括:提出适当的问题引起学生的思考和讨论;在讨论中设法把问题一步步引向深入以加深学生对所学内容的理解;要诱发学生自己去发现规律、自己去更正或补充错误的或片面的认识。

(2)建构主义的教学模式与教学方法

在研究儿童认知发展基础上产生的建构主义,不仅形成了全新的学习理论,也正在形成全新的教学理论。建构主义学习理论和学习环境强调以学生为中心,不仅要求学生由外部刺激的被动接受者和知识的灌输对象转变为信息加工的主体、知识意义的主动建构者,而且要求教师要由知识的传授者、灌输者转变为学生主动建构意义的帮助者、促进者。可见在建构主义学习环境下,教师和学生的地位、作用与传统教学相比已发生很大变化。这就意味着教师应当在教学过程中采用全新的教学模式(彻底摒弃以教师为中心、强调知识传授、把学生当作知识灌输对象的传统教学模式)、全新的教学方法和全新的教学设计思想。以"学"为中心的教学设计理论正是顺应建构主义学习环境的上述要求而提出来的,因而很自然地,建构主义的学习理论就成为以"学"为中心的教学设计的理论基础。

①以"学"为中心的教学设计原则:

A. 强调以学生为中心。

明确"以学生为中心",这一点对于教学设计有至关重要的指导意义,因为从"以学生为中心"出发还是从"以教师为中心"出发将得出两种全然不同的设计结果,至于如何体现以学生为中心,建构主义认为可从以下三个方面努力:

第一,要在学习过程中充分发挥学生的主动性,要体现出学生的首创精神;

第二,要让学生有多种机会在不同情境下去应用他们所学的知识(将知识"外化");

第三,要让学生能根据自身行动和反馈来完成对客观事实的认识和解决实际问题的方案(实现自我反馈)。

以上三点,即发挥首创精神,将知识外化和实现自我反馈可以说是体现以学生为中心的三个要素。

B. 强调"情境"对意义建构的重要作用。

建构主义认为,学习总是与一定的社会文化背景即"情境"相联系的,在实际情境下进行学习,可以使学习者能利用自己原有认知结构中的有关经验去同化当前学习到的新的知识,从而赋予新知识以某种意义;如果原有经验不能同化新知识,则要引起"顺应"过程,即对原有认知结构进行改造与重组。总之,通过"同化"与"顺应"才能达到对新知识意义的建构。在传统和课堂讲授中,由于不能提供实际情境所具有的生动性、丰富性,因而将使学习者对知识的意义建构发生困难。

C. 强调"协作学习"对意义建构的关键作用。

建构主义认为,学习者与周围环境的交互作用,对于学习内容的理解(即对知识意义的建构)起着关键性的作用。这是建构主义的核心概念之一。学生们在教师的组织和引导下一起讨论和交流,共同建立起学习群体并成为其中的一员。在这样的群体中,共同批判地考察各种理论、观点、信仰和假说;进行协商和辩论,先内部协商(即和自身争辩到底哪一种观点正确),然后再相互协商(即对当前问题摆出各自的看法、论据及有关材料并对别人的观点作出分析和评论)。通过这样的协作学习环境,学习者群体(包括教师和每位学生)的思维与智慧就可以被整个群体所共享,即整个学习群体共同完成对所学知识的意义建构,而不是其中的某一位或某几位学生完成意义建构。

D. 强调对学习环境(而非教学环境)的设计。

建构主义认为,学习环境是学习者可以在其中进行自由探索和自主学习的场所。在此环境中,学生可以利用各种工具和信息资源(如文字材料、书籍、音像资料、CAI 与多媒体课件以及 Internet 上的信息等)来达到自己的学习目标。在这一过程中学生不仅能得到教师的帮助与支持,而且学生之间也可以相互协作和支持。按照这种观念,学习应当被促进和支持而不应受到严格的控制与支配;学习环境则是一个支持和促进学习的场所。在建构主义学习理论指导下的教学设计应是针对学习环境的设计而非教学环境的设计。这是因为,教学意味着更多的控制与支配,而学习则意味着更多的主动与自由。

E. 强调利用各种信息资源来支持"学"(而非支持"教")。

为了支持学习者的主动探索和完成意义建构,在学习过程中要为学习者提供各种信息资源(包括各种类型的教学媒体和教学资料),但是必须明确:这些媒体和资料并非用于辅助教师的讲解和演示,而是用于支持学生的自主学习和协作式探索。因此,对传统教学设计中有关"教学媒体的选择与设计"这一部分,将有全新的处理方式。例如,在传统教学设计中,对媒体的呈现要根据学生的认知心理和年龄特征作精心的设计。现在由于把媒体的选择、使用与控制的权力交给了学生,这种设计就完全没有必要了。反之,对于信息资源应如何获取、从哪里获取以及如何有效地加以利用等问题,则成为主动探索过程中迫切需要教师提供帮助的内容。显然,这些问题在传统教学设计中是不会碰到或是很少碰到的,而在以"学"为中心的建构主义学习环境,则成为急待解决的普遍性问题。

F. 强调学习过程的最终目的是完成意义建构(而非完成教学目标)。

在传统教学设计中,教学目标是高于一切的,它既是教学过程的出发点,又是教学过程的归宿。通过教学目标分析可以确定所需的教学内容;教学目标还是检查最终教学效果和进行教学评估的依据。但是,在以"学"为中心的建构主义学习环境中,由于强调学生是认知主体、是意义的主动建构者,所以是把学生对知识的意义建构作为整个学习过程的最终目的。在这样的学习环境中开始，整个教学设计过程紧紧围绕"意义建构"这个中心展开,不论是学生的独立探索、协作学习还是教师辅助,学习过程中的一切活动都要从属于这一中心,都要有利于完成和深化对所学知识的意义建构。

②以"学"为中心的教学设计的方法步骤。包括教学目标分析、情境创设、信息资源设计、自主学习设计、协作学习环境设计等。

近些年来,建构主义者从不同的角度提出了许多改革教学的思路和设想,比如美国教育心理学家斯皮罗(R. Spiro)等人的认知灵活性理论、布朗(J. S. Brown)等人的认知学艺模型、Vanderbilt 大学认知与技术课题组的锚式情境教学以及课题式教学等。在锚式情境教学中,教师将教学的重点置于一个大情境中,引导学生借助情境中的各种资料去发现、形成、解决问题,以此让学生将解题技巧应用到实际问题中。课题式教学主张针对课程内容设计出一个个的学习单元。每个课题围绕着一个具有启发性的问题而展开,学习者通过合作讨论来分析问题,搜集资料,确定方案步骤,直至解决问题。通过问题解决,学生便可以深刻地理解相应的概念、原理,建立良好的知识结构。这种基于问题来建构知识的教学,是近年来受到广泛重视的一种教学模式。它强调把学习设置到复杂的有意义的问题情境中,通过让学习者合作解决真正的问题,来学习隐含于问题背后的科学知识,形成解决问题的技能,并形成自主学习、自我解决问题的能力。

2. 人本主义心理学

人本主义心理学是 20 世纪五六十年代在美国兴起的一种心理学思潮,是继行为主义心理学、弗洛伊德主义之后影响广泛的心理学的"第三思潮"。其主要代表人物是马斯洛(A. Maslow)和罗杰斯(C. R. Rogers)。人本主义心理学主张个性解放,强调人的意识的选择和自由。主要观点包括:(1)主张以正常人为研究对象,研究人的经验、价值、欲念、情感、生命意义等重要问题,旨在帮助个人健康发展,自我实现,以至造福社会。(2)以意识经验为出发点,坚持人的整体性与不可分割性。强调人在困境中的主动和自由,主张促进人格的成长与发展。(3)强调人在自然演化过程中获得高于一般动物的潜能,包括友爱、自尊、创造以及对真善美和公正等价值的追求。这些潜能在社会生活中表现为高级需要(或心理需要)。它们在人的低级需要(包括生理需要)得到必要满足的条件下有可能成为支配人的动机或行为的优势力量。认为创造潜能的发挥是人的最高需要、是人生追求的最高目标,实现这一目标意义即自我实现。(4)认为心理变态是由于社会环境的不良影响,使人脱离自我实现方向的一种异化表现,但人有自我指导能力。心理治疗者可通过移情的理解、无条件的积极关怀和耐心引导,与患者建立真诚关系,逐步改变患者的异化概念,使其恢复自我指导能力,重新走上健康发展的道路。(5)在方法论上,主张用现象学的方法研究人的心理现象。每个人都有自己认识世界的独特方式,这些认识构成个人的现象域。这虽说是个人的隐秘世界,但通过现象学方法的研究仍能获得正确理解。现象学方法着重于对意识经验的直接描述,考虑到主观认识与客观认识的结合,这实质上是一条强调个案研究对健康人或自我实现者进行质的分析,由特殊到一般、由个体到法则的研究路线。

由于人本主义心理学家认为人的潜能是自我实现的,而不是教育的作用使然。因此,在环境与教育的作用问题上,他们认为,虽然人的本能需要一个慈善的文化来孕育他们,使他们出现,以便表现或满足自己,但是归根到底,"文化、环境、教育只是阳光、食物和水,但不是种子",自我潜能才是人性的种子。他们认为,教育的作用只在于提供一个安全、自由、充满人情味的心理环境,使人类固有的优异潜能自动地得以实现。在这一思想指导下,罗杰斯在20世纪60年代将他的"患者中心"的治疗方法应用到教育领域,提出了"自由学习"和"学生中心"的学习与教学观。罗杰斯还从人本主义心理学的学习观出发,认为凡是可以教给别人的知识,相对来说都是无用的;能够影响个体行为的知识,只能是他自己发现并加以同化的知识。因此,教师的任务不是教学生学习知识(这是行为主义者所强调的),也不是教学生如何学习(这是认知主义者所重视的),而是为学生提供各种学习的资源,提供一种促进学习的气氛,让学生自己决定如何学习。为此,罗杰斯对传统教育进行了猛烈的批判。他认为,在传统教育中教师是知识的拥有者,而学生只是被动的接受者;教师可以通过讲演、考试甚至嘲弄等方式来支配学生的学习,而学生无所适从;教师是权力的拥有者,而学生只是服从者。因此,罗杰斯主张废除"教师"这一角色,代之以"学习的促进者"。罗杰斯还认为,促进学生学习的关键不在于教师的教学技巧、专业知识、课程计划、视听辅导材料、演示和讲解、丰富的书籍等（虽然这中间的每一个因素有时候均可作为重要的教学资料），而在于特定的心理气氛因素，这些因素存在于“促进者”与“学习者”的人际关系之中。那么，促进学习的心理气氛因素有哪些呢？罗杰斯认为主要包括：（1）真实或真诚：学习的促进者表现真我，没有任何矫饰、虚伪和防御；（2）尊重、关注和接纳：学习的促进者尊重学生的情感和意见，关心学生的方方面面，接纳作为一个个体的学生的价值观念和情感表现；（3）移情性理解：学习的促进者能了解学生的内在反应，了解学生的学习过程。在这样一种心理气氛下进行的学习，是以学生为中心的，“教师”只是学习的促进者、协作者或者说是伙伴、朋友，“学生”才是学习的关键，学习的过程就是学习的目的之所在。

（三）“生命课堂”的教育学基础

1. 人本主义教育思想

人本主义（humanism）教育思想具有非常悠久的历史。

古罗马学者西塞罗（Marcus Tullius Cicero）曾用拉丁文中的一个词 humanitas 来表征古希腊哲人的教育观：对人进行一种全面的教育，以弘扬纯粹属于人及人性的品质。

到了欧洲文艺复兴时期，意大利学者弗吉里奥（Pietro paolo Vergerio，1349—1420）率先阐述了当时的“人文主义”教育思想。弗吉里奥的贡献主要体现在：他对昆体良（Marcus Fabius Quintilianus，约 39 年—95 年）《论演说家的教育》一书进行了完整的注释，撰写了《论绅士风度的自由学科》一文，在这篇文章中，他全面地阐述了人文主义教育的目的与方法，即：对年轻一代进行全面的教育，并根据学生的爱好与兴趣进行教学。但在当时，尚无 Humanism 一词。

到了 1808 年，一位名叫尼特哈麦（F. J. Niethammer）的教育家在一次以古代经典在中等教育中的地位为主题的辩论中，根据西塞罗 humanitas 的用法杜撰了一个德文词。《古代经典的复活》，又名《人文主义的第一个世纪》，第一次将 humanismus 一词用于描述欧洲文艺复兴运动的性质。此后，humanismus 一词又被译成英文 humanism。所以，从词源上来看，humanism 一词基本上是指以人性的弘扬为主要目的一种“全面的”教育。因此，人本主义一开始就同教育息息相关。

人本主义教育思想的主要观点：

现代人本主义教育思想是一个包括众多教育流派的庞杂体系。从广义上说，进步主义、要素主义、永恒主义、存在主义等教育思潮以及教育人类学、法兰克福学派和以马斯洛、罗杰斯为代表的人本主义教育思想等都可以称为现代人本主义教育思想。从狭义上说，现代人本主义教育特指 20 世纪六七十年代盛行于美国、在人本主义心理学的直接影响和作用下形成的教育思想。这一教育思潮的核心是"以人为本"，强调发展人的潜能和树立自我实现观念，主张教育是为了培养心理健康具有创造性的人，并使每个学习者达到具有满足感与成就感的最佳状态。具体可以归纳如下：

第一，人本主义教育思想的前提是承认人的价值。

教育是人的教育，是人的潜能开发，教育者首先要树立教中有人、为人而教、因人施教的理念，把每个学习者都当作具有他（她）自己感情的独特的人看待，而不是作为给予某些东西的物体。学习者是教育的中心，教育应该是服务生命与生活的，所以，教育应该使一个学习者树立如下认识：其一，我是一个抉择的个体，在生命过程中不能逃避抉择；其二，我是一个自由的个体，有完全的自由去设定我的生活目标；其三，我是一个负责的个体，当我抉择应该过何种生活时，我必须为其负责。

第二，人本主义教育思想下的教育目的观是"人格的心灵的唤醒，学习如何学习"。

人本主义教育是一种强调以自我为核心、强调人的"自我实现"的教育理论。它认为，教育的最终目的不是传授已有的知识，而是要把人的创造力量诱导出来，将生命感、价值感等人格心灵"唤醒"，使教育真正回归到本原意义上去，这是教育的核心所在。人本主义者追求的教育目标，不是培养知识渊博的人，而是培养具有独立判断、具有独特个性的人。因此，人本主义教育思想的教育目的是学习如何学习，即对学习过程的学习。

第三，人本主义教育思想下的教育内容观是"有价值的知识"。

最重要的学习内容是对人有价值、有益的技能和概念的学习，是对人发展有用的知识的学习，是有意义经验的掌握，因此，教学活动的设计必须体现尊重学生的兴趣和爱好，尊重学生自我实现的要求、选择学什么及如何去学。

2. 人本主义教育思想对课程内容设计的影响

第一,要把学习者当人看待,而不是学习的机器,应把课程内容设计视为与学生进行灵魂交流的途径。

因此,课程内容设计上,应该按照清晰的逻辑主线,充分考虑学习者的知识背景以及理解能力,尽量按照认识论的基本规律构建内容体系。应从具体课程的总体目标入手,引导学习者寻找实现总体目标的分目标,进而寻找具体措施,让其自我发现哪些知识是在不同阶段需要了解的,使其从心底萌生学习的欲望,实现对其潜在能力的唤醒和开发,并且使其了解学习过程,达到培养学习者学习能力的目的。

第二,在对待知识的态度上,课程内容设计必须突出这样的教育理念:知识的地位都是平等的,没有上下高低之分。

因为知识都是人类智慧的凝结,没有一种知识的价值比另一种知识更为重要,只是不同知识存在的理由和运用空间不同而已。知识的平等也不是要求课时的平等,而是我们必须遵循它们各自的相对独立性,不能以一种知识来规范另一种知识,使课程内容设计从一维的单线条的勾勒到多维的全方位的角度来安排。同时可以实现让学习者选择最符合自身情况的知识材料来学习,所以要求课程内容设计时应考虑不同需要的学习者的要求,提供尽可能多的学习资料,"多"的含义包括质和量两个方面,既有数量的区别,也有深度的区别。

第三,按照"学习的普适性设计"(Universal Design for Learning,UDL)观念,整合课程内容。

UDL课程设计理念的本质是对学习手段与方式、学习情景与进度的柔性整合。它要求充分考虑不同学习者各方面存在的能力差异,在学习材料呈现方式、表达手段、学习进度等方面提供更多的选择。其目的是提供更好的学习"通道"给所有在行为方式、语言基础、注意、记忆等方面存在能力差异的学习个体,使他们都能完成既定的学习目标。具体来说,UDL理念指导下的课程内容设计包括:①课程内容以可选择的方式提供给学习者,他们可以从中选择最适合自己的认知水平或兴趣的视觉或听觉信息;②允许学习者自由地对学习内容做出反应,使课程适应学生的不同认知策略;③提供多种鼓励促进学习者投入学习过程的手段。学习者的学习兴趣与学习材料的呈现方式以及他们对学习材料的反应方式密切相关,当课程内容设计能使学习者真正投身于学习中时,他们的学习动机会大大加强。

3."案例教学"。

现代教育学提倡"案例教学"是基于对"教师为中心、课堂为中心、书本为中心"传统教学模式的反思。长期以来,在我们的实际教学中,系统讲授一直是我国课堂教学的最主要的教学方法,但也一直受到强烈的批判。有的学者撰文指出,尽管系统讲授不等于满堂灌,但却极易形成满堂灌。系统讲授模式的根本缺陷在于,将教学活动中的个体从整体的生命活动中抽象隔离出来,既忽视了作为每个独立个体处于不同状态的教师与学生在课堂教学中的多种需要和潜在能力,又忽视了作为共同活动体的师生群体在课堂教学活动中双边多种多样形式的交互作用和创造能力。并且认识过程研究早已揭示,即使认为教师的课讲得很好,许多学生实际理解的知识比我们认为他们理解的知识要少。通过测定发现,学生参加考试时通常可以辨别出哪些知识讲过、哪些书读过。然而,通过仔细分析表明,即使不全错,他们理解了的知识常常有限或者理解歪了。这说明系统讲授的教学效果是不尽如人意的,必须进行改革。事实上,很早以来,就不断有人反对学生被动接受知识,反对把学生当作知识的容器,强调重视学生的自主学习、自主活动和直接经验。美国学者格柯在他的一篇文章中谈到,案例教学法之所以在教学中应用,是因为"聪明不是经由别人告诉而得来的"。人本主义心理学家罗杰斯也表达过类似的思想。在当代有的学者强调要注重学生的课堂生活质量,并对"完成认知性任务成为课堂中心或唯一目的"的现状进行了强烈批评,因为"我们需要课堂教学中完整的人的教育"。因为教学过程不只是一个认知性的掌握知识、发展智慧潜能的过程,同时也是一个完整的人的成长与形成过程,是学生个体生命潜能多方位地得以彰显、丰富的过程。"生命课堂"强调的是,不仅要对学生进行知识的系统传授,更重要的是要让学生积极地"动"起来,积极开展思考、研讨和实践等活动,自主地学、互动地学、在活动中学。使学生经过教育,掌握科学知识、智能得到发展、心灵更加健全。

参考文献:

[1][德]马克思,恩格斯. 马克思恩格斯全集(第12、42、46卷)[M]. 北京:人民出版社,2016.

[2]金炳华.哲学大辞典(修订本)[Z].上海:上海辞书出版社,2001.

[3]刘放桐.现代西方人本主义哲学思潮的来龙去脉(下)[J].复旦大学学报:社会科学版,1983(3):47—54.

[4]顾明远.教育大辞典(简编本)[Z].上海:上海教育出版社,1999.

[5]叶澜.让课堂焕发出生命活力[N].教育时报,1993-11-19.

(本文节选自作者著作《生命课堂的理论与实践研究》第 8 章,电子工业出版社 2017 年 11 月第 1 版)

十、"生命课堂"理论与实践的辩证思考

与"知识课堂"相比,在"生命教育"理论指导下的课堂教学已出现了许多可喜的变化,这种变化体现在"生命课堂"中,表现为学生的主体性、主动性、积极性和创造性都得到了不同程度的发挥,教师的观念、角色与教学行为也发生了许多变化。但综观"生命课堂"的课堂教学实践,我们也觉得,由于传统观念的根深蒂固,或由于教师视野和能力的局限,还由于一定客观条件的限制,实行"生命课堂"后的课堂教学在纠正了"知识课堂"的一些弊端后,又出现了许多新的问题。这些问题如不得到及时的应对与解决,也将同"知识课堂"弊端一样会使"生命课堂"步履艰难!

(一)从课堂教学价值取向上看,必须处理好"知识课堂""智能课堂""生命课堂"三者之间的辩证统一关系。在突出"生命课堂"价值的同时,也要体现"知识课堂"和"智能课堂"应有的价值

人类对课堂教学功能的认识,由"知识课堂"到"智能课堂"再到"生命课堂",是对课堂教学本质理性认识的大飞跃,彰显出了人类对自身价值的理性关怀和人文关怀,也反映出了课堂教学实际的迫切呼声,更体现了师生生命发展的主体需要。"生命课堂"就是指师生把课堂生活作为自己人生生命的一个重要的构成部分,师生在课堂的教与学过程中,既学习与生成知识,又获得与提高智力,最根本的还是师生生命价值得到了体现、健全心灵得到了丰富与发展,使课堂生活成为师生生命价值、人生意义得到充分体现与提升的快乐场所。而"知识课堂"和"智能课堂"则是指在"知识中心"和"能力本位"思想指导下所形成的课堂生活,它把丰富多彩的课堂生活异化成为一种单调的"目中无人"的毫无生命气息的以传授知识、完成认识性任务作为中心或以传授知识培养智能作为唯一任务的课堂教学模式。"生命课堂"体现的教育根本价值是一种对人的

关注、关怀与提升,把人(包括教师和学生)当成人的最高目的。在"生命课堂"中,知识和智能成为一种工具性的目标,学生掌握知识发展能力是为学生的生命发展服务的。而"知识课堂"和"智能课堂"之所以要对它进行改造,其原因就在于这两种课堂教学模式把工具性的目标当成了根本的目标,把工具性的质量当成了根本的质量。"生命课堂"命题的提出反映了课堂教学价值的追求由对客观知识的崇尚转到对个体生命价值的追求,由重生存的技能转向重存在的意义,它使教育得以从理性王国回归生活世界、回归生命、回归和谐,是教育回归本真的表现,其意义是巨大的。然而,在提倡课堂教学形式与功能走向"生命课堂"时,我们有些课堂教学却从一个极端走向另一个极端,在关注学生个性发展和师生生命价值时,却对学生的基本知识和基本能力的培养不去重视或不敢重视,致使实行"生命课堂"后的一些课堂教学具有形式的活跃但对学生的长远发展缺乏实质的帮助。我们要辩证地认识到,课堂教学根本目标的完成离不开工具性目标的支持,根本质量的实现需要以工具性质量的完成为基础,正如苏霍姆林斯基所说,人"如果不识记和牢固地保持这些基本知识,那就不可能有一般发展,因为所谓一般发展,就是要不断地去掌握知识"。因此,无论课堂教学怎么改革,或者赋予"生命课堂"这样那样的含义,但让学生掌握基本的科学文化知识是课堂教学最基本的功能,这一点是永远也不能改变的。"生命课堂"不是要改革"掌握知识",而是要改革"怎么样掌握知识""掌握什么样的知识"。因此,我们强调在"生命课堂"中要让师生个性得到发展、生命价值得到体现的同时,也不可忽视学生"双基"的掌握、智力的发展。

(二)从教学目标上看,必须处理好生成性教学目标与预设性教学目标之间的辩证关系。坚持预设与生成的辩证统一

教学从本质上讲,就是预设与生成的矛盾统一体。凡事预则立,不预则废,课堂教学也是如此。但由于"知识课堂"过分强调预设性,课堂教学的主要任务就是完成预设好的教案,缺乏对智慧的挑战和对好奇心的刺激,从而使课堂教学变得机械、沉闷和程式化,课堂教学变成了毫无生机与活力的知识零部件的加工厂,使师生的生命活力在课堂教学中得不到应有的发挥。"没有预料不到的成果,教学也就不成为一种艺术了。"(布卢姆语)过分强调预设性导致课堂成为没有任何发展、调控和变通的僵化空间,只有开放与动态生成才能让课堂变活。所以,"生命课堂"强调课程的开放性与动态生成性,提倡把学生的个人知识直接经验和生活世界看成重要的课程资源,尊重儿童文化,发掘"童心""童趣"的课程价值,鼓励学生在课堂教学中产生新的思路、方法和知识点。课堂教学中教师的主要任务不是去完成预设好的教案,更加重要的是同学生一同探讨、一同分享、一同创造,共同经历一段美好的生命历程,这种认识是可贵的。然而真理再往前走一步就成为谬误,强调动态生成并不能否定预设,好的课堂教学也同样需要科学的预设。但现在有些学校主张教师可以不写书面教案,进行"0 教案"改革,其出发点与本意都是好的,但在实践中,"0 教案"固然能让事业心强、知识丰富、教学能力强的教师不为形式所困,但却不能保证知识贫乏、经验欠缺的教师不会面对众多学生的各种新问题、新思路而顾此失彼、不得要领;更可能会让极少数把教师职业当"饭碗"的人趁机浑水摸鱼、偷懒一把!所以,教师在考虑课堂教学目标时,既要考虑显性的、直接的、预设的短期目标,更要着眼于隐性的、间接的、动态生成的长期目标,坚持短期与长期相结合、开放与封闭相结合、预设与生成相结合。

(三)在教育质量上,必须处理好内适质量、外适质量和人文质量三者之间的辩证关系,在强调突出人文质量的同时,还必须坚持内适质量和外适质量

所谓教育的内适质量,是指一种用教育系统内部制定的质量标准评价时的质量判断,主要体现为一种学习和一个阶段的学习为以后阶段的学习、为另一种知识的学习所作准备的充分程度,它是以教育自身内部需要为标准来判断教育的质量;外适质量是指学校培养的人才为社会、经济、文化的发展所作准备的充分程度。它是以外部的社会需要为标准来判断教育的质量;人文质量是指教育满足人(学生)身心健康发展和满足社会人文水平的提高所作准备的充分程度。它主要以学生身心健康发展需要为标准来判断教育的质量。关注人是"生命课堂"的核心理念,"一切为了学生的发展"形象地说明了"生命课堂"倡导的根本的教育质量是人文质量。"生命课堂"强调只有充分尊重每一位学生的个性、关注每一位学生的情感体验、让学生在课堂教学中变得乐学爱学、充分满足学生身心健康发展的教育,才是高质量的教育。但我们提倡人文质量并不能否定内适质量和外适质量,因为人文质量的实现是必须依赖内适质量和外适质量的支持才能得以完成。事实上,教育要实现其促进学生愉悦发展的目的,体现出人文质量,必须依赖内适质量和外适质量的较好实现,使学生具有扎实的科学文化知识和人生必备的生存技能,否则,人的其他发展都将成为一句空话。所以,尽管内适质量和外适质量是一种工具性的质量,是为人文质量这一根本质量服务的,但它又是不可或缺的,这是由于人的发展都要以科学知识和深厚的文化为基础,"空袋是不能直立的"。

(四)在教学方式上,必须处理好"学""导""教"三者之间的辩证关系,在强调突出"学"的同时,还要坚持"学""导""教"相结合

长期以来,我国的课堂教学基本上体现为"教师为中心、课堂为中心、书本为中心"的教学模式。在这种教学模式中,不管是"教师中心"还是"教师主导",都体现为教师对学生单向的"培养"活动,教师负责教,学生负责学,以教为中心,"学"围绕"教"转,教学的双边活动成为单边活动,教学由共同体变成了单一体,"学校"成为"教校",其结果是"教"走向了其反面,成为"学"的阻碍力量。教师越教,学生越不会学、越不爱学。其实,认识过程研究早已揭示,即使认为教师的课讲得很好,许多学生实际理解的东西比我们认为他们理解的东西要少。通过测定发现,学生参加考试时通常可以辨别出哪些知识讲过、哪些书读过。然而,通过仔细分析表明,即使不全错,他们理解了的知识常常有限或者理解歪了。这说明系统讲授的教学效果是很不尽如人意的,必须进行改革。事实上,很早以来,就不断有人反对学生被动接受知识,反对把学生当作知识的容器,强调重视学生的自主学习、自主活动和直接经验。美国学者格柯在他的一篇文章中谈到,聪明不是经由别人告诉而得来的。人本主义心理学家罗杰斯也表达过类似的思想。他认为,没有人能教会任何人任何东西。"生命课堂"主张教育的作用只在于提供一个安全、自由、充满人情味的心理环境,使人类固有的优异潜能自动地得以实现。教师的主要任务不是教学生学习知识(这是行为主义者所强调的),也不是教学生如何学习(这是认知主义者所重视的),而是为学生提供各种学习的资源,提供一种促进学习的气氛,激励学生自己去"自学",提倡"自主学习""合作学习""探究学习"。应该说,这种教学方式的发展方向,是对教学方式的正本清源。然而,在课堂教学中,教师不仅要提供一种促进学习的气氛,激励学生自己去"自学";也要进行适时的引导,要在"点子"上设问,即在关键处、衔接处、转化处设问,真正做到"不愤不启,不悱不发";同时有一些知识,直接通过教师传授效果会更好。教学方式在强调突出"学"的同时,坚持"学""导"
"教"相结合是由于知识的三种类型构成决定的,即人类规范,如汉字、数字;人
类认识成果,如计算法则;人类经验,如怎么样写文章等。其中人类规范教师
"教"的效果好,人类认识成果可由教师"导"也可由学生"悟",人类经验则主要
需要学生自己去"悟"。

**(五)在教学内容上,必须处理好教材知识和其他知识二者的辩证关系,做
到既重视教材知识又不过分拘泥于教材知识**

"生命课堂"提倡"加强课程内容与学生生活以及现代社会和科技发展的联
系,关注学生的学习兴趣和经验",由于这种提倡,有些学校和教师又认为,教材
知识将不再重要了,甚至一些教师和学生在课堂教学中根本就不用课本。其
实,教材知识是教材编写者精选的知识,每一章、每一节、每一篇都有它特定的
意义和价值,这种知识无论是对学生基本知识、基本技能的掌握还是对学生情
感态度价值观的形成都具有重要的意义。因此,透彻地了解与理解教材是课堂
教学的一个基本任务。教师在处理教材知识和其他知识的关系时,要做到既重
视教材知识又不过分拘泥于教材知识,课堂教学内容要在学生吃透教材的同
时,结合学生的生活经验、直接经验,积极将生活引入课堂,同时又将课堂向生
活开放,体现一种源流式而非截流式教学。教师要通过教材这个小小的载体、
通过教室这个小小的空间,积极拓展学生学习的广度和深度,把学生的视野引
向外部世界这一无边无际的知识的海洋,通过"有字的书"把学生的兴趣引向外
部广阔世界这一"无字的书",把时间和空间都有限的课堂学习变成时间和空间
都无限的课外学习、终身学习。

**(六)在教育方法上,处理好激励性教育与警示性教育之间的辩证关系,使
我们的教育方法既注重赏识、激励,但也不排斥警示与批评指正**

传统的教育方法,批评多、警示多、惩罚多,致使学生在课堂生活中,体会不
到关心与激励、愉快与成功,学生的自信心与成功欲没有得到应有的激发。生
命课堂倡导教师尊重学生人格,赏识学生进步,关注个体差异,积极创设平等民
主和谐的学习氛围,激励学生自我积极学习,所以很多教师在这方面进行了许
多有益的尝试。但在实践中,也有一些教师因为注重赏识而不敢去批评;因为
提倡激励而不去警示;因创设愉悦环境而没有意识到批评、挫折与痛苦对学生

发展也有很大的作用,致使我们在教育方法上又进入了一个新的误区:只赏识,不批评;只激励,不惩罚。这是一种不完整的教育!苏联教育家马卡连柯说:我们必须从一切方面去尊重学生,也必须从一切方面去要求学生。国外的一项研究也表明,家庭环境可以通过两个指标反映出来:家长对孩子的期望程度和家长对孩子需求的回应程度(Expectation and Responsiveness)。研究结果表明,高期望高回应类型的家庭,培养出来的孩子成绩优秀、个性发展健全、人际关系融洽。离开家庭独立生活时(比如离家上大学读书)能很快适应,自我管理的能力强。而其他几种类型(高期望低回应、低期望高回应等)的家庭培养出来的孩子都或多或少存在着这样那样的问题。对教师教育方法与学生发展之间的关系研究,其结果也基本一致。所以说,只有赏识激励而没有要求和批评的教育是一种不完整的教育,完整的教育方法是赏识激励与批评指正的完美统一。

(七)在课堂教学的组织上,必须处理好学生个性与社会性这一对矛盾,坚持个性与社会性的完美统一

个人现代化的标准很多,但就总的来说,就是既有个性又有社会性,保持个性与社会性的完美统一。实行"生命课堂"后的许多课堂,由于学生的个性得到了尊重与提倡,使学生的积极性、主动性和创造性都得到了空前的焕发,使课堂教学成为一个生动活泼的、主动的、富有个性的过程。但与此同时,一些新的问题又出现了:一些教师在倡导教学民主时不敢强调教学纪律;在尊重学生个性时忽视了教学秩序,一句话,学生个性凸显了社会性却没有得到应有的体现。事实上,只有社会性没有个性的人,不是现代化的人;同样地,个性有余而社会性不足的人也一样不是现代化的人。因此,科学的教育要求教师在忽视个性发展的课堂中,必须充分尊重与提倡个性;但在充分尊重与提倡学生个性发展的新课改后的课堂,必须关注学生社会性的培养。社会性体现在学生身上,表现在对学校各种规范和要求的遵守上。课堂是学生的基本生活方式,所以学生的社会性主要体现在对课堂教学各种规范和要求的遵守上。对学生进行社会性的培养可以通过如下途径来进行:其一,可以不断强化尊重他人、尊重课堂纪律是一个现代人必备的一种基本素质;其二,要对学生进行具体的方法指导;其三,强化各种优秀的社会性行为,如不打断别人的发言、认真倾听等;其四,将学生的课堂表现列入学生的日常学习评价中;等等。

(八)对教学结果,要处理好"学会""会学"与人的生命健全发展之间的辩证关系,让学生"学会"又"会学"的同时,师生生命价值也得到了同步的发展

知识课堂"由于过分强调获得科学结论的重要性,致使课堂教学的生动过程变成了单调刻板的条文背诵,它从源头上剥离了知识与智力的内在联系,排斥了学生的思考与个性,这实际是对学生智慧的扼杀和对学生个性的摧残。而现代教育心理学研究却表明,学生的学习过程不仅是一个掌握知识的过程,而且也是一个发现问题、分析问题、解决问题的过程。这个过程一方面暴露学生各种疑问、困难、障碍和矛盾,另一方面又展示学生聪明才智、独特个性、情感态度。正因为如此,"生命课堂"强调改变过于注重知识传授的倾向,强调形成积极主动的学习态度,使获得基础知识与基本技能的教学过程同时成为学会学习和形成正确价值观的过程。要求教学结果不仅要看学生学到了多少知识,有没有"学会",还要看学生有没有掌握学习的方法、会不会学。同时,更加重要的是还要看学生通过课堂教学,他们的求知欲望有没有得到更好的激发,学习习惯有没有得到进一步的培养,学生的心灵是不是更丰富、更健全了。但在教学实践中,一些教师认为既然"生命课堂"提倡尊重人、发展人,所以课堂教学就没必要拘泥于知识掌握的多少,甚至还有些人主张取消考试!这是对教学结果的一种极大误解。其实,无论教育进行怎么样的改革,也无论我们的"生命课堂"怎么样使我们的学生变得愿学爱学,但如果我们的学生通过我们的教育却连基本知识都没有"学会"、基本技能都没有掌握,也没有掌握科学的学习方法,变得更"会学",那么即使我们的"生命课堂"非常地充满活力,非常地尊重学生,对学生的发展来说那也是毫无意义的。因为,我们改革那种"目中无人"的课堂教学,其目的就是希望通过这种改革,激发学生的生命活力和求知欲望,使学生变得更爱学,变得更"会学","学会"更多的知识,从而去为自我和社会的未来发展打下更扎实的基础。

(九)在教师角色方面,必须处理好教师多重角色之间的关系,认识到教师不仅是促进学生成长的教学情境创设者和学生成长的激励者、欣赏者,同时还是促进学生成长的引导者、教育者

从古到今,有很多人都对教师的角色进行过多方面的探讨,但在实践中,教师的角色功能就是"传道授业解惑",教师是知识的占有者、课程的主宰者,是知识的权威、课堂的主角,是演员;学生的角色是无知者、课堂的配角,是观众。师生之间的关系主要是一种知识的授受关系。教师的这种"非人化"角色,在过去的时代,还能给传统教育以支撑,但在信息源体现为多声道立体声交叉作用于学生的当今网络世界里,则是明显地显得落后了。这主要不是由于当代社会信息源多了,而是知识更以惊人的速度在更新换代。特别是网络技术全方位地改变着人类的生产和生活方式,并预示着一种新文化(网络文化)的出现。在网络中不仅有不断变化着的丰富的知识,更主要的是它"强调'自我'的文化意识形态,能满足人类追求自由的天性和追求激发自我潜能的愿望"。面对发生着巨大变化又如此丰富多彩的世界,所以"生命课堂"强调教师的角色要由知识的权威变成学生学习的激励者、欣赏者;由知识的传授者变成学生心智的启迪者、引导者;由管理的控制者变成平等合作的伙伴。师生关系由传统的支配与被支配、主宰与被主宰、教育与被教育变成了民主平等合作的朋友关系,教师是平等中的首席。教师角色的这种转变,是教师角色本真的回归。但我们对教师角色的认识也不能又走向另一个极端,为避"教师中心"的嫌疑,变得不敢作为,听之任之,放弃责任;为避"知识中心"的嫌疑,变得不敢"传道授业解惑",不敢"教"甚至不敢去"导"! 实际上,由于教师知之在先、知之较多,承担着国家和社会委托的培养人的任务,所以作为教师来说,他必须通过自己的人格魅力,通过尊重热爱每一位学生,以积极饱满的情绪去影响激励学生,达到心灵沟通情感共融,促进学生健全人格的成长,做一个促进学生成长的情境创设者、激励者和欣赏者;也要利用自己丰富的知识、成熟的心智去开发学生的智能,做一个学生智能开发的启迪者、引导者;同时还要承担起"传道授业解惑"的责任,积极向学生传授科学文化知识,使自己成为一个具有高超教学艺术的"知识传授者"。

(十)在课堂文化上,必须处理好学生文化和社会主导文化二者之间的辩证关系,在突出学生文化价值的同时,不能排斥社会主导文化

文化的内核是价值观,不同主体的文化体现出的文化特征也不一样,学生(成长中的儿童)文化特征体现为感性、幼稚和动态变化;社会主导文化即一个社会、一个民族处于统治地位的集团所倡导的文化特征,体现为理性、成熟与相对稳定。传统课堂体现的文化价值是社会主导的文化价值,表现在课堂上的是圣者、贤者、智者的至理名言、感人教诲;思维特征体现的是优化的思维结果而非由浅入深的探索的思维过程。传统课堂往往是社会的课堂,学生的文化价值在自己的课堂生活没有得到应有的体现,学生的感性、幼稚和动态变化的思维没有得到应有的提倡。它让学生感到一种巨大的鼓舞力量的同时,也感到一种巨大的压力,让学生觉得自己的生存空间和生活空间离自己太远,体会不到一种亲切感和亲近感。新课改后的课堂文化倡导的是一种能充分体现学生个性与风采的课堂文化,表现于课堂上的文化主体是学生的感悟和价值追求,是学生的诚挚话语和稚嫩图画,是优秀学生中蕴涵着的优秀品质的集中体现。这种课堂文化尽管表现为有的不完美,甚至有的是幼稚可笑漏洞百出,但对学生来说却平易近人、容易理解、切合实际而非高高在上、脱离实际、深奥难懂! 这种课堂文化更容易融通学生、亲近学生、激励学生! 但在创设课堂文化环境上,一方面我们要强调课堂应是学生的课堂,课堂文化应是学生的课堂文化,要突出学生特别是优秀学生的理念与价值观,但另一方面也不能排斥社会主导的那些具有深刻理论意义和社会价值的文化,社会主导文化价值对促进学生发展的意义也是非常重要的!

参考文献:

[1][苏联]苏霍姆林斯基.给教师的建议(下)[M].北京:教育科学出版社,1981.

[2]山东省滨州市滨城区小营中心小学."0 教案"的实践与思考[J].人民教育,2003(9):29—32.

[3]戚业国,陈玉昆.论教育质量观与素质教育[J].中国教育学刊,1997(3):26—29.

[4]国家教育发展研究中心.发达国家教育改革的动向和趋势(第四集)[M].北京:人民教育出版社,1991.

[5]郑金洲.案例教学指南[M].上海:华东师大出版社,2000.

[6]郭思乐.教育走向生本[M].北京:人民教育出版社,2001.

[7]摘自《基础教育课程改革纲要》(试行)。

[8]储冬生.批判与建设[J].人民教育,2003(11):28—30.

[9]邱永年.评价热的冷思考[J].人民教育,2003(20):30—31.

[10]蓝云.对学习过程基本问题的探讨[J].美国科技教育协会 2001 年海内外基础教育讨论会论文选:38—43.

[11]余文森.树立与生命课堂相适应的教学观念[J].教育研究,2002(4):58—61.

[12]孟繁华,张静.网络文化与师生关系[J].山东教育科研,2001(12):12—14.

(本文发表在《基础教育参考》2005 年第 4 期)

实践研究篇

"生命课堂"实践应用研究

一、先进的价值观：
"生命课堂"成功的先导与前提

所谓观念,是指主体在实践活动中以思想观点、意识等形式对客体的一种综合反映。观念一旦形成就具有相对的稳定性,人们就会用它来评判和衡量遇到的事情,并影响与支配自己的行动。历史和现实都表明,任何一种社会变革,都必须以观念的变革为先导。没有观念的转变,就不可能有新的构想和突破,更谈不上真正的改革。教育改革也不例外。

邓小平同志曾指出:"经济是基础,经济的发展必然带动教育的发展。"教育发展史已表明,教育事业的发展,与经济发展有着密切的关系。不仅经济发展的水平和速度制约着教育发展的规模和速度,而且,经济的体制、结构、经济领域的改革开放,以及经济发展和对政治、科技、文化提出的要求,也都对教育的发展有着深刻的影响。一定的经济总是要求一定形式的教育与之相适应,当社会经济制度发生变化时,教育也会发生变化。如与古代自然经济相适应,教育就表现出狭隘性、封闭性和脱离生产劳动的烦琐教学,商品经济发展后,这种教育也就失去了存在的土壤。新中国成立后,长期实行高度集中的计划经济体制,与此相适应的教育具有单一的行政性和计划性,学校是国家机关的附属物,行政手段决定着教育管理和对教育成果的利用。当前,发展社会主义市场经济已成为现实生活的主旋律,这就要求教育必须尽快去适应这一新的挑战,这种适应,既包括教育思想、观点的适应,也有教育体制、内容与方法的适应。其中,树立新的教育价值观,是教育适应市场经济的关键一环。观念的变革与更新是一切改革的前提和思想基础,没有教育观念的革新,教育的其他的一切改革都将是无源之水、无本之木。

(一)价值与教育价值

1. 价值

价值是一个具有广泛意义的社会范畴,不只是一个经济学范畴,而且也是哲学、伦理学、社会学、法学和美学范畴,它的产生是同人们的需要相联系的。马克思说:"价值这个普遍概念是从人们对待满足他们需要的外界事物关系中产生的。"可见,"价值"是一个关系范畴,它是在客体与主体发生关系时才产生的,就是说,不与主体发生关系的客体无所谓价值。商品的价值就是在交换过程中体现出来的,没有交换关系就没有商品的价值。这种关系体现了客观事物满足人们需要的一种属性。因此,我们可以说,价值是标志着客体和主体(人)的需要之间关系的普遍范畴。

既然价值是表示主体与客体之间的一种关系,因此,价值必然是由主体需要和客体属性这两个不可缺少的因素构成的。其中,客体的属性是价值形成的客观基础,决定价值的取向及其实现途径。主体的需要是价值存在的前提,是价值构成的主导方面,没有人的需要,价值也就不会存在。

价值,大体上可分为物质价值、精神价值和人的价值三类。所谓物质价值,是指客体能满足人们物质生活需要的价值。所谓精神价值,是指客体能满足人们精神生活需要的价值。人既可作为主体,又可作为客体;不仅有物质生活需要,还有精神生活需要,而且还能创造物质、精神财富,不断满足个人和社会的需要,因此,不能把人简单归入物质价值或精神价值之中,而应称之为人的价值或人生价值。三类价值形态中,物质价值是基础,与精神价值是互相影响、互相作用的。而人生价值是主导性的,因为无论物质价值还是精神价值,都不能离开人的活动。

2. 教育价值

所谓教育价值,是指作为客体的教育现象的属性与作为社会实践主体的人的需要之间的一种特殊的关系,对这种关系的不同认识和评价就构成了人们的教育价值观。

教育是否有价值,在于是否满足了人的需要,当教育满足了人的需要时,教育对人而言是有价值的;当教育部分地满足了人的需要时,教育对人而言是具有部分价值;当教育不能满足人的需要时,教育对人而言是没有价值的。

人的需要是多种多样的,人的需要也是发展变化的。从整个人类社会的历史发展来考察,人类社会具有生存、发展与享受的需要(其实个人成长发展的历史,也基本反映这三种需要),所以教育满足人类的需要,首先是满足人类生存的需要,所以这就不难理解,为什么在历史的相当一段时间内,课堂教学模式体现为"知识课堂",教育的功能主要体现为传授保证人类生存的生产与生活知识;而随着人类的进化、社会的进步、物质的丰富,人类已开始不满足自身的生存,更重要的还是谋求人类自身的发展,而人类要实现发展,仅仅学会前人积累下来的生存与生活的知识,那是远远不够的,人类社会的发展,依赖的是人类自身对自然与社会的深刻洞察与综合创新能力,所以这时,作为主体的人类对教育的要求就不仅仅局限于知识,更重要的是要求教育培养学生的智力和能力了。

当人类社会发展到今天,随着科技迅猛发展,物质财富极大丰富,人类的需要也发生了根本性的变化,从低级的物质需要转到高级的精神需要。人类对教育的要求,已开始从以生存价值、功利价值为主,转化为以其具有精神的价值为主,人类逐渐把精神的完善作为主要追求目标,从而达到精神上的愉悦满足与享受。这种教育"不是因为它有用或必需,而是因为它是自由和高贵的"。教育活动,不只是使人成为社会需要的好公民,得以适应社会的存在,而且更深刻地体现在它展示了现代社会个人自我完善、自我发展的需要,教育如同吃饭、睡觉,是生活的一种形式,而且是一种高级的精神生活。人需要教育,不是为了谋生或成为外在社会期望的人,而是为了自身精神的追求,为了丰富自己的生活,过一种"诗意的人生",得到一种精神上的满足和享受。

(二)传统教育价值观必须更新

传统教育价值观和现代教育价值观是一个相对的概念,我们这里讲述的传统教育价值观可以表述为:适应过去一定历史阶段的社会生产和政治经济的需要而产生、并流传至今仍然起影响作用的教育主张,它不是专指哪一家、哪一派或某个时代的教学主张。传统教育思想以赫尔巴特为主要代表,传统教育价值观的主要特点如下:

(1)注重系统知识的教学。

反映在课程教材上,主张根据各科知识的逻辑系统编写教材,教材相对稳定,并以教材为中心,实行分科教学。重视人类的间接经验。这种以书本为中心的分科教学,有可取的一面,但是容易忽视学生的直接经验在学习中的作用,忽视学生动手能力的培养,容易出现重理论、轻应用,重解题、轻动手,重分数、轻创造,不利于培养既有科学文化基础又有实践技能的各种人才,不利于学生的全面发展,这是需要改革的。

(2)强调教师的主导作用。

传统教育价值观着重研究教什么、如何教的问题,强调教学必须以教师为中心,教师居于主导地位,无论是教学内容的安排、教学方法的选择,还是学生学习成绩的检查与评定等等,都由教师决定。对如何发挥学生在学习过程中的主动性、积极性和创造性,传统教育则重视不够,也缺乏研究。

(3)从哲学认识论的角度来论证教学过程的规律。

按认识的阶段进行教学,有合理的一面,但如果不分具体的时间、地点和条件,不考虑教学对象的特点和教学内容的特点,千篇一律地套用,就会陷入机械的形而上学,难免流于形式。现代社会科学技术突飞猛进、人类已大力开展了对生理、心理的大脑潜能以及对智力因素与非智力因素的相互促进的研究,并取得可喜成就。在系统科学引入教学论的时代,单从认识论的角度去研究教学论,就显得很不够了。

(4)强调教学以课堂为主,课堂讲深讲透,当堂消化。

传统教学强调以课堂为主,要求课堂教学要讲深讲透,这对提高教学效果有好处,但也容易造成不看学科特点、重点和难点,不问对象,对学生机械灌注,忽视个别差异,严重影响学生才华发展的弊端。

(5)教学实践环节薄弱。

传统教育重理论轻实践,重知识传授轻动手操作,教学实践环节薄弱,使学生重书本、轻实践,"两耳不闻窗外事,一心只读圣贤书",其结果是培养出来的学生动手能力差,与社会需要脱节。

传统教育价值的主要特征通常可以概括为"三中心",即以课堂为中心、以教师为中心、以书本为中心,使教学不仅局限在"特殊认识过程"的范围内,而且与之相应地局限在书本和课堂里。今天我们已经认识到教学领域实际上要比这个范围广阔得多。

随着社会的发展,特别是面对21世纪的信息时代,传统教育的"三中心"观点和实践是非常地落后了,不能适应时代对教育的要求。当社会要求人们以每5至10年的周期更新知识时,当人们面对每天层出不穷的新思想、新技术和新发现时,老师所能灌输的那"一碗水"在多少程度上能满足学生对知识的需求是大有疑问的,因此,对传统教育价值观的变革在势在必行的。

(三)我们应该树立什么样的教育价值观。

教育是培养生命的事业。当学生走进校园,开始他人生的新一页,教育给予他们的是快乐还是痛苦、是提升还是压抑、是创造还是束缚? 这取决于教师的职业素养和职业行为,更取决于教师全新的适应未来的教育理念。那么在 21世纪的今天,我们应该树立什么样的新的教育价值观呢?

1. 树立新的"生命教育"观

"生命教育"是为学生的全面、有效的终身学习和全面发展提供全面、民主、自由、开放、创新的服务性活动。"生命教育"与过去的教育有着根本的区别。"生命教育"具有不同于过去教育的明显特征:一是教育主体地位的转移和权力的转换。教育的主体性,转移为学习的主体性。学生成为教育真正的重心。"因人而施"的教育取代权力高度集中的垄断性教育;二是教育的核心就是学习;三是教育的目的和功能变化,教育成为促进人的身心全面发展、终身发展的助手,是个人成长发展的"终身教练"和指导者,教育就是一种人的社会化服务;四是教育性质的变化,学校不再是让学生望而生畏、感到无奈、遗憾、伤心的"集中营",而是恢复了人性化的自由、欢乐、关爱和温馨的乐园;五是教育平台的变化,网络学习、家庭学习、学生自学、学校学习等多种方式和多种渠道实施教育;六是教育内容的拓展,"你所需要的都是你教育的内容"。"生命教育"意味着什么? 意味着一种"提供",为学生的全面、有效的学习,提供全面的服务。鼓励天资优异的学生适度超前发展,鼓励有潜能、特长的学生充分培养、发展。学校为学生创造轻松、愉悦、自由、平等、开放的发展空间。所谓"生命教育"的本质,就在于它具有前所未有的鲜明的服务性质,它是为学习服务,为学习者服务的。这种教育,才是真正意义上的"适合儿童的教育"。

2. 新的教育质量观

对教育质量的评价,有三种质量标准,即内适、外适、人文质量标准。所谓教育的内适质量,是指一种用教育系统内部制定的质量标准评价时的质量判断,主要体现为一种学习和一个阶段的学习为以后阶段的学习、为另一种知识的学习所做准备的充分程度。它是以教育自身内部需要为标准来判断教育的质量;外适质量是指学校培养的人才为社会、经济、文化的发展所做准备的充分程度。它是以外部的社会需要为标准来判断教育的质量;人文质量是指教育满足人(学生)身心健康和满足社会人文水平的提高所做准备的充分程度。它主要以学生身心健康发展需要为标准来判断教育的质量。

人们对教育质量的认识,是随着社会的发展而进步的。对教育质量的评价,传统的教育质量观以学生掌握知识的多少(分数反映了学生掌握知识的多少,分数的高低决定升学率,社会上评价一所学校教育质量的高低就是看其升学率)为判断标准;但实际上知识(尤其是外学科的知识)多少并不能决定一个人的成就,"高分低能"就是说明。一个人要得到更好的发展,更重要的是看其的智能发展水平。然而,人怎么样才能做到知识丰富、智高能强?事实上,如果一个人没有学习的要求,不愿或不爱学习,没有远大的理想与追求,是不可能变得知识丰富、智高能强的。所以,体现教育质量高低主要看学生通过我们的教育是不是变得更愿学、更爱学,是不是学得快乐、自由,是不是学生的生命价值在教育活动中得到了实现。如果我们的教育真正成为学生的"乐园""家园",成为提升学生生命价值的快乐的场所,使学生变得非常地"爱学",那么,教育就真正可以实现教育先辈们提出的"教是为了不教"的信念。所以,教育质量的最根本的标准就是看教育是否充分满足了学生的身心发展需要,是否更关注更尊重学生,是否让学生变得更"爱学"。而关注人是"生命课堂"的核心理念,"一切为了学生的发展"形象地说明了"生命课堂"倡导的根本的教育质量是重视学生生命的发展。"生命课堂"强调只有能充分尊重每一位学生的个性、关注每一位学生的情感体验、让学生在课堂教学中变得乐学爱学、充分满足学生身心健康发展的教育,才是高质量的教育。

3. 新的教学目标观

传统的教学是一种"目中无人"的教学,它突出表现为:(1)重认知轻情感。以学科为本位的教学,把生动的、复杂的教学活动圈于固定、狭窄的认知主义的框框之中,只注重学生对学科知识的记忆、理解和掌握,而不关注学生在教学活动中的情绪生活和情感体验。教学的非情感化是传统教学的一大缺陷。(2)重教书轻育人。以学科为本位的教学把教书与育人割裂开来,以教书为天职,以完成学科知识传授、能力培养为己任,忽视学生在教学活动中的道德生活和人格养成,从而使教学过程不能成为学生道德提升和人格养成。总之,以学科为本位的教学强化和突出学科知识的同时，从根本上失去了对人的生命存在及其发展的整体关怀，从而使学生成为被肢解的人，甚至被窒息的人。

新的教学目标在教育本体论价值观的先导下，教学实践的目标也要发生转换。联合国教科文组织的专著《从现在到 2000 年教育内容发展的全球展望》已经给我们作出了明确的比较。

传统的三级层次	新的三级层次
1. 传授知识	1. 培养情感、态度
2. 训练实用技术	2. 训练实用技术
3. 培养情感、态度	3. 传授知识

教育目标的新三级层次没有忽视传授知识技能在教育中的重要性，但反对把知识作为追求的唯一或首要目标，强调要求教师认识到，具有坚实行为素养的人（关心变化和革新，有批判精神和团结精神、富于责任感和思想自主的人），更适合于学习和更新自己的专业和变化知识。学生对待基础知识的情感态度和能力不仅直接影响到知识的获得，而且关系到学生主体地位能否确立，学生的主动性，创造性能否发挥，以及学生主体性的培养。因此，教师必须转变教学目标观念，以学生主体性的发展作为教学的根本目标。

4. 树立新的人才质量观

现代社会需要什么样的人才，这是我们当前办教育、搞教学首先必须解决的一个根本问题。办教育的根本目的是为了培养更多更好的人才，这是不容置疑的，但究竟什么样的人才是"人才"，却是众说纷纭、莫衷一是。中国传统教育以自然经济为基础，这种自然经济要求的是对稳定而又僵化的整体秩序的维护与绝对认同，它培养的是服从性的品格，这时期的"人才"只能是"唯书""唯上""听话""驯服"，当人能够把"唯上""听话"作为自己的自觉行为时，自然就成为最好的"人才"了。具体来说，它要求人面面俱到，十全十美，不求有功，但求无过，谨小慎微、唯唯诺诺，不为人先，也不为人后，因为枪打出头鸟，出头橡子先烂。市场经济是一种平等竞争的经济，它对人的根本要求就是必须具有真才实学。在市场经济中能够游刃有余的人，是那种能独立思考富有创新与开拓精神、遵纪守法、敢说敢干、敢为天下先的人。因此，作为教育者，面对社会发展及市场经济的要求，必须树立新的人才观，从抽象的善恶标准中跳出来，以生产力作为衡量人才的主要标准，评判一个人时，不仅要看态度与动机，更要看效果与实绩，破除培养"完人"的观念，因为"完人"只有在不说话、不做事的情况下才能保持。事实上，要做事，就有可能失败；要说话，就有可能说错。我们衡量人才的标准不能是"完美无缺"，只能是"真才实绩"，在市场经济条件下，只有具备真才实绩的人，才称得上是真正的人才！

5. 确定新的教育主体观

在我国传统的教育观念与实践中，总是将教育活动中的个体绝对地看作是客体，将"社会"绝对地看作是主体，把教育看成是由社会到个体的单向运行过程，体现出一种典型的社会本位教育观。这种不正确的片面的教育观，导致了我们把个人的一切来源都看成是来自教育和社会，把一个个活生生的个体当成了一个个简单的容器，可以任意灌注、任意填充。这种教育价值观，不但完全歪曲了教育活动，而且抹杀了"学习"这一认识世界的过程中基于个体而存在的主体能动性，抹杀了"创造"这一人类在改造世界过程中基于个体而存在的主体能动性，从而使我们的教育缺乏"学习"与"创造"的气氛以及个性的伸张。

实际上，科学的教育理论早已揭示，古今中外的教育史也早已表明，成功的教育历来都提倡个性，尊重人的天性，反对把教学活动中的学生完全置于被动地位，主张以"学"作为教学的主体。市场经济是竞争经济，它需要的是一个个能独立思考、具有主体意识、奋发向上的人才，需要他们一个个在市场经济的大海中独立地遨游。这就要求我们树立新的教育主体观，把传统的"教"的单向运动变成"教"与"学"的双向运动，重视学生的主体性。从教育对象的立场上说，就是对自我、自主性的重视，只有这样，才能确保我们培养的人才能够在社会竞争中立于不败之地！

需要说明的是，我们所说的"自我"不同于资产阶级的极端个人主义，而是一种积极的"自我"。因为市场经济是一种法制经济，同此，这里的"自我"就是在遵守社会主义法制规范的前提下的一种对自我能力的最大发挥。

6. 树立新的人才发展观

我国传统的教育观念有时会导致我国教育存在一个严重的偏向，就是以"高、大、全"的标准来苛求受教育者，片面追求教育目标的理想化，其直接后果就是要求教育面向全体,以"面向中等,着重补差"为教学指导思想,从而妨碍了杰出人才的脱颖而出;要求个体全面发展,并且提出全面要求,要人面面俱到,妨碍了个体特殊禀赋、特殊才华的培养,最终导致了杰出人才的扼杀。这既有中国传统政治文化的影响,也与统一集中的计划体制密切相关,因而导致在教育实践中,习惯于搞"一刀切",按一个模式培养人才。

人才成长有其特殊的规律。诚然,人的发展是越全面越好,可古今中外各种人才的成长发展史都已表明,杰出人才都不可能完美无缺、十全十美,他们都只是在某一个领域或某一个方面超出常人,为社会作出了贡献,从而推动了社会的发展,正如西班牙著名画家巴勃罗·毕加索所说:"人的潜力都是一样的,不同的是,常人把智能消耗在琐事上,而我仅专注于一件事:绘画。一切为它牺牲。"我们在理论上一味强调全面发展、全面要求、面向全体,而不考虑人的个性、人的差别、人的特殊天赋和特殊才华,就只能在教育实践中导致平庸。对此万里同志说得好:"我们往往用一个固定的尺度、框框去要求人才,要求一个杰出的人才面面俱到,十全十美,这种方法很不利于人才的发现和成长,甚至会埋没人才。"

7. 树立新的教师观

新教师并非传统意义上的教师,是适应现代教育的新型教师。新教师是学生学习的引导者、学生获取知识的促进者、信息资源的提供者、课堂教学的改革者。

(1)学生学习的导引者

在信息时代的新学习环境下,学生之间除了协作学习外,个别化学习也是学习的主要形式。因此,为了适应和促进学生的个别化学习,使每一个学生都获得适合他们各自特点的教学帮助,使每一个人的潜力都能得到最大发挥,教师还将扮演学生的学术顾问的角色。如确定学生为完成学业所需学习的知识和技能;帮助学生选择一种适合其特点的、能有效地完成学业的学习计划;指引学生在学术研究方面的进展;对学生的学习进展情况给予一定的检查、评价等,其最终的目的在于促进学生的有效学习。

(2)获取知识的促进者

我们应该清楚地看到,有许多知识并不是完全通过教师传授得利的,而是学生在一定的情境,通过努力而获得的。因此,教师的作用不仅仅局限于将教材的知识点清楚、明晰地讲解或呈现出来,更主要的是在于激发学生的学习兴趣,让学生掌握科学的学习方法,努力促使学生将当前学习内容所反映的事物尽量与自己已经知道的事物相联系,通过创设符合教学内容要求的情境和提示新旧知识之间联系的线索,帮助学生明确当前所学知识的意义,使之朝着有利于知识掌握的方向发展,如提出适当的问题以引起学生的思考和讨论;在讨论中设法把问题一步步引向深入以加强学生对所学内容的理解;启发诱导学生自己去发现规律,自己去评价、纠正错误等。

(3)信息资源的提供者

鼓励、支持学生主动探索,让学生积极完成对所学知识的了解和掌握。作为教师在学生学习过程中,一是要有的放矢地为学生学习提供各种有利的信息资源,做到有选择地确定学习某主题所需信息、资源的种类和每种资源在学习过程中所起的作用。二是充分利用现代化教学工具,如相关教育教学信息、各课教学课件等。三是设计开发先进的教学资源,并将它们融于教学活动中,为学生创设必要的、最佳的学习环境。四是教会学生如何获取信息,从哪里获取以及如何利用有效的资源完成对知识的主动探索和掌握。

(4)课堂教学的改革者

教师在课堂教学中需要有一种全新的创新思想,在制定新的教学计划、教学方法时,要将社会发展需要放在首位,改变传统课程中的一些内容,确定一系列新的技能、技巧,整合适合学生的新教学形式、教学策略,不断评价、完善新的课堂教学水平。教师在课堂教学中要重视课程的宏观作用,即在课程的组织和教学上,重视社会需求变化对课程结构、内容选择、教学方法等的宏观影响。在对某一门课程的教学上,不要局限在确定出某门课程应进行的时数,在和学生进行交互式讨论上,应采取什么样的启发诱导方式,更重要的是根据时代的要求,不断更新教学内容,改变教学的组织形式和方法。

8. 树立新的学生观

新的学生观认为,学生是一个天生的学习者。学生的天性是活动的和创造的,学习是学生自身的需要。

学生是一个真正独立的、具有主体地位的、实现自由意志的"自然人"。学生的存在是动态、发展、变化的,而不是静态的,他的生存是一个无止境的完善过程和学习过程。正如马斯洛所说,"当我们……用在'人的发展'之中时,它总是有'发展中的人','正在成为某物的人'的能动内涵……也许'形成'(becoming)一词更能表达存在的意思"。"人类生下来就是'早熟的',他带着一堆潜能来到这个世界。这种潜能可能半途流产,也可能在一些有利的条件或不利的生存条件下成熟起来,而个人不得不在这些环境中发展。"学生是一种潜能的存在,人类设法为他们生存创造条件,需要全面开发他们。他(她)是人类的一员、世界的一员,属于本民族的一分子。有享受人类平等的权利、自由、生活,有权享受未来社会提供的一切教育资源;既有学习的自由,也有发展的自由;生活由自己来创造;可以借助一切可能的条件和环境,最大限度地发展潜能、发挥能量;是能够实现自我的人。

9. 树立新的教学观

教育要走向现代化,适应社会的发展,必须在教学观念上有一个突破。这其中,首先在教学任务观上,必须认识到,教学不能只关心传道、授业、解惑,甚至也不能停留在引疑、启智、开能,而应该是一种不仅顾及知识的传授、智能的开发,还要顾及人的心灵的培养,应树立培养"人"的教学观,重视学生的主体性和完整性,注重对学生人生智慧的培养;由于要树立教育是培养劳动者而非培养"干部"的观念,在教学内容上,必须反对空疏、陈腐、脱离实际、专注文字的内容,讲究教育内容的功效性、实用性,应该教给学生真正实用的知识和谋生的手段;在教学方法上,传统的唯理性教学观过分强调认知因素的作用,忽视学生情感,意志的作用,因此,学生不仅只能机械被动地接受教师的知识,往往还被当成无情感的容器,相应地就采取"无情教学法"。这使学生对学习感到厌烦甚至恐惧,从而影响教学效果。因此,在教学方法上,必须重视学生在学习过程中的情意因素,启发学生思维,促进学生知情意和谐发展;在学习体验观上,应破除"苦"学观念,树立愉快学习的意识,并以此来安排学校的一切活动。表现在教育形式上,就要摒弃单一的课堂教学形式,努力建立起以课堂教学为基础,课内外相结合、学校家庭相结合的教育组织形式。表现在教与学的关系上,就要积极倡导以"教师为主导,学生为主体"的师生双边活动,充分激发学生的学习兴趣和学习积极性;表现在师生关系上,就是民主平等,尊师爱生,形成师生双方良好的情感交流,使学生在一种愉悦的气氛中学习。

10. 树立新的评价观

教育评价是导向和强化教育行为的指挥棒。长期以来,我国教育评价的主要方式是考试,主要功能是鉴定和选拔。评价是 Gate keeper(守门人,赶评价不合格者出去),现在倡导的是发展性评价,教学评价的目的是收集教学的信息,研究教改的方向,促进教师的发展;学习评价的目的是全面了解学生的学习状况,给学生提供充分发挥能力的空间,激励学生进步,促进每一个学生的发展。现在的评价应是 Gateway(通道,帮助每一个被评人走进来)。

树立新的评价观,首先要转变评价观念,包括评价目的观,变以升学率为核心的评价目的为全体学生个性的全面发展的评价目的;评价功能观,变单一的鉴定评价功能为导向、预测、诊断、激励、改进等多种评价功能;评价内容,包括知识、能力、健全心灵等各方面;使用科学的评价方法,如个体内差异评价法,这种方法以评价对象自身为参照点,将评价对象的现在与过去比较,或者评价对象的各个侧面进行比较,"三好"学生是好学生,今天比昨天进步的学生是好学生,有特长的学生也是好学生。这种评价法改变了相对评价法和绝对评价法的不足,让很多学生体会到成功的快乐,减轻了心理压力。优秀生也从自我比较中得到了不断的激励,焕发出内在动力,更加努力奋进。

参考文献:

[1][德]马克思,恩格斯.马克思恩格斯全集(第 19 卷)[M].北京:人民出版社,1965.

[2]华东师范大学教育系,浙江大学教育系.西方古代教育论著选[M].北京:人民教育出版社,1985.

[3]吴紫彦,吴重光.现代教育思想[M].广州:广东教育出版社,1993.

[4]戚业园,陈玉昆.论教育质量观与素质教育[J].中国教育学报,1997(3):26—29.

[5][伊朗]拉塞克等.从现在到 2000 年教育内容发展的全球展望[M].北京:教育科学出版社,1996.

[6]孙素乾等.二十一世纪的教师应该这样做[J].中国教育改革与研究杂志,2003(1):19.

(本文节选自作者著作《从"知识课堂"走向"生命课堂"》第 7 章,吉林人民出版社 2011 年 6 月第 1 版)

二、教师素质:"生命课堂"成功的基础

教师是课堂生活的主持者和引导人,有什么样的教师就会有什么样的课堂生活,学生的课堂生活掌握在教师手中。

雅斯贝尔斯把人类的教育分为三类:第一类是师徒制,学生只能重复教师的言行,教师怎么说,学生就怎么做,教师反对什么,学生就一定要反对什么;第二类是课程制,教育者把对学生的要求具体化为各种课程,当学生学完一定的课程并通过了考试后,便万事大吉;第三类是苏格拉底的方式,即通过一系列的提问、对话,对你的各种既有观念提出质疑,你不得不进行更进一步的反省,为你的观念寻求进一步的根据,当你有幸找到了根据以后,又会有新的质疑,于是你又得为你的根据寻找根据。在这样一个无穷无尽的过程中,你的心智被充分调动起来,渐渐地懂得了如何从事物的表面进入它的核心,区分真理与谬误。雅斯贝尔斯认为,前两种方式,实质上都是基于人类天性中的弱点,即人们由于懒惰,而企图依靠教师或课程来一劳永逸地解决一切问题,只有第三种方式才符合求知的本性。用我们的话来说,第一种方式是奴役,第二种方式是训练,第三种方式才是教育。

真正的教育应包含智慧之爱,它与人的灵魂有关,因为"教育是人的灵魂的教育,而非理智知识和认识的堆积"(雅斯贝尔斯语)。教育本身就意味着:一棵树摇动另一棵树,一朵云推动一朵云,一个灵魂唤醒另一个灵魂。如果一种教育未能触及人的灵魂、未能引起人的灵魂深处的变革,它就不成其为教育。

雅斯贝尔斯认为,教育最重要的是选择完美的教育内容和尽可能使学生之"思"不误入歧路,而导向事物的本质,在本质中把握安身立命之感。如果单纯把教育局限于学生的认知上,即使他的学习能力非常强,他的灵魂也是匮乏而不健全的。从这个角度看,现今流行的教育口号,诸如培养学习兴趣、学得一技之长、增强能力和才干、增广见闻、塑造个性都只是教育的形式,而非教育的灵魂。

从这个意义来说,"生命课堂"对教师的要求更高,它不仅要求教师具有广博

的科学知识、聪明的才智,更重要的是它还要求教师具有一种广阔无垠的精神境界,即一种整体的面貌,一种自尊、自谦、自持的精神,一种关心人、关心社会、关心大自然的情怀,一种品位,一种人格,一种自强不息、乐观向上、心胸宽广的气质。

(一)人们心目中的好教师及教师现状

现在孩子喜欢什么样的老师? 北京市海淀区教工委连续 1 年的调查表明:学生心目中的好老师与教师的性别、年龄、长相关系不大,学生评价教师的标准集中在师德、水平和心理品质上。海淀区 15 万中小学生对"好老师"的白描是:爱笑、和蔼、有爱心、知识渊博。

调查发现,由于家庭背景的差异、学生成长经历和个性心理特点诸多的不同,不同的学生也会对老师提出不同的要求,但学生对好老师应具备的素质还是有共性标准的。

学生喜欢的教师标准在不同学龄阶段有差异。小学低年级学生比较感性,年轻漂亮的、和蔼有爱心的教师容易得到孩子们的认可。中学生更在意教师的知识层次和教育教学水平以及人格魅力,知识渊博、既重视知识传授又重视能力培养、具有创新能力的教师是学生心目中的好老师。几乎所有的学生都希望教师能带着微笑上课。

华中师范大学教科院郭文安教授等人在 20 世纪 90 年代曾经对我国基础教育现状进行过一次全面的调查,有关教师调查情况如下:

1. 人们心目中的好教师

社会人士心中的教师,应该教学得法,为人师表,关心学生和知识渊博。而学生心目中的好老师是应该公正无私、理解学生、教学水平高、尊重并严格要求学生、热爱本职、兴趣才能广泛等。在面向社会人士的"您心目中的中小学教师最主要的标准是什么"问句中,39.8%选择"教学得法",28.8%选"为人师表",12.5%选"关心学生",11%选"知识渊博",7.3%选"其他"。在面向学生的"你的心目中的理想教师主要具有哪些特征?"问句中,78.4%选"公正无私不偏袒学生",73.5%选"了解学生的需要和兴趣",69.7%选"讲课生动,教学效果好",67.6%选"对学生既严格要求又尊重信任,重视发挥他们的积极性和创造性",63.2%选"热爱自己的工作,有献身教育事业的志向和热情",61.1%选"有多方面的知识、兴趣和才能"。53%选"要求自己严格,以身作则",37.8%选"整洁端庄、言语幽默"。

选择项目	总选择比例	选择的年龄差异			选择文化程度差异				选择的职业差异					选择的经济状况差异				问卷归类比例		
		20岁以下	20/30岁	30岁以上	小学	初中	高中(中专)	大专以上	农民	工人	商人	职员	教师	贫困	温饱	小康	富裕	社会人士	在校中小学生家长	在职教师
经费不足,办学条件差	18.9	10.3	16.6	27.4	25.5	18.3	20.2	15.8	19.9	18.7	8.8	21.9	16.8	23.0	20.1	11.5	4.3	18.2	23.4	18.8
教师待遇低,队伍不稳定,素质不高	32.1	22.6	33.1	36.5	38.3	24.7	30.5	40.8	25.2	26.1	38.2	28.5	42.5	36.5	31.0	31.3	43.5	25.3	40.6	41.6
学生厌学情绪普遍	8.8	14.2	8.9	5.6	4.3	11.4	9.9	4.6	9.7	8.2	8.8	8.8	7.8	4.1	9.5	11.5	0	9.9	8.6	6.5
创收冲击教学	3.7	3.2	2.8	5.2	4.3	5.9	1.5	4.1	5.3	3.0	5.9	5.1	1.1	8.1	2.8	4.2	4.3	4.5	3.9	1.3
片面追求升学率,影响学生全面发展	31.5	45.2	33.1	21.4	21.3	35.2	33.6	28.1	34	41	35.3	26.3	27.4	25.7	31.7	32.3	47.8	36.6	19.5	26.6
其他	4.6	4.5	4.9	3.6	6.4	3.2	4.2	6.6	4.9	2.2	0	9.5	4.5	2.7	4.5	8.3	0	5.0	3.9	5.2
小计	100	100	100	100	100	100	100	100	100	100	100	100	100	100	100	100	100	100	100	100

2. 当前中小学存在的主要问题是师资状况和片面追求升学率现象

对面向社会人士的问句"您认为当前中小学存在的主要问题是什么",回答统计状况如下:单位%,n=736。

可见,当前中小学生存在的主要问题是教师待遇低,队伍不稳,素质不高(32.1%),其次是片面追求升学率,影响学生全面发展(31.5%)。从差异来看,20岁以下者认为"片追"现象是最突出的问题(45.2%);20~30岁的人对"片追"和教师队伍感到忧虑(33.1%);30岁以上者则对教师队伍更具忧虑(38.3%)。小学程度的人忧虑教师队伍(38.3%);初高中忧虑"片追"(35.2%和33.6%);大专以上忧虑教师队伍(40.8%)。工人、农民忧虑"片追"(41%,34%);商人、职员、教师忧虑教师队伍(38.2%、28.5%和42.5%)

3. 教师的基本现状

(1)自豪感与工作积极性

教师几乎没有自豪感,且只有一部分人工作积极,影响工作积极性的首要因素是经济待遇低。在对教师的调查中,39.3%认为自己"没有自豪感,跟普通人一样",34.8%认为"没有自豪感,觉得低人一等",17%回答有自豪感,8.9%回答偶尔有。在社会人士中,认为教师对本职工作认真负责的,42.5%回答"只有一部分人",30.3%回答"少部分人",24.9%回答"绝大多数"。对影响教师积极性发挥的因素,62.9%选择"经济待遇低",16.4%选"社会地位低",11.1%选择"教学条件差",7.7%选"学生不好教或素质差、水平低"。

(2)教师素质状况

20世纪80年代以来的教师素质尤其是业务素质状况较好,但总体来看,教师素质不尽如人意,尤其是农村中小学教师素质现状较差。此外,教师很少参加校际教研或交流活动,很少人愿意提高业务素质,缺少素质提高机会。在对社会人士的调查中,51.2%认为农村中小学教师素质只有"少部分合格",42.4%认为"基本合格",3.7%认为"完全不合格",2.3%认为"全部合格"。在教师眼里,对20世纪80年代以来分配来的同事(主要是师范毕业生)的评价,53.6%认为"思想觉悟差,"6.3%"思想觉悟还可以,业务水平稍差"。此处有一个现象值得注意,那就是80年代教师的思想觉悟问题,有较多的同事评价他们觉悟差。关于校际教研和交流活动,49.1%的教师回答"偶尔参加",32.1%"没有参加",16.1%经常参加。在一个问询教师目前最迫切需要的是什么的问题中,仅只有9.8%选择"进修,提高业务素质"。

从北京和武汉两市有关教师调查的情况来看,一方面,社会和学生对教师充满了期待;另一方面,教师本身的素质又不尽如人意。一则表现在思想觉悟上;二则表现在业务能力方面,如文化基础知识、专业知识能力、教育理论素养等;三则甚至还出现了教师的"负向发展"。

教师的负向发展,主要指在现实社会背景下,有一部分教师踌躇彷徨、患得患失、不安心于教、无心于学,于是改行、"跳槽"、下海经商等在教师队伍中成为时尚,这自然引起不少教师对思想品德、业务要求的松懈,从而引起自我发展的逆向变化,有人把它称为"负向发展"。如果说教师的素质主要由德与才两方面构成,那么,德、才两方面都有可能出现负向发展。就教师的知识结构的负向发展而言,它有两种表现:一是绝对的负向发展,表现为教师的知识结构随着时间的推移而逐步陈旧、老化,最终使原有的知识结构解体;二是相对的负向发展,也是最主要的表现形式,即"知识激增"所造成的教师知识结构的负向发展。就教师职业道德的负向发展基本趋势而言,一般经历正向发展阶段、相对停滞阶段、丧失进取阶段、职业倦怠阶段;教师才能的负向发展基本趋势为基础定向与发展完善期、知能结构发展徘徊期、知能结构发展的陈旧松散期、知能结构发展的退化解体期。教师在工作中,如不防范"负向发展",这对自身素质提高是极为不利的。

(二)教师应具备的素质

1. 教师应具备的道德素质

教师职业道德的特殊性,决定了社会主义教师道德素质的内容的多方面性,它体现在教师生活的各个领域和教师行为的各个方面:(1)献身教育、甘为人梯是教师道德的崇高境界,是决定教师其他道德素质的前提。一个教师如果不热爱教育事业,没有为培养后人的献身精神,它不可能是个合格的教师。(2)热爱学生、诲人不倦是教师道德的基本原则,是衡量教师水准的标尺,是教师的神圣职责。热爱学生,还要根据不同情况,区别对待,因材施教。(3)严于律己、为人师表是教师的道德重要规范。教师的一举一动都会引起学生的注目,以至产生影响,因此,教师必须严格要求自己,处处为学生做出榜样。(4)严谨治学、勤于进取是教师道德的主要要求,做学问容不得半点虚假,教师作为科学文化的传播者,治学态度一定要严谨,学无止境,作为一名教师,更要孜孜不倦地学习、再学习,以适应教育工作的新形势对教师提出的要求。(5)引导学生超过自己是教师道德的显著特征。根据学生的不同特点,个别指导、因材施教、精心培养,对有才华的学生要更多地关注。(6)团结协作、互勉共进是教师道德的主要内容,是教师忠诚于人民教育事业的体现。教育工作者为了共同的目标,齐心协力,共同配合。(7)尊重学生家长、密切配合教育好学生是教师道德的重要方面。为了教育好学生,教师要尽可能抽出时间与学生家长取得联系,虚心向他们请教,了解学生在家庭中的种种表现,并把学生在学校中的表现,如实地向学生家长反映,共同配合好教育好学生。

2. 教师应具备的文化素质

根据我国社会主义现代化建设所要求的人才规格,结合各类学校的具体培养目标,从整体上看,教师应具备如下的文化素质:(1)比较系统的马列主义理论修养,学校的培养目标决定了教师必须具备比较系统的马列主义理论修养。教师的专业教学和科研进修也离不开马列主义理论指导。(2)精深的专业知识,教师的主要职责是教学,是通过系统的知识技能的传授达到培养一代人的目的,因此教师在专业知识方面要求应更高、更完整、更系统、更扎实。(3)必备的教育科学知识,任何一位教师可以因承担不同科目的教学而彼此有专业分工,但教育科学的知识都是大家必须具备的。从某种意义上说,是否掌握教育理论和技巧,将决定着教师教学活动的成败。(4)广博的相关学科知识,具有广泛的文化修养和兴趣爱好,知识面做到"广博"从而增强教学效果,唤起学生的强烈求知欲,营造朝气蓬勃的智力生活。(5)基本的美育知识,是教师科学文化素质的又一个重要方面。教师对学生的思想教育过程,就是用美好的情景、美好的形象,启发学生为美好的理想而奋斗。美育具有形象化、情感化、艺术化等特点,被教师作为对学生进行教育的有效途径之一,同时在各学科教学中引导学生认识美、欣赏美、创造美。

3. 教师应具备的能力素质

能力素质是教师渊博的知识、执教的热忱得以充分发挥,实现开发学生智能的实际工作本领,它包括如下几种:(1)组织教学的能力。在对教学大纲和教学目的充分理解的基础上,制订教学计划的能力,确定适量的教学内容的能力,灵活运用切合实际的教学方法的能力,在教学过程中的组织领导和指挥的能力。(2)语言表达能力。针对不同年龄不同知识水平的学生,选择有利于促进学生语言提高和语言思维发展的语言。做到口齿清晰、准确鲜明,形象生动、富有激情,逻辑严密、富于哲理。(3)分析教材的能力。教师分析、研究教材的能力,是全面、熟练地掌握教材的内容,上好每一堂课的前提,其表现为更深入细致地钻研教材,准确、熟练地掌握教材的内容;纵横联系、扩展充实教材的内容;注重求异思维,充分把握教材的智力因素。(4)板书能力。板书是教师提示教材内容、纲目标题,演示试题及检查学生学习效果的必要环节、反映教师书法修养的一面镜子。因而在板书形式上要做到布局合理,板书的内容要简明扼要、分量适当,字迹要求工整、端正,避免错字、漏字的出现。(5)开展第二课堂活动的能力。既有领导组织的能力,又有实践参与的能力和总结推广的能力。(6)对学生进行思想疏导和常规管理的能力,每一个称职的教师集"教书育人"的重任于一身,需积极探索青年学生思想政治工作的新途径、新方法。(7)创造思维的能力。在前人的知识和技能的基础上运用求异思维,提出创见和作出分析的能力。体现在创造思维的敏捷、求异性、坚韧性和独立思考性。(8)科学研究能力。即教学理论的研究能力、应用科学的研究能力以及基础理论的研究能力。从而成为新教育思想、教育理论和新教学方法的实验者和研究者。(9)开展社会活动的能力。深入社会,了解生活,向社会做调查。同时了解学生,掌握学生参加社会活动的情况及所接受其教育的程度等。(10)应用多媒体等现代教育技术的能力。

　　4.教师应具备的身体素质

　　教师特定的生活环境和工作特点,要求教师的身体素质要全面发展。(1)体质健康,耐受力强,从而使教师在职业劳动中长时间坚持工作而不感到疲惫劳累。(2)反应敏捷精力充沛,教师把知识生动、准确、简捷地传授给学生,需要具备畅达和敏捷的思维能力,而这种反应的灵敏程度与教师的充沛精力,有直接的关系。(3)耳聪目明,声音洪亮,它是身体素质方面对教师最一般的要求,听力、视力、音带的保护对于教师来说是极为重要的。

　　5.教师应具备的心理素质

　　教师的认识过程、情感过程、意志过程以及所有心理素质的形成和发展,都是客观现实在教师头脑中的反映。所以,教师积极的心境、情绪和毅力等,这些心理素质也就根据他的特殊环境、特殊劳动而构成了他的特殊的内容。(1)轻松愉快的心境。轻松愉快的心境可以使学生产生一种愉快的感情体验,激发学生进入兴奋状态,提高学习积极性。同时,日常生活中轻松愉快的心境,可以克服教师的心理障碍,最大限度地发挥其身心的潜能。(2)昂扬振奋的精神。教师具备生动、深刻、感人心扉的精神,能使学生受到情绪上的感染。(3)平静幽默的情绪。教师应该有自己控制情绪的能力,以积极的情绪体验激发和感染学生,在教学中机智、风趣、幽默的情绪有助于调节课堂气氛,调动学生学习和思维的积极性。(4)豁达开朗的心胸,在教师和学生的相处中,尤其重要的是表现出豁达开朗的心胸,然后通过这种情感,将暗含期待的信息传递给学生,使学生的情感得到感染、得到帮助。(5)坚韧不拔的毅力。在教育和教学的实践中,都存在着许多困难。教师应具备不怕困难、知难而进、持之以恒的意志品质。

(三)提高教师素质的途径:主体性觉醒——教师专业化与素质提高的策略选择

教师的职业成长,就其途径和方式而言,包括两个大的方面:一是外在的影响。指对教师进行有计划、有组织的培训和提高,它源于社会进步和教育发展对教师角色与行为改善的规范、要求和期望。二是教师内在因素的影响。指教师的自我完善,它源于教师自我角色愿望、需要以及实践和追求。教师职前教育固然重要,职后自我提升教育也不可忽视,它是教师职业成熟的推进器。教师的劳动特点是"实践性","实践性"技能的提高必须依靠教师主体功能的发挥。

教师专业发展既是一种状态,又是一个不断深化的过程,更是一种终身学习、不断更新的自觉追求。教师专业化运动中,西方国家先后出现了教师发展的多元化格局,如教师的能力本位运动、教学效果本位运动和学校本位教师发展运动。国际上有六种教师培育范式:知识范式、能力范式、情感范式、"建构论"范式、"批判论"范式和"反思论"范式。归纳起来可以概括为两种模式。一种模式是技能熟练模式——主张教师职业同其他专业一样,把专业属性置于专业领域的科学知识与技术的成熟度,认为教师的专业能力是受学科内容的专业知识、教育学、心理学的科学原理与技术所制约的,在这种模式,"教育实践"被视为学科内容的知识、教育学、心理学原理与技术在教学中合理运用。教师专业能力就是凭借这些专业知识、原理、技术的"知识基础"进行组织与体现的。现行教师教育的制度、内容、方法,可以说就是以这种"专业化"思想为背景形成的。第二种模式是反思实践模式——认为"教育实践"是一种囊括了政治、经济、伦理、文化和社会的实践活动。这种模式中的教师的专业化程度是凭借"实践性知识"来加以保障的。同其他专业相比,教师工作的最大特点是不确凿性(混沌性)、情景性,要求针对情景做出灵活应变的决策。

多年来教师进修的内容大多停留在对教育学、心理学基本原理的课堂灌输,脱离教师自身的教学实践。教育界倡导"学者型教师",这当然不错,但是,教育报刊的舆论不是去引导教师反思自己的教育实践,而许多优秀教师纷纷以树立某种教育理论为追逐目标,这无异于"缘木求鱼"。教育理论家所追求的、所拥有的理论知识,并不就是要求中小教师所拥有的、去创造的理论知识。作为教师的实践性知识,有其特定的含意。我们要求教师具备的,是建立在对教师自身的实践的反思的基础上,特别是借助于教育理论观的案例解读,逐渐积累与形成的富有个性的教育实践的见解和创意。

当"反思论"培养范式逐步成为国际教师培养的主流时,教师的主体性觉醒应当成为教师专业化与素质提高的策略选择。

第一,反思来自自我意识的觉醒,自我意识的觉醒产生于旧有理念导向下的实践的困惑和迷茫。反思作为自我认识和实践,只有以自我实践中所暴露的问题为基础和前提,才有力量和效果。

第二,"教师的本体性知识与学生的成绩几乎不存在统计上的关系……并不是本体性知识越多越好。"对教师教学效能提高,更重要的是实践性知识——"指教师面临现实目的而进行的行为中,所具有的课堂情景知识及与之相关的知识",而这类知识的获取,因为其特有的个体性、情景性、开发性和探索性特征,要求教师通过自我实践的反思和训练才能得到和确认,靠他人的给予似乎是不可能的。

第三,主体性觉醒能调动教师对自我教学实践的考察,立足于对自己的行为表现及其行为依据回顾、诊断、自我监控和自我调适,达到对不良行为、方法和策略的改善和优化,提高教学能力和水平,并加深对教学活动规律的认识、理解,从而适应不断发展变化着的教学要求。

第四,主体性觉醒能唤起教师自己作为自我专业化的教育者的意识,在自我教育、自我提升的状态下工作,使教师工作获得尊严和生命力,表现出与其他专业如律师、医生相当的学术地位。它能使教师群体从以往无专业特征的"知识传授者"的角色定位,提高到具有一定专业性质的学术层级上来,进而改善自己的社会形象与地位。

教师从来就不应该被视为机械的被改造者,我们不应漠视教师自我教育、自我提升的主体性,更不能以某种外在的不恰当的教师培育模式压抑教师的主体性。当教师自我提升的主体性得以唤醒,且主体性充满生命的活力时,教师内在的"动力""创造力"才能得以释放,教师素质的提高才会有最根本、最持久的保证。

参考文献

[1]郭文安、陈东升.国民素质建构与基础教育改革[M].北京:人民教育出版社,2000.

[2]周峰.素质教育:理论、操作、经验[M].广州:广东人民出版社,1998.

[3]于淑云,夏晋祥.理念、思考与超越[M].贵阳:贵州人民出版社,2003.

(本文节选自作者著作《从"知识课堂"走向"生命课堂"》第8章,吉林人民出版社2011年6月第1版)

三、"生命课堂"的评价

(一)评价与教育评价

1. 评价

评价是人类的一种认识活动,人的认识有两种不同的取向:一是揭示世界的本来面目(事实判断),二是揭示世界的意义和价值(价值判断)。它是一种主体在事实基础上对客体的价值所做的观念性的判断活动。

2. 教育评价

教育评价是在系统地搜集、分析教育信息资料的基础上,对教育活动及其有关因素的事实和价值作出判断,并对教育的增值途径进行探索的过程。

教育评价=事实判断+价值判断+增值探索

3. 教育评价的本质:价值判断

(1)价值

"价值"概念,就其深层而言,是指客体与主体需要之间的关系,即客体满足人的需要的关系。当客体满足主体需要时,客体对主体而言是有价值的;当客体不能满足主体的需要时,客体对主体而言是无价值的。

(2)教育价值

这是指作为客体的教育现象的属性与作为社会实践主体的人的需要之间的一种特殊的关系,对这种关系的不同认识和评价就构成了人们的教育价值观。

(3)教育价值的三个层面:

①教育与教育自身需要之间的关系。教育的开展主要是为了满足其自身的内部需要,判断教育质量的高低主要是看其是否满足了其自身的内部需要,主要体现为教育的内适质量价值标准。所谓教育的内适质量是一种用教育系

统内部制定的质量标准进行评价的质量判断,是根据教育自身内部需要、自身的内在逻辑体系为标准来判断教育的质量与价值,主要体现为一种知识的学习和一个阶段的学习为另一种知识的学习及以后阶段的学习所作准备的充分程度。内适质量高低的主要标准就是看学生掌握知识的多少,学生掌握的知识多,考试成绩好、分数高,就为学生另一种知识的学习及以后阶段的学习(如字为词的学习、小学为初中的学习)做好了充分的准备。

②教育与外部社会需要之间的关系。教育的开展主要是为了满足外部社会需要的需要,判断教育质量的高低主要是看其是否满足了外部社会需要的需要。主要体现为教育的外适质量价值标准。外适质量是指学校培养的人才为社会的政治、经济、文化的发展所作准备的充分程度。它是以外部的社会需要为标准来判断教育的质量与价值。外适质量的主要标准就是看通过教育培养的学生满足社会需要的智能发展水平。知识多并不一定能力强,"高分低能"就是例证。所以在外适质量观看来,离开了外部社会的需要来谈教育自身的质量与价值是毫无意义的。

③教育与人的发展需要之间的关系。教育的开展主要是为了满足人的身心健康发展的需要,判断教育质量的高低主要是看其是否满足了人的身心健康发展的需要。主要体现为教育的人文质量价值标准。人文质量是指教育满足人身心健康发展和满足社会人文水平的提高所作准备的充分程度。它主要以学生身心健康发展需要为标准来判断教育的质量与价值。教育的人文质量观认为,促进学生知识的丰富和智力的发展是教育的一种工具性的价值目标,学生掌握知识发展能力是为学生的生命发展服务的。如果教育是通过压抑甚至是摧残学生的生命为代价来获得学生的某些知识与能力的发展,在人文质量观看来,这种教育质量也是意义不大的。

(二)教育评价的指导思想

1. 引子:"我所看到的美国小学教育"说明了什么

我所看到的美国小学教育

高　钢

当我把9岁的儿子带到美国,送他进那所离公寓不远的美国小学的时候,我就像是把自己最心爱的东西交给了一个我并不信任的人去保管,终日忧心忡怵。这是一种什么样的学校啊！学生可以在课堂上放声大笑，每天至少让学生玩两个小时，下午不到3点就放学回家，最让我开眼的是根本没有教科书。那个金发碧眼的女老师看了我儿子带去的中国小学4年级的课本后，温文尔雅地说："我可以告诉你，6年级以前，他的数学不用学了！"面对她充满善意的笑脸，我就像挨了一闷棍。一时间，真怀疑把儿子带到美国来是不是干了一生中最蠢的一件事。

日子一天天过去，看着儿子每天背着空空的书包兴高采烈地去上学，我的心就止不住一片哀伤。在中国，他从1年级开始，书包就满满的、沉沉的，从1年级到4年级，他换了3个书包，一个比一个大，让人感到"知识"的重量在增加。而在美国，他没了负担，这能叫上学吗？一个学期过去了，把儿子叫到面前，问他美国学校给他最深的印象是什么，他笑着送给我一句美国英语："自由！"这两个字像砖头一样拍在我的脑门上。

此时，真是一片深情怀念中国的教育。我似乎更加深刻地理解了为什么中国孩子老是能在国际上拿奥林匹克学习竞赛的金牌。

不过，事到如此也只能听天由命。

不知不觉一年过去了，儿子的英语长进不少，放学之后也不直接回家了，而是常去图书馆，不时就背回一大书包的书来。问他一次借这么多书干什么，他一边看着那些借来的书一边打着微机，头也不抬地说："作业。"

这叫作业吗？一看儿子打在计算机屏幕上的标题，我真有些哭笑不得——《中国的昨天和今天》，这样天大的题目，即使是博士，敢去做吗？于是我严声厉色问是谁的主意，儿子坦然相告：老师说美国是移民国家，让每个同学写一篇介绍自己祖先生活的国度的文章。要求概括这个国家的历史、地理、文化，分析它与美国的不同，说明自己的看法。我听了，连叹息的力气也没有，我真不知道让一个10岁的孩子去运作这样一个连成年人也未必能干的工程，会是一种什么结果。只觉得一个10岁的孩子如果被教育得不知天高地厚，以后恐怕是连吃饭的本事也没有了。过了几天，儿子完成了这篇作业。没想到，打印出的是一本20多页的小册子。从九曲黄河到象形文字，从丝绸之路到五星红旗……热热闹闹。我没赞扬，也没评判，因为我自己有点发懵，一是我看到儿子把这篇文章分出了章与节，二是在文章最后列出了参考书目。我想，这是我读研究生之后才运用的写作方式,那时,我 30 岁。

不久,儿子的另一作业又来了。这次是《我怎么看人类文化》。如果说上次的作业还有范围可循,这次真可谓不着边际了。儿子很真诚地问我:"饺子是文化吗?"为了不误后代,我只好和儿子一起查阅权威的工具书。费了一番气力,我们总算完成了从抽象到具体又从具体到抽象的反反复复的折腾,儿子又是几个晚上坐在微机前煞有介事地做文章。我看他那专心致志的样子,不禁心中苦笑,一个小学生,怎样去理解"文化"这个内涵无限丰富而外延又无法确定的概念呢? 但愿对"吃"兴趣无穷的儿子别在饺子、包子上大做文章。在美国教育中已经变得无拘无束的儿子无疑是把文章做出来了,这次打印出来的是 10 页,又是自己的封面,文章后面又列着那一本本的参考书。他洋洋得意地对我说:"你说什么是文化? 其实特简单——就是人创造出来让人享受的一切。"那自信的样子,似乎他发现了别人没能发现的真理。后来,孩子把老师看过的作业带回来,上面有老师的批语:"我布置本次作业的初衷是让孩子们开阔眼界,活跃思维,而读他们作业的结果,往往是我进入了我希望孩子们进入的境界。"问儿子这批语是什么意思,儿子说,老师没为我们骄傲,但是她为我们震惊。"是不是?"儿子问我。我无言以对,我觉得这孩子怎么一下懂了这么多事? 再一想,也难怪,连文化的题目都敢做的孩子还有不敢断言的事情吗?

儿子 6 年级快结束的时候,老师留给他们的作业是一串关于"二次大战"的问题。"你认为谁对这场战争负有责任?""你认为纳粹德国失败的原因是什么?""如果你是杜鲁门总统的高级顾问,你将对美国投放原子弹持什么意见?""你是否认为当时只有投放原子弹一个办法去结束战争?""你认为今天避免战争的最好办法是什么?"……如果是两年前,见到这种问题,我肯定会抱怨:这哪是作业,分明是竞争参议员的前期训练! 而此时,我能平心静气地寻思其中的道理了。学校和老师正是在这设问之中,向孩子们传输一种人道主义的价值观,引导孩子们去关注人类的命运,让孩子们学习高屋建瓴地思考重大问题的方法。这些问题在课堂上都没有标准答案,它的答案,有些可能需要孩子们用一生去寻索。看着 12 岁的儿子为完成这些作业兴致勃勃地看书查资料的样子,我不禁想起当年我学"二战"史的样子,按照年代事件死记硬背,书中的结论明知迂腐也当成"圣经"去记,不然,怎么通过考试去奔光明前程呢? 此时我在想,我们在追求知识的过程中,重复前人的结论往往大大多于自己的思考。而没有自己的思考,就难有新的创造。

儿子小学毕业的时候,已经能够熟练地在图书馆利用计算机和缩微胶片系统查找他所需要的各种文字和图像资料了。有一天我们俩为狮子和豹子的觅食习性争论起来。第二天,他就从图书馆借来了美国国家地理学会拍摄的介绍这种动物的录像带,拉着我一边看,一边讨论。孩子面对他不懂的东西,已经知道到哪里去寻找答案了。

儿子的变化促使我重新去看美国的小学教育。我发现,美国的小学虽然没有在课堂上对孩子们进行大量的知识灌输,但是,他们想方设法把孩子的眼光引向校园外那个无边无际的知识的海洋,他们要让孩子知道,生活的一切时间和空间都是他们学习的课堂;他们没有让孩子们去死记硬背大量的公式和定理,但是,他们煞费苦心地告诉孩子们怎样去思考问题,教给孩子们面对陌生领域寻找答案的方法;他们从不用考试把学生分成三六九等,而是竭尽全力去肯定孩子们的一切努力,去赞扬孩子们自己思考的一切结论,去保护和激励孩子们所有的创造欲望和尝试。

有一次,我问儿子的老师:"你们怎么不让孩子们背记一些重要的东西呢?"老师笑着说:"对人的创造能力来说,有两个东西比死记硬背更重要:一个是他要知道到哪里去寻找所需要的比他能够记忆的多得多的知识;再一个是他综合使用这些知识进行新的创造的能力。死记硬背,既不会让一个人知识丰富,也不会让一个人变得聪明,这就是我的观点。"

我不禁想起我的一个好朋友和我的一次谈话。他学的是天文学,从走进美国大学研究生院的第一天起到拿下博士学位整整5年,一直以优异的成绩享受系里提供的优厚的奖学金。他曾对我说:"我很奇怪,要是凭课堂上的学习成绩拿奖学金,美国人常常不是中国人的对手,可是一到实践领域,搞点研究性题目,中国学生往往没有美国学生那么机灵,那么富有创造性。"我想,他感受的可能正是两种不同的基础教育体系所造成的人之间的差异。中国人太习惯于在一个划定的框子里去施展拳脚了,一旦失去了常规的参照,对不少中国人来说感到的可能往往并不是自由,而是惶恐和茫然。

我常常想到中国的小学教育,想到那些课堂上双手背后坐得笔直的孩子们,想到那些沉重的课程、繁多的作业、严格的考试……它让人感到一种神圣与威严的同时,也让人感到巨大的压抑与束缚,但是多少代人都顺从着它的意志,把它视为一种改变命运的出路。这是一种文化的延续,它或许有着自身的辉煌,但是面对需要每个人发挥创造力的现代社会,面对明天的世界,我们又该怎样审视这种孕育了我们自身的文明呢?

《三月风》1995.12

《我所看到的美国小学教育》一文讲的事实是发生在美国的小学教育,对同样的"美国小学教育"这个事实,作者前后的态度发生了根本的转变!为什么呢?原因就在于作者通过观察自己儿子在美国受教育后的变化,对美国小学教育的评价采用了不同的标准,开始时采用的标准是考试成绩分数(学生对所学知识的掌握)及听话顺从,后来采用的标准是学习能力和创造性。由于采用了完全不同的评价标准,所以作者最后得出的结论完全相反,从开始的担心、忧虑甚至否定到后来的认同、肯定直至赞赏!由此可见,评价的标准不同,即使对于同样的事实,得出的结论会完全不同!所以说树立科学的教育评价思想是搞好教育评价的前提和基础。

2. 树立科学的课堂教学评价思想

(1)课堂教学评价的含义与功能

通过系统地收集和分析课堂教学信息资料,对课堂教学的事实和价值作出判断,并对课堂教学的增值过程进行探索的过程。

课堂教学评价的反馈功能,考察、鉴别功能,强化、改进功能。

(2)现代课堂教学的价值取向

第一,建立以人为本的学生主体观,让课堂教学充满师生生命活力。

课堂教学不但是学生的认知过程,更是学生的生命活动过程,是师生人生中一段重要的生命经历。

学生是学习的主体,又是自身发展的主体。

让教师的职业生命在课堂教学中激活,用生命激励生命。

要使师生的生命活力在课堂教学中得到有效发挥,必须改造课堂教学的教学方式、方法体系。

第二,现代课堂教学是学生社会化过程的重要阵地。

教育的本源和动力是社会发展的需求。

教学的过程,是学生社会化过程。

努力建立民主、平等、和谐、合作的师生关系和生生关系,是现代课堂教学人际关系的本质要求。

班级是学生学校生活的"小社会",应当重视班级建设的改革(层级式—民主协作式)。

第三,现代课堂教学的基本价值是使学生获得知识、发展能力,形成健全的心灵。

课堂教学的基础维是传授知识;

课堂教学的核心维是发展智能;

课堂教学的终极维是培养学生健全的心灵。

(3)对当前课堂教学存在问题的探讨

第一,当前学术界关于课堂教学缺陷的研究,概括起来主要有如下几种观点:

从"特殊认识说"出发,认为其主要缺陷是重教轻学、重知轻能、重智力因素轻非智力因素。

站在课堂教学"生命活力"的高度,认为其主要缺陷是把丰富多彩的教学过程简括为特殊的认识活动,从而使师生的生命力得不到发挥,连传统教育认为最重要的认识任务也难以完成。

从教学病理学视角把教学缺陷归纳为教学失衡、教学专制、教学偏见和教学阻隔等。

从教学整体功能角度,认为当前课堂教学中存在有效性、主体性、创造性和情感性的严重缺失。

第二,课堂是什么?

课堂不是教师表演的舞台,而是师生之间交往互动的舞台;

课堂不是对学生进行训练的场所,而是引导学生发展的场所;

课堂不只是传授知识的场所,而且更应该是探究知识的场所;

课堂不是教师教学行为模式化的场所,而是教师教育智慧充分展现的场所;

课堂的起点是生活,课堂生活的中心是活动,课堂活动的中心是学生;

课堂应破除"三座大山":"讲解如山、问答如山、练习如山";

课堂教学应实现五大突破:教学内容(学科—生活)、课本思路(理性—感性)、知识序列(课本知识序列—学生学习知识的超前,即预设性与生成性问题)、学科界限(分科—综合)、师生角色(平等合作)。

(4)介绍几种课堂教学评价模式

第一,"知识课堂"教学评价模式。

序号	名称	一级指标	二级指标	评价等级			
				优	良	中	差
1 (12)	教学目标	确切度	教学目标明确、具体、切合实际				
2 (14)	教学内容	科学性 教育性	讲授知识正确,结合教学内容渗透思想教育,培养学生学习习惯				
3 (34)	教学过程和方法	合理性	整体设计合理,重点突出,抓住关键,教学形式、方法、手段符合内容需要				
		针对性	因材施教、及时反馈,精选习题并有层次、有梯度,习题量要适度				
		启发性	精心设问,指导得法,调动学生学习的积极性,激发学生兴趣				
4 (20)	教学基本要素	教学组织	准备充分,纪律良好,有应变能力				
		教学民主	教态自然,尊重学生,气氛融洽				
		教学语言	语言精练,用词准确,讲普通话				
		板书、演示	板书设计合理、字迹清楚,实验操作正确				
5 (20)	教学即时效果	"双基"、能力	按时完成教学任务,"双基"落实,能力得到培养				
		情意发展	学生注意力集中,思维活跃,反应良好,师生配合默契				

"知识课堂"教学评价模式的特征

①完成认识性任务,成为课堂教学的中心或唯一目的;

②钻研教材和设计教学过程,是教师备课中的中心任务;

③上课是执行教案的过程,教师的教与学生的学在课堂上理想的进程是完成教案。

"知识课堂"存在的问题:

①低效教学;

②教师厌教;

③学生厌学。

第二,"智能课堂"教学评价模式。

①教学过程是教和学的统一。对学生而言,教学过程应该是认知和动力两方面同步的过程,是两方面构成一个有机整体;

②教学动力系统在整个教学过程中起着启动和维系、激励和调控的功能;

③学生认知系统在整个教学过程中是教和学的落脚点和目标。

一级指标	二级指标	评价要素
认知系统(30)	导入阶段(5)	1. 根据课题或学习的主要内容,以多种形式明确或暗示教学任务,使学生明确课堂学习目的 2. 要体现出"教"是为了"学"
	深化阶段(15)	1. 以教材为依据,以认识为主线,引导学生循序渐进地认知 2. 教师的主导作用应体现:内容掌握要精深,分层教学要优化 3. 学生的主体作用应体现:主动参与悟规律,提高认识获新知
	迁移阶段(10)	1. 分层、分类训练中,强调训练点要准而精,形式灵活有实效 2. 要将训练的成绩作为课堂教学效果的重要依据
策略系统(18)	教授策略(10)	1. 根据不同学科和内容及学生实际,把握课堂教学整体策略既要有教学阶段、层次的划分,又要注意阶段、层次的内在联系 2. 在层层深入的教学过程中,把握方法的策略选择或组合
	学习策略(8)	1. 学生在参与中积极思维,悟出学习方法或规律 2. 在举一反三的训练中提高能力

续表

一级指标	二级指标	评价要素
动力系统(52)	教材之情(8)	1. 要把握教材固有的情感因素 2. 善于准确无误地挖掘教材内蕴含的情感
	教师之情(8)	1. 教师要以饱满的激情投入课堂教学,做到以情激情 2. 通过有效的方法:褒贬的策略,引导学生正确地悟情
	学生之情(8)	1. 学生在课堂中动情、人情、移情的过程,要体现与教材之情交融 2. 同学之间在交流中情感互融
	和谐之情(8)	1. 师生情感的和谐,要以教材之情为依据 2. 从情境创设、内容理解、语言交流和情感沟通四方面产生共鸣
	教师设疑设障(12)	1. 要在"点子"上设问,即在关键处、衔接处、转化处设问 2. 设问要体现整体思路,设置一个个台阶,具有一定的坡度 3. 强调设问操作与调控的艺术,把握设问的时机、内容、对象与方式等
	学生解疑破障(8)	1. 学生要在参与中动脑筋,想问题。既要体现学好重点,突破难点的群体毅力,又要体现学生攀登一个个台阶的思维过程 2. 学生攻克难点,解决问题的积极性与思维的效度是评价教学质量的重要依据之一

第三,"生命课堂"教学评价模式。

"生命课堂"教学评价体系的结构分析:

①确立优质的课堂教学目标:基础性目标与发展性目标的协调。

基础性目标:按照教学大纲的要求,主要完成知识、技能的教学;

发展性目标:培养学生的学习素质,促进学生的长远发展。

②研究教学策略,追求高效的教学过程。

策略的指导思想:

课堂教学目标既重预设性更重生成性;

教学方式既有"教""导",但更多的是"自学";

教学内容既有教材"有字的书",更多的是外部世界"无字的书";

教学过程是一个传授知识、发展能力、师生合作学习情感交融的过程;

强化教学媒体的使用。

教学效果:

情绪状态、交往状态、思维状态、目标达成状态的统一。

③"生命课堂"的"学"包括学习过程和学习结果。

学习过程:学得轻松、自主,即情绪状态、交往状态。

学习结果:有没有会学、爱学、学会,即思维状态、目标达成状态。

"生命课堂"教学评价表

			优	良	中	差
教学目标	教学目标	1. 符合教学大纲,体现良好学习素质的培养,完成课堂教学的基础性目标 2. 注意学生发展性目标的培养 3. 明确、具体、符合学生实际水平				
	教学内容	4. 科学 5. 准确 6. 容量适度				
教学策略	教改意识	7. 激活课堂,调动学习动力 8. 培养个性,因材施教 9. 学生为本,以学论教				
	教学组织	10. 师生关系民主,学生畅所欲言,每一个问题都得到尊重与回应 11. 班级教学、小组教学、个别辅导有机结合,突出对学生学法的指导 12. 尽量减少教师课堂讲授时间,让学生充分地动脑、动口、动手				
	教学媒体	13. 准确、精炼、生动地利用语言 14. 充分、恰当地应用教材、录音、录像等多媒体,让学生全感官参与学习 15. 教师使用教学媒体熟练、效率高				
教学即时效果	状态目标	16. 学生注意力集中 17. 课堂气氛活跃,学生兴趣浓厚、求知欲强 18. 学生的思维得到启发,不断地提出问题,积极地思考问题、分析问题,培养学生的创造性,教师不要轻易地把学生的思路纳入自己的思路				
	达成目标	19. 达成预定的教学目标,探讨基础性目标与发展性目标的结合点 20. 好、中、差三个层次的学生在原有的基础上得到提高 21. 围绕课堂教学的优质高效,积极探索课堂教学				

(本文节选自作者著作《从"知识课堂"走向"生命课堂"》第9章,吉林人民出版社2011年6月第1版)

四、"生命课堂"与校园文化建设

有人说,"三流学校重视成绩,二流学校重视管理,一流学校重视文化";也有人说,一所学校能否办好,前三年看校长,后三年看中层,再往后看文化。这些话,尽管说法不一,但都强调了校园文化的重要性。那么,什么是校园文化?构成校园文化的要素有哪些?校园文化的特征与功能是什么?如何在"生命课堂"理念下构建校园文化?下面分别进行阐述。

(一)校园文化的界定

文化概念的界定,是一个十分复杂的问题。由于研究者站在不同的角度,所以迄今为止,关于文化的定义,有 100 多种说法,真的是众说纷纭、莫衷一是。

最先给文化下定义的当是 19 世纪 70 年代英国人类学家爱德华·B. 泰罗,他认为"文化是一个复杂的总体,包括知识、信仰、艺术、道德、法律、风俗以及人类在社会里所得到一切的能力与习惯"。

从此以后,出现了许多文化的定义,基本上可以从五个方面来概括:(1)文化是人的属性,是人的非动物性部分;(2)文化受一定的社会生产方式的制约,又有着相对独立性;(3)文化不仅是人活动的结果,也是人活动的过程;(4)文化涵盖人活动的一切方面,包括物质形式和精神形式;(5)文化的发展在于不断改造人的动物性,在于人本身的发展。

多数学者认为,对"文化"作最广义的理解,如说它是人类创造的物质文明和精神文明的总和,使"文化"成了无所不包的概念,失去了它作为具体事物的特殊性,模糊了它的特质。而作最狭义的理解,如指以文艺为主的文化,则又失去了它本来具有的一般性。他们认为,从文化的发展过程看,它既属于见诸文字的东西,又属于见诸社会现象的种种事物,比如习俗、心理、宗教和艺术等传统,总的来说都是人类精神活动的产物。

从以上分析我们可以给文化一个定义:文化是代表一个民族、地区或单位特点的、反映其理论思维水平的精神风貌、心理状态、思维方式和价值取向等精神成果的总和。按照其载体的不同,可以把文化划分为观念的文化、制度的文化、物质的文化三个层面。

校园文化是一种显文化,关于它的定义,目前说法也很多。最早提出"学校文化"这一概念的,当属美国学者华勒(W. Waller),他早在1932年,就在其《教育社会学》(*The Sociology Teaching*)一书中使用"学校文化"一词。他认为"学校中形成的特别的文化"即为"学校文化"。

对于校园文化,目前有代表性的观点主要是如下几类:

(1)"物质财富和精神财富说"认为:校园文化是在学校教育环境下,在培养人才和不断完善自身的实践过程中形成的具有本校特征的物质财富和精神财富的总和。

(2)"精神环境和文化氛围说"认为:校园文化是指学校在教学、管理及整个教育过程中逐渐形成的特定文化氛围和文化传统以及通过学校载体来反映和传播的各种文化现象。

(3)"校园生活存在方式说"认为:校园文化是指学校生活存在方式的总和,包括智能文化、物质文化、规范文化和精神文化四个方面。

(4)"价值观核心说"认为:校园文化是指学校在长期的办学过程和教育管理活动中,逐步形成并为全体学校成员所认同的以价值观念为核心的群体意识和群体行为规范,它是学校历史传统、工作作风、道德规范和行为方式等因素的总和。

根据文化的定义以及学校教育的特点,我们认为,校园文化就是一所学校在长期的教学实践中创造和形成的,并为学校所有成员所认同和遵循的精神风貌、心理状态、思维方式和价值取向等精神成果的总和。按照校园文化载体的不同,可以把校园文化划分为观念的、制度的、物质的三个层面。

(二)校园文化的构成

有人认为:校园文化不仅包含着物质形态和精神形态两个范畴,而且区分为显性的文化和隐性的文化两个不同方面。校园文化的显性结构表现为:学校标志、学校组织原则、学校制度、学校环境和学校管理行为;校园文化的隐性结构表现为:学校管理观念、学校价值观念、学校办学思想和学校精神。

也有人认为,校园文化是一个封闭性的、自在循环的"引力系统",其张力受到校魂、校规和校貌的综合作用力的影响,尤其以精神形态的影响为重;校园文化是校园内以价值观念为核心,并由承载这一价值体系的活动形式和物质形态表现出来的一种精神气候或氛围;校园文化一方面是学校历史传统的积淀,另一方面又是社会文化在校园内的折射,校园文化在本质上是一种社区文化;校园文化在其性质上属于社会意识形态,在其功能上最终是以一种观念形态或精神因素对人产生政治的、道德的和心理的影响。其结构如下图所示:

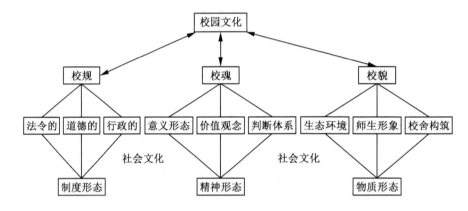

以上的分析对于我们分析校园文化的构成很有意义。根据对校园文化本质的研究,依照校园文化载体的不同,我们可以把校园文化看作是由三个同心圆构成的整体,见下图。

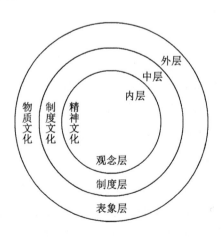

　　从上图可以看出,校园文化的构成由于载体的不同,包括了外层的物质文化,它是校园文化最直接的体现,校园建筑、校貌、环境文化、教育教学设备以及师生员工的物质产品和精神产品的产品文化等都属于物质文化表象层。中层的制度文化,它是介于物质和观念二者之间的,它包括了学校管理体制、组织机构、规章制度和课程、教材以及人际关系的模式等。内层的观念文化,它属于校园文化的最深层和核心,包括了办学指导思想、教育观、人才观、道德观、思维方式、校风和行为习惯等。

(三)校园文化的特征

　　校园文化在形成与发展过程中,逐渐形成了自己的特点:

　　(1)综合性。校园文化的综合性表现在两个方面:一是包括代际之间的文化,二是校内、校外的文化。就前者而言,学校从事教育工作,由成人从事领导,学生是被领导者,在学校社会体系中,永远有教师(领导者)与学生(被领导者)的存在。教师有流动变更,学生有毕业离校,但教书育人中的领导与被领导的关系,在学校这个系统中,永远地存在。因此,学校文化中永远是成人文化及年轻一代文化的综合。

　　就后者(校内、校外的文化)而言,学校文化包括三类:一是来自校外的社区文化的影响。一所学校的传统、教学内容及行政管理,深受国家和社区价值观与文化模式的影响。二是来自教师文化的影响。教师是教书育人的教育者,其价值取向与行为方式,既代表外文化,又代表着校内倡导的文化。三是来自校内的学生文化影响。学生拥有不同的社会背景,在接受学校教育中,又产生同辈群体的互相影响,也就形成了独特的学生文化。学校文化也就是社区、教师、学生三类文化的改造和整合。

　　(2)稳定性和规范性。由于学校教育方针、任务、培养目标、学制、课程、教学大纲、教材、师资和办学物质条件要求等都具有相对的稳定性和规范性,因此它对学生的影响也就具有相对的稳定性和规范性。

　　(3)教育性。校园的物质环境、学校的规章制度、教师的言行和校风等,这些因素时刻都在影响、教育着学生。

　　(4)有计划有目的形成的文化。学校教育活动是一种有计划有目的的活动,它总是根据社会的要求,按照一定的目的,选择适当的内容,培养学生,使学生朝着一定的方向发展。

(四)校园文化的功能

校园文化由于有其内在的特质,也就具有其特有功能:

(1)教育功能。学校是专门培养人的地方,它的最大职责就是培养人、教育人,校园文化的教育功能是区别于其他组织文化的一大特色。教书育人、服务育人、管理育人和环境育人等功能充满了校园时空。校园文化的教育功能主要是通过它创造了一个陶冶心灵的场所,以校风、学风、文化传统、价值观念和人际关系等方式表现出来的高度的观念形态,对学校的一切工作都起着指导作用。其次,与其观念体系相适应的优美、有序的工作、学习和生活环境,又对生活于其中的学生起着陶冶作用。

(2)凝聚功能。优秀的校园文化氛围特别是已得到大家认可的价值观念和校园精神,能够激发校园全体成员的强烈的向心力、内凝力和群体意识,从而将个体目标整合成为学校的整体目标,形成一种强大的学校"文化场",使每个人都能充分发挥自身的潜能,学校的整体效应也能得到最大的发挥。

(3)规范功能。优秀的校园文化一经形成,就会有一种巨大的力量在引导人、规范人、控制人,使全体成员接受必要的约束,遵守校园许多成文或不成文的规则,否则就将受人批评甚至排挤。校园文化对人的规范主要通过三条途径来实现:①氛围规范,包括环境、关系和校风等的软规范;②制度规范,包括规章、纪律和守则等的硬规范;③观念规范,包括观念、思想、道德和舆论等的激励与引导。

(4)辐射功能。校园文化既已担负起促进人才成长的责任,其触角必然会伸向社会,主动吸收社会文化中对人才成长有益的东西,也就是说,社会文化对校园文化具有渗透作用。同样,从校园文化与人才成长的关系上看,校园文化的成果最终会随着人才的流动而转移到社会,对社会文化起着潜在的影响,起着辐射社会的作用。

(五)"生命课堂"理念下的校园文化建设与形成

"生命课堂"的本质就是以生为本,它以尊重生命为前提和基础,以激励生命为手段和方法,以成就生命为出发点和归宿。"生命课堂"倡导的以生为本,指的是教育要赏识生命、激励生命、成就生命,要因材施教,要尊重学生的个性,要发展学生的个性,把培养人、促进每一位学生人格的健全发展作为教育的出发点和归宿。

　　教育需要关注人,需要关注生命,是由于教育起于生命,教育即生命。教育与人的生命和生命历程密切相关。教育的开展既需要现实的基础——生命个体,又要把提升人的生命境界、完善人的精神作为永恒的价值追求。教育本身就是人的一种生命现象,没有生命也就没有教育。人的完整的生命是教育的起点,人的生命的自然特性决定了教育"何为"的界限,同时,人的生命的超越特性又为教育"为何"留下了大有作为的空间。教育受制于生命发展的客观规律,它必须遵循个体身心发展的规律来进行。人的生命特性决定,对于生命的理解必须"以人的方式"才能把握。20 世纪生命哲学家关于生命的思考就证明了这一点。生命逐渐从纯生物的含义演变为具有本体色彩的哲学术语。生命从其本能的生物学意义逐渐演变为冲动、直觉、情感和欲念,具有越来越浓的非理性色彩,人们逐渐认识到非理性是比理性更加基础的东西,生命的非理性是理性寄居的土壤。同时,生命也是人存在的原始起点,意味着人原始的完整与和谐。它不是外在地给予的,而是人的存在直接和内在的呈现过程。换言之,不是作为一种自然现象的外在生命,而是作为反思主体的人内在地体验、领悟到的生命。体悟、直觉、反思是把握生命实在的内在基础。这种内在生命超越了外在生命的被动性,获得了主动参与的能动性。我们必须认真思考教育与生命的关系,力求使它们达到高层次的默契与和谐。

　　教育是塑造人的事业。教育是灵魂与灵魂的对话,心点燃心的燃烧,智慧与智慧的碰撞,教育就是在这种对话与碰撞中,充满了对教育的理解,充满了对心灵的关爱,学生们,因为这样的关爱而成长,教师们,因为这样的碰撞与关爱而幸福。教育的根本任务在于最大限度地挖掘人性美,已迈入人类文明高度发达的教育,在 21 世纪的今天,应该坚定地履行着我们本真的职责:赏识生命,激励生命,成就生命,去让每一个经历教育的人们享受教育。

　　依据"生命课堂""赏识生命、激励生命、成就生命""尊重个性,发展个性"的核心价值理念,结合我国当前学校的实际,在建设校园文化时,必须要遵循的一个最重要的原则就是要充分体现"人"的原则。学校是培养人的机构,培养出什么样的人对我国未来发展影响很大。在我国,由于传统教育思想影响深远,导致我们无论在教育理论,还是在教育实践中,都忽视"人",即忽视人的价值、人的个性、人的尊严。具体表现在思维方式上,重规范轻创造;在价值取向上,重整体轻个体;在人才规格上,重道德轻能力;在教育方法上,重灌输轻启发。这种教育思想完全把受教育者放在被动的客体地位,不注重发挥受教育者的积极性和创造性,使受教育者无法独立思考,缺少独立人格。教育改革一个极其重要的内容,就是要尊重个性和发展个性,素质教育说到底就是个性培养。这是检验校园文化是否优秀的一个重要尺度。

那么怎样才能够建设和形成优秀的校园文化呢?

(1)加强校园文化建设,首先要抓住校园文化的核心,在校园观念文化的设计上,充分考虑广大师生的价值诉求,体现"人本化"。

校园文化的核心是观念文化,它制约和促进着校园文化的发展方向,促进群体意识的形成,起到"润物细无声"的教育效果。学校观念文化是校园文化的精髓,它是学校精神的集中表现,是一种校园中独有的群体意识。这种意识的形成,主要是师生在学校内部的共同劳动中所产生的情感、意志、信念、兴趣、习惯等心理素质的综合。它有如下特点:其一,学校观念文化是情感意向型意识,它包括师生感情、志趣、理想等。其二,学校观念文化是评价型意识,是学校师生关于美与丑、善与恶、是与非的评价,无一不与学校师生对物质和精神的需要有关。其三,学校观念文化是实践型意识,它包括学校师生集体所选择的行为、目标以及实现的方针、战略等。基于这些特点,学校观念文化集中表现了学校管理者及学校师生的主体能动性意识。为此,要抓好校园文化建设,必须首先抓住学校观念文化即学校精神文化这一核心,它对形成学校教师群体积极向上的思想行为将起到不可替代的作用。学校如此,企业也一样。世界上任何一个成功的组织背后,都有其特有的优秀的组织文化:

——日本松下电器公司:产业报国、光明正大、和亲一致、奋力向上、礼让谦恭、顺应同化、感恩报效的"松下七精神"。

——美国国际商业机器公司的价值观是:集体尊重个人、个人爱护集体、向顾客提供最好的服务、追求杰出的成绩。

——我国大庆油田有做老实人、说老实话、办老实事,严格的要求、严密的组织、严肃的作风、严明的纪律的"三老四严"大庆精神。

——蔡元培先生在北京大学倡导的"兼容并蓄"的办学精神。

——清华大学的"自强不息,厚德载物"的价值追求。

——孙中山先生为中山大学题写的"博学、审问、慎思、明辨、笃行"的校训。

——号称广东省民办教育的一面旗帜的深圳石岩公学的校训是:"自觉,自觉求真、求善、求美;自主,自己的事情自己干;自强,志存高远,脚踏实地,奋斗不息。"

可见,任何一个成功的组织,都有其独特的文化,成为其发展的强大动力。学校文化的形成,正是在学校内部倡导的文化理想的指导下,全体成员共同努力奋斗的结果。

学校优秀文化的形成,并不是一蹴而就的,它需要经过长期的倡导、规范和实践,并经长期的努力培育后为师生员工所认同。学校文化的形成大致经过四个阶段:

①孕育期。在这一阶段中,学校必须优化学校精神赖以形成的心理环境,明确学校精神建设的具体要求,并采取种种措施,如优化学校内部的教育、教学环境和条件,包括美化校园环境、改善教学条件完善规章制度等。总之,提高全体成员对学校精神的正确确认,为学校精神的进一步整合打下基础。

②整合期。在这个过程中,以学校群体中一部分已接受学校精神要求的师生为骨干,对多数人起到榜样示范作用。由于领导以身作则,教师身体力行,多数人对学校精神的要求虽不能做到"心悦诚服",但能做到"依从",并由"依从"向认同、整合转化。

③内化期。要把多数人的意识和行为逐步扩展为全体成员的意识和行为,使目标、要求和准则与每个人的人格体系成为一体。这个工作主要不是依靠外力,而是依靠群体的全体成员来做,耐心地等待学校的所有成员在学校精神面前"觉悟就范"。

④成熟期。这是学校精神形成和发展的最高阶段。学校群体中各个成员的思想和行动,不仅不"越雷池半步",而且处处事事以学校精神的标准来检查自己的行为,每个成员都具有自我教育、自我管理的能力。此时,良好的学校精神已深入人心,主要表现为全体成员在对学校精神的认识明确清晰,具有共同的目标、情感、意志和信念。

(2)学校制度文化对校园文化起到重要的导向作用。在校园制度文化的设计上,应该尊重广大师生的个性特点与主体风格,实行"人文关怀",充分体现"人性化"。

制度文化是校园文化中重要的一部分。因为合理的规章制度是文化价值观念和思想品德的规范化。教育与管理是互为表里的,没有明确的规章制度,教育的要求就会空泛无力。实践证明,严格的校纪可以促进良好的校风、教风、学风的形成。为使教育者先受教育,学校必须狠抓"教风""师德"及各种规章制度、公约守则、集会庆典等各种集体活动。这些制度方面的校园文化,对全体教职工来说,既有一定的强制性与约束力,又有强大的号召性与感召力。它以文字、规章的形式出现在教职工面前,实际上就形成了人们在教育教学实践中的"好与坏""对与错""是与非"的检验标准,它对教师良好品德的塑造和正确习惯的养成起着导向作用。但我们在对广大教职员工"导之以行,约之以规"的同时,也要"晓之以理,动之以情",尊重广大师生的个性特点与主体风格,实行"人文关怀",充分体现"人性化"。

建设良好的制度文化必须从两方面着手:一是制定规章制度的要求,二是实施规章制度的要求。

规章制度的制定,首先要有一定的客观依据,符合学校教育、教学过程的规律、国家的有关教育方针、政策以及学校和学生的实际;其次,规章制度的建立必须有益学生身心全面健康和谐发展;最后,学校规章制度应要求一致、互相协调。

规章制度的实施则要加强宣传教育,使之成为广大教职员工的自觉行为。要保持规章制度的相对稳定性,同时还要为广大教职员工及学生创设实施规章制度的条件。

(3)学校物质文化是校园中集思想与艺术为一体的物质表现形式。在校园物质文化的设计上,应该充分尊重广大师生的审美特点与情感需求,体现"人文化"。

学校物质文化也可称为环境文化。环境文化有人称之为无声的思想工作。学校优雅、健康、奋发向上的环境建设与学校各种器物设置有直接关系,并且它是人们看得见,摸得着的直观而固定的事物。学校的环境设计是集思想性、情感性、艺术性于一体的。设计者们既要有整体统筹安排又要注意局部的精雕细琢,让每一处环境都起到潜移默化的熏陶作用。

校园世界是充满意义的生活世界。这个世界是历史的、社会的、文化的。人类长期的生活实践以种种物质文化景观铭记着无数人类共同的经验。因此,校园物质文化景观所包含的潜在因素是丰富的,储存的信息量是巨大的,政治、历史、思想、伦理、美学,无所不容。校园的每一处物质文化景观都在诉说自己所携带的历史、文化和科学的信息并把它所寄托着群体感发散出来。文化景观潜移默化地影响着师生的思想观念,制约了师生的行为习惯,发挥了隐性课程的作用。因此,我们可以说:"环境是学校的第二支教师队伍,物质文化是一部'生活教科书'。"

校园物质文化景观有三种主要形式,即校园建筑、校园雕塑和校园服装。

①校园建筑

作为人类的一种特殊品格的艺术,建筑是物质和精神、主体和客体、技术和艺术、形式和内容、自然和社会、历史和现实的"多元整合"。所有的建筑既有功用的、技术的品质,又有审美的品质。建筑是文化的特性与价值的反映,体现了文化的重点和追求,同时也反映了技术与经济。

校园建筑一般通过建筑的造型、建筑的空间布局来表现一定的思想内容和价值追求。如校园建筑中最富表现力的图书馆、教学大楼和行政大楼,它们往往位于开阔而显眼的地方,且上附着"宫殿式"的顶盖,下砌有台阶相烘托,显得凝重而从容,象征着权力和威严,表现出学术的崇高地位,同时也间接折射出人与人之间权力的较量。这些隐性的信息,不知不觉地为学生所接受,内化为自身的思想观念并通过一定方式表现出来。

②校园雕塑

雕塑是指以概括的塑造的形象和体积空间形式反映现实的造型艺术类型,以及这种作品的本身。雕塑主要着重于描绘人、歌颂人的美和力量。

校园雕塑一般位于学校重要建筑(图书馆、教学楼等)前面的空地上或学校的广场中。教育者往往利用它们来表达所属集团的审美思想、德育意愿和民族感情。

③校园服装

服装,作为一种实用装饰艺术,它是直接的实际用途与艺术审美属性有机融合的艺术作品。它不仅有极高的审美价值,而且是一种人类交际手段。

一个地区的人群特征可从其居民的衣着装饰上判断出来,具有不同社会观念的群体,有不同的服装装饰,它能非常直观地区分不同的社会群体。校园服装同样反映校园群体的特征。

服装不仅起着保护身体的作用,也使人变得漂亮,塑造了人们的美好形象。同时,服装又强烈地凸显个体的审美趣味、素质和个性。

校园服装也能营造一种交际的气氛。比如师生在课堂上,穿着整齐,表示对对方的尊重,形成一种严肃认真的气氛。但师生一起搞课外活动,教师不必穿得衣冠楚楚,因为这容易使学生产生距离感,不利于师生的交往。

校园物质文化对人的影响是巨大的,这正如有人所说:美的环境是一部立体的、多彩的、富有吸引力的教科书,它有利于学生陶冶情操、美化心灵、激发灵感、启迪智慧,也有利于学生学习成绩的提高。正因为如此,所以许多学校都着力于学校物质文化的建设。

例如,人们走进湖南省隆回二中,校门的对联是:学子刚进来,哪能自鸣得意?学业难成,况成才路上,所所学校非终点;家长请回去,何必细语叮咛?同窗易熟,且大家庭里,个个花圃有园丁。食堂门口的对联是:丢一个饭团,抛却了父母苦心经营的旨意;蓄几分钱币,积攒起前人艰难创业之精神。宿舍门前对联是:睡硬板床,劳其筋骨,替国家练就健康身体;洗凉水脸,苦我心态,为"四化"养成奋斗风格。

又如,当你走进深圳市石岩公学,学生见到你会行标准的军礼,见到长辈、老师、来宾,7米远处便会鞠躬;在学生宿舍,孩子都知道,自己的事情自己做,自己叠被子,并且叠得方方正正;校园内看不到一片纸屑,这是由于公学经常开展"流动红旗卫生站"活动,每班发一面小红旗,由班干部带队,打着红旗到处去捡垃圾,把捡垃圾作为一项伟大的环保事业去做。

再如辽阳化纤公司高中的以情育人的活动。有时,朔风猎猎,大雪纷纷,课间操停止。突然,校广播室里播出《沁园春·雪》《我爱你,塞北的雪》《洁白的雪花飞满天》《迎来春色换人间》4首唱腔不同、旋律各异的咏雪音乐……往日课间操时,走廊人流如潮,人声鼎沸,今日却寂如幽谷,只有咏雪的乐章伴着雪花潇洒飞旋。学生们伫立窗前,静静地,静静地,没有微语,一双双惊喜的眸子紧盯着窗外,有的竟把鼻子贴扁在窗玻璃上,有的则侧耳聆听。

此情此景,正是优秀的文化场所产生的对校园人巨大的凝聚力和影响力!置身其中,不讲卫生的会感到害羞,乱丢乱抛者会不再抛洒……优秀的物质文化对学生的影响会比制度规章更有威力,也更长远!

参考文献:

[1][英]爱德华·泰勒.原始文化[M].连树声,译.桂林:广西师范大学出版社,2005.

[2]安文铸.学校管理研究专题[M].北京:科学普及出版社,1997.

[3]秦在东.浅议校园文化的界定[J].中南民族学院学报:哲社版,1994(6):118—121.

[4]夏晋祥.论生命课堂的本质、特征及其教学目标[J].中小学教材教学,2017(7):20—24.

[5]方铭琳."学校精神"浅析[J].中小学管理,1996(10):42.

(本文节选自作者著作《学校管理的理论与实践研究》第七章,贵州人民出版社 1999 年 7 月第 1 版,内容略有增删。)

五、"生命课堂"与家庭教育

正如改革开放以来我国的经济建设取得了巨大的成就一样,我国的家庭教育发展到今天也有了长足的进步,成绩令人欣慰:在思想认识上,人们已经普遍认识到家庭教育的重要性,纷纷积极倡导家庭教育和学校教育"同轨同步"发展;在家庭教育实践上,全国各地的家长学校如雨后春笋般地纷纷兴起,家庭教育网络基本形成。然而,由于众所周知的原因,我国的家庭教育滞后于经济发展,也滞后于学校教育,这种落后不仅表现在家庭教育外在条件的种种不足上,更主要的是还在于我们的家长缺乏家庭教育意识,主动辞去了父母教育子女的伟大之职之责,同时还有目标、内容、方法方面的误区。本文仅从"生命课堂"教育理念的角度,对家庭教育的内涵、存在的问题及对策作一初步的探讨。

(一)家庭教育的内涵

什么是家庭教育,不同的人站在不同的角度,其理解是不同的。

《辞海》是这样解释"家庭教育"的:父母或其他年长者在家里对儿童和青少年进行的教育。不同社会有不同性质的家庭教育。中国古代有关家庭教育的文献如司马光的《家范》、颜之推的《家训》、班昭的《女诫》等。资本主义国家在资本主义发展初期,一些思想家、教育家如夸美纽斯、洛克、裴斯泰洛齐等阐述了资产阶级家庭教育的理论。社会主义国家的教育任务虽然主要由学校承担,但也认为家庭是教育后一代的重要阵地。家庭与学校密切配合,统一教育影响,使儿童青少年在德育、智育、体育几方面都获得发展。

我国著名家庭教育专家赵忠心在其著作《赵忠心谈家庭教育》中指出:按照传统的说法,家庭教育是指在家庭生活中,由家长,即由家庭里的长者(其中主要是父母)对其子女及其他年幼者实施的教育和影响。这是狭义的家庭教育。广义的家庭教育,应该是家庭成员之间相互实施的一种教育。在家庭里,不论是父母对子女,子女对父母,还是长者对幼者,幼者对长者,一切有目的、有意识施加的影响,都是家庭教育。

研究家庭教育的学者李天燕在其著作《家庭教育学》中则认为:现代家庭教育是指发生在现实家庭生活中,以血亲关系为核心的家庭成员(主要是父母与子女)之间的双向沟通、相互影响的互动教育。家庭教育有直接与间接之分,直接的家庭教育指的是在家庭生活中,父母与子女之间根据一定的社会要求实施的互动教育和训练;间接的家庭教育指的是家庭环境、家庭气氛、父母言行和子女成长产生的潜移默化和熏陶。现代家庭教育应该包括直接和间接的两个方面。

家庭教育学研究者邓佐君在《家庭教育学》一书中指出:一般认为,家庭教育是在家庭生活中发生的 ,以亲子关系为中心,以培养社会需要的人为目标的教育活动,是在人的社会化过程中,家庭(主要指父母)对个体(一般指儿童青少年)产生的影响作用。台湾学者林淑玲将家庭教育的定义界定为:为健全个人身心发展,营造幸福家庭,以建立祥和社会,而透过各种教育形式以增进个人家庭生活所需之知识、态度与能力的教育活动,称为家庭教育。

中国台湾地区在《家庭教育法》中确立家庭教育的内涵包括:亲子教育(增进父母职能)、子女教育(增进子女本分)、两性教育(增进性别职能)、婚姻教育(增进夫妻关系)、伦理教育(增进家族成员相互尊重及关怀之教育活动)和家庭资源与管理教育(增进家庭各类资源运用及管理的教育)等。

综上所述,我们认为,家庭教育就是家长根据自我的价值取向,结合一定社会的要求和需要,有意识地在日常生活中,通过言传身教、榜样示范、情感交流等方式,对子女施以一定影响,促进孩子成为身心健康发展的一种社会活动。家庭教育既是学校教育的基础,又是学校教育的补充和延伸。

(二)当前家庭教育存在的误区——以深圳市家庭教育为例

受有关教育机构的委托,我们曾经对深圳市的家庭教育状况进行了一次全面深入的调查,选择了分布在罗湖、福田、南山、宝安、龙岗各区的公办与民办、重点、一般和特殊,幼、小、中等共 19 所学校,以及家长学校、社区、戒毒所等,进行访谈和问卷调查,收回问卷 2 230 份,同 100 多位校长、教师,近千名学生和学生家长对话,了解情况,听取意见,对深圳市家庭教育状况有了一个比较全面的了解,这其中,既有优化的家庭教育,也存在着比较普遍的误区,更有一些家庭教育的盲点与黑洞! 这里,主要对当前家庭教育存在的误区进行一个总结与归纳。

1. 观念误区

由于居民结构的复杂性,导致了深圳市民对家庭教育重要性认识的多层性。这其中,固然有许多有识之士已充分认识到了家庭教育的重要性和迫切性,但更多的却是家长只养不教,推卸父母教育之职之责,认为教育下一代只是学校的事,只是老师的事,家长的"任务只是生仔"。对这个问题,我们曾走访了育新学校、亚太国际学校、宝安海滨中学、布吉中学、华富小学、园岭小学和丽经幼儿园等学校,学校老师都认为,缺乏家庭教育意识,推卸父母的责任,不管不教孩 子,不与孩子进行情感交流,是当前深圳家庭教育存在的最主要的问题。亚太国际学校的一位家长就曾直言不讳地对老师说:"我交了那么多钱给学校,这个孩子也就交给了你们了,如果孩子出了问题,没有教育好,到时我可要找你们了。"还有其他一些家长,要么说自己太忙没时间教育子女,而把孩子"拜托给老师"。他们不知道,教育好下一代,不仅是学校老师的事,也是社会的事,同时更是自己义不容辞的责任。在这些家长的思想意识里,能让子女吃饱穿暖就已尽了最大的责任,缺乏家长既是抚养者又是教育者的观念。

也有一些家长,他们移居深圳,初来乍到,在辛勤地为生存奔波,为家庭生活更上新台阶而奔波。他们以为,家庭富裕了,家庭形象就光彩了,自己也就算为家庭尽心尽责了,所以也就对自己没有时间教育好子女感到心安理得了。其实,物质生活固然是家庭水平的一个重要标准,但子女形象更是父母综合水平的反映,把子女教育好,更体现出家长对家庭的高度责任心,更反映出对家庭的尽心尽责。

还有一些家长,事业心极强,为社会事业尽心尽责,做出了应有的一份贡献。鞭策他们孜孜不倦地追求事业卓越的力量是在他们的思想意识里有一种观念:搞好工作,献身事业是一种对社会、对民族的高度责任感,是一种对社会、对人类的奉献。以至于他们常常无暇顾及家庭,没有时间教育子女。曾有一位大公司的总经理苦笑着说:我可以管理好几千名素质优秀的职工,但我却常常为没有时间教育子女、没有时间和子女交流感情而大伤脑筋,我已主动辞去"父亲"一职了。其实,我们以为,搞好自己的本身工作,献身于某项事业,当然是一种对社会的奉献,但教育好自己的子女,把孩子培养成为优秀的接班人,同样是对社会的一种奉献,这是我们在思想上必须要牢牢树立的一种价值观。

2. 目标误区

一个好的目标应该是可行性与挑战性的高度统一,但深圳市有很多家长在确定子女的教育目标时却往往偏离这一轨道,出现各种目标偏差:

(1)脱离子女实际进行培养。很多家长望子成龙、望女成凤:看社会时兴钢琴,就为子女买来了钢琴;体育明星吃香了,便赶快送子女进业余体校;影视歌明星出名早来钱快,又想让孩子往那条道上赶……,他们确定孩子发展方向不是依据子女的内在特质、个性特点,而是盲目随大流,以至于子女感到无所适从而浪费精力和时间。也有一些家长,凭自己的主观愿意来决定孩子的发展方向,而不看孩子愿意与否。我们曾发问卷调查家长认为对孩子有意义的事会怎么样做,在 774 份家长的答案中,有 496 位家长回答说。只要自己认为有意义的事,就会要求孩子去做。只有 234 位家长回答说,孩子做什么事主要是要看孩子愿意与否。其实,每个人都有自己的内在特质和兴趣爱好,一个好的教育者是应该根据每个人的不同特点,采取不同的方法,指出每个人的不同的发展道路。适合孩子自己,才是我们确定孩子发展目标的最佳选择。

(2)期望值过高。在我们的家长问卷中,有 39.82％的家长,希望自己的子女在班上成绩进入前三名,18.44％的家长希望子女进入前六名,34.81％的家长要求子女成绩进入前十名。望子成龙、成凤是天下父母的共同心愿,但事实上,不可能每个人都成龙、成凤,并且社会固然需要"高精尖"的各种高级人才,同时也需要在各自平凡岗位上默默耕耘的人。我们客观上不可能实现每一个人都成为高精尖的人才,我们只希望每个人都能在自己原有的基础上再提高一步或几步,这才是我们对下一代的一种切合实际的期待。

期望值过高的另一表现则是要求子女功课门门优秀,这种期望表面看似过高,实则是不了解人才成长的规律所致。诚然,人的发展是越全面越好,但古今中外各种人才的成长发展史都已表明,人都不可能完美无缺,"门门优秀",他们都只是在某一个领域或某一方面超出常人,从而成为杰出人才,这正如西班牙画家巴勃罗·毕加索所说:"人的潜力都是一样的,不同的是,常人把智能消耗在琐事上,而我仅专注于一件事:绘画。一切为它牺牲。"家长要求子女"门门优秀",这不是在督促子女拔尖,而是在要求子女平庸。

(3)目标过低。与对子女期望值过高的家长相反的另一类家长,则是对子女基本上没有目标要求。在我们的访谈中,听到许多这类家长对教师说:我的儿子只要不吸毒就可以,不读书我也可养活他一辈子。由于他们不要求自己也不要求子女,其结果肯定是在未来激烈的竞争社会里被淘汰。

3. 内容误区

深圳市家庭教育在内容上的偏差,主要表现在"三重三轻"方面:

(1)重学习成绩的提高、轻健全人格的培养。我们曾用问卷了解家长对孩子在成绩与健全人格方面的态度,结果有 11.73% 以上的家长非常肯定地认为"只要成绩好,能考上大学比什么都重要"。还有 13.26% 的家长在自己的家教实践中只重视孩子习成绩的提高。我们走访了许多学校老师,他们都反映家长重孩子学习成绩轻健全人格的培养是一种非普遍现象,即使有一些家长在思想上已认识到了健全人格比学习成绩更重要,但实践中也一样忽略了健全人格的培养。实际上良好的品德、健全的人格、良好的社会适应力比学习成绩要重要得多。人首先应学会做人,做一个人格高尚的人,只有具备了良好个人品格和远大的社会抱负,人才会具有不倦追求的永恒动力。因向印度灾区捐款 100 元而应邀赴印参加 1992 年国庆大典的上海少年严澄晔的父母,就深深懂得这个道理:"从孩子懂事时起到现在,我们只做了一件事,那就是教会他如何做人。"当小澄晔刚识字的时候,父母第一个教会他的就是"人"字。并告诉孩子,"人"字看起来最好写,其实是书法中最难练的字,做人也如此,看来容易,但要做一个真正有用的人很难。"人"字是靠一撇一捺共同撑起的,所以人与人之间要互相帮助,应该有一颗爱心。

(2)重身体素质、轻心理健康。许多家长认为自己的责任就是让子女吃饱穿暖,注意营养,让孩子身体发育良好,而忽视了子女的心理健康。实际上,人仅仅具有良好的身体素质是不够甚至是不行的。早在 1946 年通过的世界卫生组织(WHO)宪章的开头就写道:健康乃是一种在身体上、精神上和社会上的完满状态。如果一个人心理不健康往往会导致人身体的疾病,根据美国 20 世纪 70 年代的统计资料,每 4 个美国人就有 1 人一生中因为心理原因引起生理方面的疾病,每12人中有1人因心理障碍住院。心理因素对中小学生的身体影响也很明显,有些学生在考试中常常出现不适感,如头晕、胃痛、心悸、身体和四肢不自主地颤抖,个别女生突然腹痛或月经失调等,就是由于考试中情绪高度紧张所致。所以,父母在关心子女身体发育的同时,还应重视子女的心理健康,在发现子女心理缺陷时,要及时进行教育矫正,引导子女热爱生活、热爱科学、关心社会、关心他人,增强子女的责任感、义务感、独立性、自尊心、自信心和承受力、自制力,养成乐观进取的精神。

(3)重智能开发、轻习惯培养。未来社会是一个科技迅速发展、竞争非常激烈的社会。作为生活在我国改革开放前沿的深圳的家长们,他们都深深地体会到了这一点,所以他们非常重视子女智力的开发和能力的培养,千方百计地为子女智能开发创造各种条件,或请家教或购电脑,要不就给子女购买大量的课外辅导材料,只要有利于子女学习成长,他们可以付出一切,这无可厚非,甚至值得肯定!然而,人的成长是有其特有规律的,有时候,只有一腔热情是远远不够甚至是不行的。实际上,在一定程度上来说,教育者的责任就是培养学习者的良好习惯,学习者良好习惯一旦形成,教育者就可以不"教"了。因为好习惯一旦形成,它就是一种巨大的力量,正所谓"习惯决定性格,性格决定命运"。但根据我们的问卷调查,却发现有57.92%的家长只是偶然注意或从来不注意培养子女的良好的学习、劳动和卫生习惯,这不能不令我们提醒家长:一个人的成就在很大程度上是依靠良好习惯的形成,这一点往往超出人们通常的认识。

4. 方法误区

家庭教育的方法是指家长在培养教育子女过程中所采用的手段和方式的总称。教育子女方法掌握运用得好,则会达到事半功倍的效果。而在实践中,却有很多家长由于不懂得儿童心理,不了解青少年成长的规律,不能根据儿童的特点进行教育,致使教育子女事倍功半,其主要表现在如下五个方面。

(1)溺爱。爱自己的孩子,这是人的天性,但过分溺爱,必然带来骄纵和无度,这实际是对子女成长的一种伤害。深圳有很多家长因为过去自己吃过很多苦,现在自己富裕了,就有一种补偿心理,认为不能再苦孩子,而对孩子骄纵无度,孩子要什么给什么,以致孩得寸进尺。在我们的问卷调查中,有相当多的家长都回答说,对子女的各种物质要求都尽量满足。在我们的访谈中,老师普遍反映,很多家长放下原则去满足孩子的各种不合理要求,以致许多孩子在生理上要么肥胖,要么烂牙,在心理上也产生了种种问题:任性、自私贪婪、无理取闹和残忍暴虐等,不一而足。育新学校有一位学生怪父母在他小时候犯错误时,为什么不批评他,以致他最后成为一个少年犯。所以过分溺爱不是爱,而是害,这是我们每一位家长都必须认识到并且要切记的。

(2)打骂。与过分溺爱相反的是打骂孩子。我国传统家庭教育历来信奉"不打不成才""棍棒底下出孝子",因此,打骂便成为家庭教育一种必不可少的方法。根据我们的调查,当孩子犯了错误时,有三分之一的家长是选择严厉批评甚至打骂的方法。还有人曾对 100 名 5 至 7 岁年龄的学生做过调查,结果发现没有挨过父母打的只有 7 位。其实,这种打孩子皮肉、伤孩子自尊、摧残孩子心灵的"黄金棍下出好人"的方法,在多数情况下物极必反,造成孩子表面畏惧、顺从,内心厌父母、厌学习的心理,给孩子的成长压上沉重的心理包袱,使孩子失去童年失去欢乐,也失去独立性、自尊心和自我创造性,与家长的期望背道而驰。我们的问卷调查显示,孩子对父母的要求,表面服从、内心有自己的看法的占 46.65%,不服从的占 2.65%。从这些数字可看出,体罚的效果不大甚至是有害的,家长们应该放下手上的鞭子!

(3)只批评不表扬。在很多家庭,父母常常认为教育子女的方法就是批评,所以他们对孩子的评价往往是否定多于肯定,他们总以为批评和责备才是管教孩子。更糟的是,在批评之外,还常常夹带贬低——"笨蛋!""你真蠢!"我们曾用问卷问父母,当你的孩子犯了错误时,三分之一的父母都选择严厉批评甚至打骂;当你的孩子取得某项好成绩时,有 21.89%的家长都表示自己是喜在内心但不言语,或认为是自然之事,不应多问。其实,人是需要鼓励的,心理学中的"皮格马利翁效应"就充分说明了这一点。要知道,孩子的成才与否可能就诞生在父母的言语中,如果父母经常批评责怪孩子,这一"心理定势"可能就会在孩子的身上变成事实。所以,当孩子有错时,批评不是不可以用,但应该就事论事,切莫以"笨蛋"这一称呼否定孩子的全部价值。父母在指出孩子错误的同时,应该诚恳地指出改进的意见。但不管怎样,父母都应该多表扬子女,当孩子犯了错时,应该先了解原因、过程,找到合理的因素,指出不合理的地方;当孩子取得进步时,则应该及时肯定与表扬,随时随处地树立孩子的自信心。

（4）过多地干预。教育的本意即为引导，由于父母知之在先、知之较多，恰到好处地给子女在学习与生活中给予指导与帮助，不仅应该，而且必要。但凡事要有度，过多地干预孩子的学习与生活，其结果是孩子在父母的干预下变得被动、消极、顺从、怯懦、自卑、依赖、口是心非或固执、冷漠、偏激、刚愎自用。但在实际生活中，深圳市的家长们却仍然在教育方法上陷入干预过多的误区。他们对孩子的兴趣爱好、交朋结友甚至穿衣打扮、休息学习都要面面俱到地插上一手，将子女的可塑性、主观能动性纳入自我设计的一厢情愿之中。我们曾用问卷问家长"你对孩子的学习与生活之事"怎样看待，在 803 位回答的家长中，有 468 位家长回答："不管大小，都了解、作主，以免孩子走错路。"其实，任何人的人生之路都靠自己走，如果父母是一盏航灯，只需在暗礁处给子女指引航道，如果父母是一架人梯，只需将子女举过肩头让他自己登攀，而不是拉着子女走你的路。

（5）重言教轻身教。面对"在对孩子作出某项要求前，你怎样做"这一问题，有 35％的深圳父母认为，"父母和子女应有所区别，对子女应严格些"，有 21％的家长只是"有时候能先做到"。华富小学有一位女学生，经常在母亲面前撒谎，母亲教育她不能撒谎骗人，她说："爸爸都可以骗你，我为什么不可以！"只是口头上教育子女而不在实际中做子女学习与生活的榜样，是深圳市一些家庭教育方法的又一个误区。而实际上，家庭教育主要是一种潜移默化的榜样教育，父母的一言一行都在无声地影响和教育子女。所以作为家长来说，希望孩子具有什么品质、修养，自己首先应该具备这些品质、修养，正子先正己，使自己的言行、举止、仪态、作风，为人处世和各方面的表现，都能对子女起示范作用，潜移默化地引导孩子健康成长。

（三）生命课堂理念观照下的家庭教育对策建议

"生命课堂"就是指师生把课堂生活作为自己人生的一个重要的构成部分，师生在课堂的教与学过程中，既学习与生成知识，又获得与提高智能，最根本的还是师生生命价值得到了体现、健全心灵得到了丰富与发展，使课堂生活成为师生共同学习与探究知识、智慧展示与能力发展、情意交融与人性养育的殿堂，成为师生生命价值、人生意义得到充分体现与提升的快乐场所。

"生命课堂"的本质就是以生为本，它以尊重生命为前提和基础，以激励生命为手段和方法,以成就生命为出发点和归宿。"生命课堂"倡导的以生为本,指的是教育要赏识生命、激励生命、成就生命,要因材施教,要尊重学生的个性,要发展学生的个性,把培养人、促进每一位学生人格的健全发展作为教育的出发点和归宿。

依据"生命课堂""赏识生命、激励生命、成就生命""尊重个性,发展个性"的核心价值理念,结合我国当前家庭教育的实际,对我们的家庭教育提出如下建议:

(1)加强宣传教育工作,提高全社会对家庭教育本质与功能的认识,树立科学的家庭教育价值观。家庭教育的本质与功能主要就是育人,"成人在家庭,成才在学校",我们要充分发挥家庭教育的育人功能,紧紧抓住"人"这个核心,充分重视孩子的主体性、积极性和创造性,培养孩子的健全心灵,这才是我们家庭教育的根本。因为在同样的环境和条件下,每个孩子发展的特点和成就,主要取决于他自身的心理素质,取决于他心灵是否健全,这是因为只有孩子具有了健全的心灵,才可能有目的地主动地去发展自己,自觉确定预定目标并为实现预定的目标克服困难、自觉奋斗,这是健全心灵推动人发展的高度体现。所以,"生命课堂"倡导的家庭教育,就是要求家长有意识地在日常生活中,通过言传身教、情感交流等方式,对子女施以一定影响,促进孩子身心的健康发展,并且逐步将其内化成为自己的人格力量,进而去丰富自己的精神世界,促进自己精神力量的成长,使自己成为一个立于天地之间的具有健全人格和伟大精神力量的人!

(2)加强领导与组织。家庭教育不只是家庭行为,而且是社会行为,不能只靠各个家庭自发地教育子女,必须发挥社会力量,提高家长素质,改善家庭状况,从而提高家庭教育水平。要搞好家庭教育,需要建立一个由政府宏观部署、社区微观调控、教育部门(各类学校)为枢纽、千家万户为细胞的家庭教育网络,来有效地实施家庭教育。

(3)加强家庭教育立法。明确规定家长教育子女的责任、家庭教育的原则、内容与方法、要求等,并进行社会监督。

(4)加强家庭教育科学研究。成立家庭教育研究会,在教育科学研究单位设立家庭教育研究课题,开展科学系统家庭教育理论与方法的研究,为领导部门提供决策参考,组织各种家庭教育研讨活动,出版系列教材等。

(5)以学校为骨干,办好家长学校,提高家长的教育水平,加强学校教育与家庭教育的配合。学校是专门的教育机构,拥有教育资源的优势,同时又有通过学生有效地动员和组织家长参加学习的有利条件,应充分发挥教育主干作用。教育家长不仅能取得家庭教育的良好配合以提高学校教育质量,而且也提高了社区人口的素质,是对社会精神文明建设的一份贡献。目前,家长学校还有待系列化和规范化,扎实开展活动与不断提高质量。应设立家庭教育中心,培训家长学校师资,逐步建设起与学校教育配套运作并与社区精神文明建设紧密结合的家长学校体系。

参考文献:

[1]《辞海》编辑委员会.辞海[M].上海:上海辞书出版社,1980.

[2]赵忠心.赵忠心谈家庭教育[M].北京:中国检察出版社,2001.

[3]李天燕.家庭教育学[M].上海:复旦大学出版社,2011.

[4]邓佐君.家庭教育学[M].福州:福建教育出版社,1995.

[5]夏晋祥."生命课堂"理论价值与实践路径的探寻[J].课程·教材·教法,2016(12):91—97.

[6]夏晋祥.论生命课堂的本质、特征及其教学目标[J].中小学教材教学,2017(7):20—24.

(本文主要内容发表在《特区教育》1996 年第 4 期,内容略有增删。)

六、"生命课堂"与高职院校
思想政治理论课教学改革

　　教育是培养人的,而人存在的意义恰恰就在于实现人的生命价值,因此领悟生命的真谛,追求生命的意义才是教育的真义。教育中的师生关系不是"人—物"关系,而是"人—人"关系、"你—我"关系,否则就会陷入把一方当作物来操作的境地。思想政治理论课课堂教学应该是学生通过自己独特的认知方式和生活经验构筑知识和人生价值理念的过程,是师生之间、同学之间通过现实的交往互动探索生命的意义、寻找生命智慧的过程。但事实上我们很多思想政治理论课已成为思想政治理论知识的背诵记忆和考试的场所,使受教育者处于自然逻辑与生活逻辑的双重背离之中,处在生活世界中的受教育者被动机械地占有知识,却遗忘了对生命的关注,使师生的课堂生活变得单调、压抑、沉闷、缺乏应有的师生生命活力。思想政治理论课课堂教学改革的讨论由来已久,其不足主要体现在教育的观念、内容、方法与手段的不适应上。导致思想政治理论课效果低下的原因是复杂的,既有思想观念的问题,也有社会体制的原因,更有教学条件、环境与水平的制约。本文依据新课程改革的有关精神,结合思想政治理论课及高职类大学生的实际,就大学生思想政治理论课"生命课堂"的构建,提出几点改进的策略。

(一)思想政治理论课"生命课堂"的内涵及其特征

　　思想政治理论课课堂教学模式体现为二种典型的客观存在,一是课堂教学模式的"实然"存在,二是课堂教学模式的"应然"存在。从"实然"来看,它体现为"知识课堂",从"应然"来看,则体现为"生命课堂"。所谓"知识课堂"是指在"知识中心"思想指导下所形成的思想政治理论课课堂生活,它把丰富多彩的思想政治理论课课堂生活异化成为一种单调的"目中无人"的缺乏生命气息的以传授知识、完成认识性任务作为中心或唯一任务的课堂教学模式。而"生命课堂"就是指师生把课堂生活作为自己人生生命的一段重要的构成部分,师生在思想政治理论课课堂的教与学过程中,既学习与生成知识,又获得与提高智能,最根本的还是师生生命价值得到了体现、健全心灵得到了丰富与发展,使思想政治理论课课堂生活成为师生共同学习与探究知识、智慧展示与能力发展、情意交融与人性养育的殿堂,成为师生生命价值、人生意义得到充分体现与提升的快乐场所。

要了解思想政治理论课"生命课堂"的特征,比较思想政治理论课"生命课堂"与"知识课堂""智能课堂"的差别,不妨先来看一个比喻:比如要让学生掌握"1+1=?"这一知识点,不同的教师就有不同的教法:一种教师会直接告诉学生"1+1=2";还有一种教师会启发学生说"1+1=?";第三种教师会设置一个学生预想不到的富有挑战性的问题"1+1=0"去激励学生自己带着自己的价值、体验、理解去主动思考、讨论、探索。我们认为第一种为"知识课堂",第二种为"智能课堂",第三种为"生命课堂"。从以上的比喻我们可以概括出"生命课堂""知识课堂""智能课堂"包括的几个特征:

(1)从教育价值取向上看,"知识课堂"强调知识本位,"智能课堂"强调智力与能力,"生命课堂"则不仅强调知识与智能,更加重视的是学生的情感、意志和抱负等健全心灵的培养,更加关注师生生命的发展。

(2)从教学目标上看,"知识课堂"教师的教和学生的学在课堂上最理想的进程是完成教案,而不是"节外生枝","智能课堂"则在此基础上达到发展智力能力,"生命课堂"则既看预设性目标,更看生成性目标,鼓励学生在课堂教学中产生新的思路、方法和知识点。课堂教学中教师的主要任务不是去完成预设好的教案,更加重要的是同学生一同探讨、一同分享、一同创造,共同经历一段美好的生命历程。

(3)在教学方式上,"知识课堂"的课堂教学重"教"不重"学",学生的学习方式是被动学习,教师"教"学生"背和记"。"智能课堂"的课堂教学重视教师的"导",学生跟着教师和教材的思路"学"。"生命课堂"的课堂教学不仅有"教"、有"导",更加重要的是倡导教师要去积极地创设情境,激励学生自己去"自学",学生的学习方式是学生主动地学、互动地学、自我调控地学。

(4)在教学内容上，"知识课堂"强调吃透教材，"智能课堂"则要求在掌握教材知识的基础上发展智能，"生命课堂"则倡导不仅要让学生掌握教材的知识，更为重要的是要善于将课堂教学作为一个示例，通过教材这个载体、通过教室这个小小的空间把学生的视野引向外部世界这一无边无际的知识的海洋，通过"有字的书"把学生的兴趣引向外部广阔世界这一"无字的书"，把时间和空间都有限的课堂学习变成时间和空间都无限的课外学习、终身学习。

(5)对教学过程，"知识课堂"体现的是教师负责教，学生负责学，教学过程就是教师对学生单向的培养过程，"智能课堂"则体现为在知识传授的过程中，会关注学生的智能发展，而"生命课堂"倡导的教学过程不仅是一个传授知识、发展智力的过程，更重要的还是一个师生合作学习、共同探究的过程，激励欣赏、充满期待的过程，心灵沟通、情感交融的过程。

(6)对教学结果，"知识课堂"重视的是学生"学会"。"智能课堂"重视的是学生"会学"。"生命课堂"倡导的是不仅要看学生学到了多少知识，有没有"学会"，还要看学生有没有掌握学习的方法，会不会学。同时，更加重要的是还要看学生通过课堂教学，他们的求知欲望有没有得到更好的激发，学习习惯有没有得到进一步的培养，学生的心灵是不是更丰富、更健全了。

(7)在师生角色特征上，"知识课堂"上的教师角色是知识的权威，课堂的主角，是演员，学生的角色是无知者，课堂的配角，是观众。"智能课堂"上的教师角色是学生的引导者和"导师"。学生是被引导者和学习者。"生命课堂"倡导的教师的角色是学生学习的激励者、组织者和欣赏者；学生的角色是主动者和探索者，是课堂的主角，是演员。

(8)在师生关系上，"知识课堂"中的师生关系是主宰与服从、控制与被控制的关系。"智能课堂"中的师生关系是引导与被引导的关系。"生命课堂"倡导的师生关系是民主平等合作的关系，教师是平等中的首席。

(9)在评价与管理上，"知识课堂"体现的是教师对学生的单向评价，评价的主要功能是奖惩。"智能课堂"评价的主体也体现一元化，评价的内容不仅有知识的评价，还包括对学生智能发展的评价。"生命课堂"倡导评价多元化，包括主体的多元、对象的多元、内容的多元和手段与方法的多元等。

(10)在课堂文化上，"知识课堂"体现的是社会主导的文化价值，表现于课堂上的是圣者、贤者、智者的至理名言、感人教诲。"智能课堂"已开始关注学生的感悟与体验,但表现于课堂上的主要还是社会主导的文化价值。"生命课堂"倡导的是一种充分体现学生个性与风采的课堂文化,表现于课堂上的文化主体是学生的感悟和价值追求,是学生的诚挚话语,是优秀学生中蕴涵着的优秀品质的集中体现。这种课堂文化平易近人、容易理解、切合实际而非高高在上、脱离实际、深奥难懂! 这种课堂文化更容易融通学生、亲切学生、激励学生!

　　我国的思想政治理论课课堂形态尽管一直都存在着对"以学生的长远发展、健康发展和全面发展为本"的生命课堂理想追求,但现实中的课堂形态的主体实质是一种知识课堂,体现为教师对学生单向的"培养"活动,教师负责教,学生负责学,以教为中心,学围绕教转,教学的双边活动成为单边活动,教学由共同体变成了单一体,"学校"成为"教校"。思想政治理论课知识课堂忠诚于知识,但却忽视了人的实际需要;追求教师教学的可操作性,却忽视了学生的创造性;体现了社会的科技体制理性,却没有了师生的精神交往。其结果,是思想政治理论课的"教"走向了其反面,成为"学"的阻碍力量,使课堂教学逐渐教条化、模式化和静止化,最终导致思想政治理论课课堂教学的异化。教师越教,学生越不会学,越不爱学。这不仅弱化了学生的主体意识,学习的主观能动性也无法充分发挥出来,而且学生的情感被忽视,生命的灵感被抽象化,学生的创新意识和创造性受到了遏制。传统的思想政治理论课知识课堂所固有的弊端在新的历史发展时期逐渐暴露出来并因此陷入困境。

(二)政治理论课"生命课堂"构建的基本原则

　　思想传统的思想政治理论课,其缺陷包括:(1)只把受教育者当作道德规范的受体,很少去关注受教育者自身的心理世界和主体需要,以至在思想政治教育中,强调的是思想政治理论的学科体系,而不是从学生内在的道德状况及需要出发;(2)或者总是抱怨学生"一代不如一代"抱怨学生"这个不行""那个不是",死守过去已有的经验和教条,而不是从时代的发展变化来把握当代学生的发展变化;(3)思想政治理论教育内容泛政治化倾向严重,思想政治理论教育跟着时事政治走,让学生感到无所适从,致使教育者和受教育者之间难以理解与沟通,教育缺乏应有的效果。

1. 思想政治理论课从"知识课堂"走向"生命课堂"，首先必须做到"目中有人"

灌输者和教育者主要的不同，在于他们对人的态度。无须讳言，传统的思想政治理论教育，受教育者一方是极其被动的，教育者只关注普遍的思想政治理论原则、规范，而忽视学生的生命经历和经验、生命感受和体验。引导和共同建构的思想政治理论教育，不仅注重思想政治理论教育的社会功能，也重视思想政治理论教育的个体功能，一方面注意社会的道德规范准则，另一方面更加重视受教育者个体的内在需要，因势利导，使受教育者成为思想政治理论教育的共同参与者和积极建构者，只有体现学生的主体性、主动性，才能实现知、情、意、行的统一和学生的自我教育。因为思想政治理论并不是目的，"而应看成是通向美好生活的一种手段，无论对我们自己还是对他人而言都是一样的"。教育者只有认识到这一点，才会做到"目中有人"。充分尊重学生的主体地位，自己的角色也会发生转变，由一个训导者转变为一个导师、一个朋友、一个热心的助人者。

2. 应遵循"主体性"与"活动性"相结合的原则

所谓主体性原则，就是将学生视为一个个有血有肉、有思维有情感的生命主体。生命是在生活中展现、在生活中成长的，关注学生个体生命的健康成长，就一定要回到学生的生活世界中。活动是生活的载体，关注生活就要关注活动，将学生带入能使他们真正获得生命感动的活动中去，成为他们人生的阅历，即内化成他的人生信念。

学生想做有道德的人，重要的在于体悟，而非思想政治理论知识和技巧，而体悟是在真实生活和具体情境中产生的。所以，学校思想政治理论教育的有效途径是能引起学生生命感受的活动。因为活动的本质特征是个体的主动参与。活动过程是活动主体的个性创造力双向对象化的过程。一方面，通过活动，个性的创造力、情感、天赋、审美鉴赏力等得以表征、凝固在活动过程中和活动结果中。另一方面，通过活动，又丰富着、发展着个体的潜能、情感和素养。心理学研究也证明，没有活动经验的支持，学习到的任何知识，在社会实践面前都不会摆脱纸上谈兵的命运。只有经验过的世界，人们才可能建立真正的自我把握感和自我胜任感，有自我把握感和自我胜任感的支持，才会在情境适当时显示出才能。活动经验的作用是不可代替的，学生活动经验越广泛，实践锻炼的机会越多,智力的发展就越好,能力获得就越巩固,人生的情感体验就越丰富。所以说思想政治理论教育不仅需要提供知识,更需要提供广泛的经验世界,以利于学生智能、道德的发展。

开展这样的活动,首先要尊重学生,知道学生在想什么,学生的喜怒哀乐是由什么样的活动牵引出来的,基于此而开展的活动才会引起学生的共鸣,才能在活动中调动学生的主体性。学生在活动中真正"动"了起来,感受道德,选择行为方式,践行道德,并在活动中发展品德,这样的活动才是真正的思想政治理论教育活动。思想政治理论教育之所以强调实践性,实质在于人只有不断地实践,才能不断地丰富经历,丰厚经验,丰富人生体验,才能不断地发展人际生态情感与能力,才能使人的一生得到更好的发展,进而促进社会的发展。

3. 应遵循"序列性"与"适切性"相结合的原则

遵循"序列性"与"适切性"相结合的原则,是指思想道德教育应遵循青少年儿童年身心发展规律及思想品德的形成规律,按由浅入深的原则构建,形成一个循序渐进的序列,以避免出现"小学接受大道理深奥不懂""大学接受小道理幼稚不听"的现象。同时还应根据不同年级学生的心理特征,施以适合他们的思想政治理论教化及行为规范养成的教育,也就是将"序列性"和"适切性"相结合,使我们的施教可以走进学生们的心中。

4. 应遵循"就近性"与"载体性"相结合的原则

"就近性"是指将思想政治理论规范和实际生活联系起来,贴近生活,贴近学生,从生活中来到生活中去,使学生有一种亲近感,而非是高不可攀。所谓"载体性"原则,即是将空洞的条文附着在生动形象的物体上,让学生有看得到、摸得着的实在感。将"就近性"和"载体性"的原则结合起来,就是避免思想政治理论"高、大、空"而实现"近、小、实"的有效途径。为此我校思想政治理论课课程的老师依据课堂教学改革的有关精神,结合深圳特区和学院本身的实际以及高职生的特点,积极进行了院本教材的建设,编写了充分体现"三同"即"同城、同龄、同群"和充分体现"三贴近"即"贴近实际、贴近生活、贴近学生"的校本教材,使高职院校学生能够生活化、情感化、激励化地学习。

5. 要遵循从学生实际出发的原则

特别是当思想政治理论学科体系和学生的内在道德状况及实际需要不一

致时,更应该是尊重学生的实际需要和现有水平,尊重学生,选择学生可接受的有启发教育意义的教育内容。从学生实际出发还要求结合学生的专业实际进行,如多进行职业道德、信息道德、网络道德内容的教育等。

(三)思想政治理论课"生命课堂"的构建

构建思想政治理论课"生命课堂"牵涉的因素很多,包括教育观念、体制、条件,还有课程的设置、教材的编排、学生天赋及身体条件、家庭与社会环境、学生原有的基础、学习兴趣、学习能力和方法以及学生同教师之间的关系等。思想政治理论课"生命课堂"的构建,最根本的是依靠教师,教师是"生命课堂"的主要实施者,是构建"生命课堂"的决定因素。

思想政治理论课"生命课堂"的构建,学生的积极活动是其实现基础。因为活动是学生发展的源泉与动力,学生主体活动是学生认知、情感、行为发展的基础。"活动"与"发展"是教学的一对基本范畴,"活动"是实现"发展"的必由之路。无论学生思维、智慧的发展,还是情感、态度、价值观的形成,都是通过主体与客体相互作用的过程实现的,而主客体相互作用的中介正是学生参与的各种活动。教育要改变学生,就必须首先让学生作为主体去活动,在活动中去完成学习对象与自我的双向构建,实现主动发展。从这个角度看,教育教学的关键或直接任务,是要创造出适合学生的活动,挖掘教学中的活动因素,增强教学的开放性和实践性,拓展学生的时空。同时给学生提供适量的活动目标和活动对象,以及为达到目标所需的活动方法和活动条件。

构建思想政治理论课"生命课堂"的具体操作策略是:"知识靠体悟""能力靠互动""情感靠熏陶"。这种操作策略要求打破以教师、课堂、书本为中心,以讲授为主线的教学套路,构建以学生主动参与、积极活动为主线的教学模式。这种教学模式的核心就是创造全体学生都积极参与学习的条件,让学生在主动参与中获得直接的知识和经验、提高智能、心灵得到更好的发展。如我们在思想政治理论课课堂教学实践中构建的课堂教学构建了"读(看)、议、讲、用"思想政治理论课"生命课堂"课堂教学新模式,即把思政课课堂教学的环节分为"读、议、讲、用"四环节:"读(看)"即结合思政课教学内容让学生阅读(观看)各种有代表性的相关案例、资料、视频等;"议"即学生通过阅读(观看)后对产生的各种问题先自己思考后再将不懂的交到小组讨论,小组不能解决的再拿到全班讨论,全班学生不能解决的教师也可以参与讨论;"讲"即教师根据学生学习情况,依据知识、能力、情感态度价值观三维目标的要求,对学生在学习过程中没有涉及或完成的三维目标问题提出来,让学生再讨论或由教师直接解答;"用"即学生将学到的知识、原理和方法,去解决现实生活中存在的各种实际问题。

这种教学模式前面三个环节都是以学生为主,充分激发了学生学习的积极性和创造性,使学生的生命潜能得到了充分的发挥。在学生充分的读与议后,教师也充分了解了学生的精神生命的存在状态,为老师的下一步的"讲"提供了充分的依据。后一个环节则体现了教师的引导作用。整个教学环节充分体现了"以学为主,先学后教,以学定教"的新课改精神。这种思想政治理论课课堂教学新模式,教师的主要作用体现为创设情景,将生活引入课堂,同时又将课堂向生活开放,成为学生学习的组织者、帮助者、激励者和欣赏者。而整个教学过程都是以学生为主,学生学习的自觉性、主动性、积极性都充分发挥出来,学生的创造、需要和情感都充分地在课堂教学中展示出来。这种课堂,由于师生的生命价值都得到了充分体现,课堂也就成为学生应用知识进行表演的舞台,成为师生能力发展与智慧展示的场所、情意交融与人性养育的殿堂!

参考文献:

[1]夏晋祥.从"知识课堂"到"生命课堂":课堂教学改革的必然趋势[J].深圳信息职业技术学院学报,2009(3):1.

[2]夏晋祥."生命课堂"理论价值与实践路径的探寻[J].课程·教材·教法,2008(1):26—30.

[3][加]克里夫·贝克.学会过美好的生活——人的价值世界[M].詹万生,译.北京:中央编译出版社,1997.

[4]刘慧,朱小蔓.多元社会中学校道德教育:关注学生个体的生命世界[J].教育研究,2001(9):8—12.

[5]黄根东.活动与发展:活动教学实验研究[M].北京:学苑出版社,1999.

(本文发表在《深圳信息职业技术学院学报》2012年第4期)

七、"生命课堂"与高职院校
学生人文精神的培养

　　教育的本质是培养人的活动,教育的终极功能是培养人的健全心灵、高尚的品德,这在教育学界早已无异议。但职业教育本质是什么,尤其是短期的职业教育本质是什么? 这个问题不仅在职业教育的实践中,职业"教育"的活动已离教育的本质限定越来越远,而且在理论上也并不是每个从事职业教育的同志都十分清楚明了。所以当2004年7月教育部关于高职教育逐步由三年制过渡到二年制为主的政策出台后,引发出来人们对高职教育的性质与定位的认识和看法是不一样的。有些同志认为,高等职业教育学制缩短后,由于教学时间减少了,高职教育应重点突出"实用",传授贴近岗位需求的专业技能,相应的理论课和文化课就要有所减少。也有的同志认为,既然是短期的"职业技术"教育,那么"职业技术"的培养就是根本。而我们认为,学制缩短后,文化课和理论课可以有所减少,学生专业技能的培养也必须加强,但高职类学生人文精神的培养同样也不能削弱,并且必须加强,否则就是高职教育人文精神与知识技能教育的本末倒置。这是因为,第一,培养人格健全、和谐发展的人是教育的最根本的也是最终极的目的,教育(不管是普通教育还是职业教育还是其他什么教育)传授知识、培养技能都是为人的发展服务的。教育的根本价值是一种对人的关注、关怀与提升,把人(包括教师和学生)当成人的最高目的。培养人是教育的最本质特点,人文教育是高等职业教育的根本和灵魂。重技能轻人文的教育之所以讲它是一种本末倒置的教育,其原因就在于这种教育把工具性的目标当成了根本的目标,把工具性的质量当成了根本的质量。第二,高等职业教育轻视对学生人文精神培养的现实已使学生可持续发展能力受到制约。在当前就业压力越来越重的情况下,高职院校有意无意地忽视了人文教育,很多高职院校的专业设置、课程教学都是围绕市场转动,将学校变成了职业培训的场所,忽视了学生人文精神的培养。高职院校的人文课程除开设"两课"外几乎是一片空白,即使有,也只是简单地开设了几门选修课。这种现状导致了学生人文知识、人文精神的欠缺,而学生人文知识的欠缺势必会导致"半个人""工具人"的出现,而一个缺乏人文情感、缺乏人生理想、缺乏人文精神追求的人也必定是缺乏可持续发展的能力的。正如爱因斯坦所说:"用专业知识教育人是不够的,通过专业教育,他可以成为一种有用的机器,但是不能成为一个和谐发展的人,要使学生对价值有所理解,并产生强烈的感情,那是最基本的。他必须对美和道德上的善有鲜明的辨别力,否则他连同他的专业知识就更像一只很好训练的狗,而不像一个和谐发展的人。"第三,高等教育从精英教育走向大众化教育的现实,已使大学生的角色由"天之骄子"转变成为普通大众,高职毕业生将成为社会各行各业最普通的劳动者,高职类院校面对着那些考分低、掌握现代科学文化知识相对较少或不会掌握或不愿掌握的高职学生,加强"为何而生"、如何做"人"、生命的意义与价值的人文教育进而去推动学生掌握"何以为生"的知识和本领,比单纯地强调专业技能的教育意义与价值要重要得多、有效得多!第四,面对着那些在基础教育阶段学习基础没有打牢、比较缺乏科学学习兴趣、比较没有学会学习又比较不被家长、老师欣赏的高职学生,总之一句话,面对着那些在基础教育阶段遭受过或重或轻心理挫折的高职学生,更需要高职类院校教师"以生为本,以学定教",富有人本情怀,"赏识生命,激励生命,成就生命",给自己的学生更多的人文教育关怀与补偿,以便重新去树立他们的自尊心、自信心,重新去唤醒他们的那份对科学对学习对事业的强烈渴求!

(一)高等职业教育人文教育缺失的归因简析

导致高职类院校重技能轻人文,其原因是复杂的,概括起来可分为如下几点:

1. 传统农业经济时代人们视野"近视化"惯性的负面影响

在落后的农业经济时代,生产和技术都非常落后,彼时彼刻,人类生存与生活的紧迫是显而易见的,解决温饱成为当时的人们一个最为现实的追求目标。在这样的社会经济条件下,人类不可能去想得太多、想得太远,人类考虑问题都只能是从自身生存与生活的角度与标准出发,从自身面前的利益出发,"近视化"地思考问题与解决问题。而传统农业经济时代人们视野"近视化"负面的惯性,一直影响延续到今天的许多人。并且人类"为生存而战"的历史,是一个漫长的历史过程,即使是历史发展到今天,人类社会并未完全地脱离"为生存而战"的现实,放眼看当今世界,生活在饥饿、贫困下的人们并不是一个小数目,所以这就不难理解,为什么我们现在的许多高职类院校(包括许多其他普通学校的教育),还在唯分数、唯技术、唯就业而"目中无人"! 实实在在地,教育的压力来自社会的压力、生存的压力,教育的竞争来自社会的竞争、生存的竞争!

2. 工业革命时代的"专业化"导致的负面影响

工业革命最伟大的成就是解决了温饱问题,但随着工业化时代的到来,流水线、标准化也成为这个时代的代名词,机器的每一个部件需要掌握这一个部件技术的熟练工人来操作。这样就使有的人可能一辈子只关照着某一个产品的某一项操作技术,使人成为流水线的一部分,成为机器的附庸。于是乎,工业化带来的这种极端的专业化、专门化便成为一种自然而然的模式。"个体本身也被分割开来,成为某种局部劳动的自动的工具。"

在这样的社会条件下,作为服务于社会的教育,就必须满足社会的需要,经济发展需要什么知识、技能,教育就必须去传授什么知识、技能,从而导致专业越分越细,人的知识结构越来越窄,人的发展越来越片面。"精神空虚的资产者为他自己的资本和利润欲所奴役;律师为他的僵化的法律观念所奴役……一切'有教养的等级'都为各式各样的地方局限性和片面性所奴役,为他们的肉体上和精神上的近视所奴役,为他们的由于受专门教育和终身教育来束缚的这一专门技能本身而造成的畸形发展所奴役。"快乐的传统人已经消亡,人类的精神家园日渐荒芜,人们开始对他们生活的意义及社会规范产生了怀疑和不确定的感觉,感到自己无根,没有归宿,工业革命带来的是"心灵漂泊的"失落的个人! 教育也开始失去灵魂,沦落为将人工具化、奴隶化的手段和工具,教育的对象也失去了灵魂,成为工具,成为奴隶,成为没有人格和独立性的表面上的人。工业革命时代带来的"专业化""专门化"的分工,却导致了现代技术和人文精神的背道而驰!

3. 当今高科技时代过分"功利化"导致的负面影响

人生活在这个世界上,必须生存,必须生活,所以必须去追求一定的物质生活条件,这是很正常的。当今的时代,掌握了一门技术便有了生存的依据,便有了个人立足之地;一个国家也如此,掌握了高精尖的科学技术,便在世界上有了生存的依据,便在世界上有了立足之地。而科学技术(尤其是高新技术)又是能如此迅速地改变人们的生存与生活状况、改变一个国家的国际地位,于是人们似乎明白了这么一个道理:科技可以快速地解决人们的生存与发展的问题,科技甚至可以解决人类的一切问题,因为科技具有无限发展的可能性,如果问题还没有得到解决,那是科技还不够发达,如果出现了不好的结局和负面的影响,那也还要依赖科技的进一步发展才能得到根本的解决。人类对科技的作用如此地盲从,甚至把科技当成了解决人类问题的"万能钥匙",这就难怪高职教育如此重科学技术轻人文精神了,以至于高职教育被深深地"异化"了! 在我们的教育中最根本、最重要的"人"不见了!

　　然而,过于急功近利、过分追求外在功利的高职教育,它只给受教育者在生物界竞争与强大的本事,但却难以赋予人精神上的寄托,让人的灵魂难以安顿;它只给人以种种"武器",却没有使人树立起做人的理想、理念与境界。然而,离开人,再发达的教育,都因其失去了根本而如同大厦建于沙滩,是虚幻的、危险的。其实,教育的目的有两种:一种是"有限的目的",即指向谋生的外在的目的;另一种是更为重要的"无限的目的",即指向人的自我创造、自我发展、自我实现的内在的目的。但当代教育的主要宗旨只是教人去追逐、适应、认识、掌握、发展外部的物质世界,着力于教会人的是"何以为生"的知识与本领。它放弃了"为何而生"的内在目的。它不能让人们从人生的意义、生存的价值等根本问题上去认识和改变自己,它抛弃了塑造人自由心灵的那把神圣的尺度,把一切教育的无限目的都化解为谋取生存适应的有限目的。教育的这种"外在化"弊病,造成了人只求手段与工具的合理性,而无目的的合理性;只沉迷于物质生活之中而丧失了精神生活,只有现实的打算与计较而缺乏人生的追求与彻悟,失去了生活的理想与意义。人性为技术与物质所吞没。从而使我们的高等职业教育没有引领学生去探心灵宇宙、悟时代使命、会文理于一身,导致高职学生成为只会谋生却不知为何要谋生、谋生的目的是什么的人,成为为生计算计小利而不是行走天地之间的大写的人!

(二)高职类院校人文教育实践路径的探寻

　　做什么是重要的,但更重要的是应该怎么去做。人文教育的重要性是不言而喻的,问题是在当前高职教育学制缩短、人文教育课程减少但人文精神却要加强的情况下,应当如何来做?

其实,多不见得好,少也不见得就一定不行,做任何事情的关键在于观念到位、制度与措施到位、条件与行动到位,要搞好高职人文教育也一样不例外。

首先,要搞好高职人文教育,前提性的条件就是要观念到位,不要望文生义,认为高等职业技术教育理所当然主要是传授知识、培养技能,是一种职业"技术教育"。否则的话,高职教育重技能轻人文就成为天经地义的了。而实际上,对高等职业技术教育的这种认识是错位的,它只看到了高等职业技术教育的部分表象,并没有看到其本质。诚然,培养技术型人才是高职院校的教育目标,但一个只懂技术而缺乏人文精神的人是片面的甚至是危险的,"技术型人才"的根本首先他必须至少是一个合格的人,否则,高职院校充其量只是一个培养"工具性"人才的作坊。高等教育一旦遗忘了人文知识和人文精神,就等于失去了灵魂。而缺乏人文知识和人文精神的"人才",对其自身而言,缺乏可持续发展的能力;对社会而言,缺乏促进与推动作用甚至会带来相当大的危害!

其次,要搞好高职人文教育,必须建立独立的高职类院校人文教育课程体系。课程是为培养社会需求的人才规格和要求而设计的方案,是教学的基础与核心,是有目标内容的系统科学的教育方案,它是由多个元素(包括科目、教学计划、教学大纲和教材)组成的人才培养方案。而人文课程则是指培养社会需求的合格的"人"的规格和要求而设计的教育方案。

课程体系建设是一个并不简单需要我们去进行长期深入研究解决的问题,所以,在此我们对高职类院校学生人文教育课程体系先作初步构想,待今后作更深入的研究。

在过去长期的职业教育实践中,我国高等职业教育人文教育课程体系基本沿用的是我国高等专科教育的课程体系和教学模式,而高等专科教育的人文教育课程体系和教学模式又长期沿用普通本科的人文教育课程体系和教学模式,这一模式一般可称为学科系统化的课程模式。但是通过实践证明,这种学科系统化的课程模式并不适用于高等职业教育,尤其不能适用于今天二年制的高等职业教育,这是由于高职教育与普通高等教育相比存在如下差异:(1)学制不一样。高职学制在缩短,时间在减少。(2)学生不一样。高职学生在知识基础、学习能力、求知欲望等方面与普通院校的学生相比,都有较大的差距。(3)要求不一样。高职学生人文教育不能缺,但在人文知识的多少、人文知识的结构、人文知识的应用等方面与其他院校的学生相比,其要求应是不一样的。正因为如此,所以,高职人文教育应有其独立的高职人文教育课程体系。

那么,应该如何来构建高职类院校学生人文教育独立的课程体系呢? 我们认为,构建高职类院校学生人文教育课程体系首先必须遵循如下几个基本原则:一是人文教育课程目标以企业要求为依据的原则。高职类院校主要的服务对象是企业,课程目标当然应以企业要求作为自己的风向标。二是人文教育课程内容以适合企业需要为原则。高职类院校专业课程内容不是越多越好,而是越有用越好;人文教育课程内容也一样不是越多越好,而是越适切企业的需要越好。三是课程实施过程与职业实践活动紧密结合的原则;人文课程教育必须进行开放性的教学,"走出去,请进来",让学生在实践中主动去感受、体悟自身人文素质对个人及社会发展的重要性。四是课程教学以学生为主体的原则。人文教育要真正体现学生为主体,就必须在课堂教学的程序及各个环节上真正体现"以学为主,先学后教,以学定教"的原则,尊重学生,依据学生,发展学生,把学生的知识经验、情感态度、个性需要作为课程的重要资源。要打破以教师、课堂、书本为中心,以讲授为主线的教学套路,构建以学生主动参与、积极活动为主线的教学模式。这种教学模式的核心就是创造全体学生都积极参与学习的条件,让学生在主动参与中获得直接的知识和经验。五是课程质量评价以学生全面素质为标准的原则。应找准构建高职人文课程体系的参照系。我们认为,在大学、社会、企业三者人文参照系中,企业的人文要求应是我们高职院校人文课程体系构建的主要参照系,这是由于高职教育主要的服务对象是企业。所以,企业对员工的人文要求,就相应地成为高职人文课程体系构建的坐标。

企业需要什么样的"人"呢? 当然,由于企业的性质与要求不一样,对"人"的要求与规格会有所不同,但几乎所有企业对员工的人文素质要求却惊人的相似,有人对"企业需要什么样的人才"进行过专门的调查与研究,得出的结论是企业挑选员工的第一条标准都是应聘者应具有良好的品德,应具备做人的基本素养、能够与人相处,应是人格完善的人。对此,我们依据有关课程理论,根据企业对员工的人文要求是高职院校人文课程体系构建的主要参照系的原则,结合高职人文教育的特点,我们认为,高职人文课程体系可以包含如下主要四个模块:(1)人文基本知识与人文精神模块,主要包括文、史、哲的基本知识与人文精神、心理素质修养的陶冶等。可以通过开设"通识教育""人文讲座""心智修炼"等院本课程来进行这一模块的教育。(2)个人规范及价值取向模块,主要是指个人思想、道德、行为方面的要求与规范及个人理想价值的追求。可以通过开设国家规定的"思想道德修养"课程来进行教育。(3)社会规范及社会主流价值模块,包括法律、马克思主义中国化的理论等。可以通过开设国家规定的"法律基本知识""中国化的马克思主义理论""时事政策"等方面的课程来进行。(4)由于不同的企业有不同的企业文化,有不同的对员工的思想、道德、性格和行为习惯等方面的要求,所以不同的系别、不同的专业还可以根据不同企业文化结合专业特点开出"企业文化"等"系本课程",通过不同的企业文化案例来介绍不同的企业文化对员工的不同要求、不同的企业岗位对员工的不同要求。如对会计专业的学生,企业对学生的人文素质要求可能更强调忠诚、规范、严谨和细致;对艺术类专业的学生,企业对学生的人文素质要求则更强调创新、开拓与凸显个性……

再次,要搞好高职人文教育,必须加强高职教育教学的教育性。这一条对于在当前高职教育学制缩短、人文教育课程减少但人文精神却要加强的情况下显得尤为重要。

长期以来,我们的高职教育重"技"轻"艺"、重"知识"轻"素质"、重"理"轻"文",认为高职的课堂教学就是教给学生科技知识、谋生技能,导致一部分高职生"精于电脑,荒于人脑;精于牟利,荒于仁义;精于商品,荒于人品"。造成这种局面一是由于客观时间的影响,更为重要的是观念与认识的不到位。实际上,高职教育中凸显职业性特性的科学技术教育其实是蕴涵着极其丰富的人文教育资源的。数学课可以讲陈景润的痴迷执着、百折不挠;物理课中有居里夫人为了获取镭而表现出来的"历史中罕见的""工作的热忱和顽强";化学可以介绍诺贝尔为了科学而不惜献身的伟大精神……知识是美的,科学家们为了获取真理而展示的理想、毅力和强烈的社会责任心更是一种激励学生向上的强大的人文教育力量。长期以来,在我们的高职课堂教学实践中,存在两方面的不足:一是"朝上"的不足,即教师在课堂教学中仅单纯地传授科学技术知识,对于凝结在科学技术知识背后的人类在发现、探索真理过程中的情感、意志、抱负等精神因素没有去挖掘;二是"朝下"的不足,即教师在传授科学技术知识过程中联系学生面临的各种实际问题不够。这两个"不足",使得教学过程平淡乏味,学生学习缺乏兴趣,更没有学习的榜样可以效仿。其实在每门学科的教学中,都有许多的精神因素可以挖掘,有许多的实际问题可以联系,高职教师在课堂教学中,必须重视对学生人文精神的培养,加强高职教育教学的教育性,充分挖掘凝结在科学技术知识背后的人类在发现、探索真理过程中的情感、意志、抱负等精神因素,促进学生人文精神更健康地发展。

最后,要搞好高职人文教育,必须加强高职人文隐性课程的建设。高职学生人文素质的养成既需要说理教育,更需要潜移默化的环境与实践的陶冶。因此,高职人文教育必须加强高职人文隐性课程的建设。隐性课程包括校园文化与学校开展的各种社会实践活动。

人文精神是人发展的最本质的源泉、最持久的动力,但人文精神的形成不是通过说教实现的,而是通过让人置身于情景中自我体验、自我感悟、相互影响而丰盈起来的。学生的人文精神只有通过实际的活动才能逐渐发展,活动经验的作用是不可代替的,学生活动经验越广泛,实践锻炼的机会越多,人文精神的发展就越好。所以说,教育不仅需要提供知识,更需要提供广泛的经验世界,以利学生人文精神的养成。

因此,要搞好高职人文教育,必须加强人文校园的建设,营造浓郁的校园人文氛围,使校园文化既生动活泼又格调高雅,使学生的精神得到陶冶,人文精神得到进一步的培养。可以从以下方面着手:(1)加强校园自然景观与人文景观设施的建设;(2)举办各种人文讲座、文化艺术节,开展各类竞赛;(3)充分利用网络资源等方面加强人文教育,升华学生人文精神等方面来加强人文校园的建设。同时,还要积极开展各种社会实践活动,让学生在各种社会实践活动中去积极参与、积极思考、深刻体悟,进而去将书本中学到的人文知识内化升华为最持久、最深刻、最动人的人文精神,这种人文精神实际上就是一种精神境界,一种整体面貌,是一种自尊、自信、自谦、自持的精神;是一种关心人、关心社会、关心大自然的情怀;是一种品位,一种人格,一种自强不息、乐观向上、心胸宽广的气质。而这些,正是我们高职教育应该去孜孜以求的,它既是高职教育培养的终极目标,也是高职教育所应发挥的终极功能。

参考文献:

[1][德]马克思,恩格斯.马克思恩格斯全集[M].北京:人民出版社,1972.

[2]鲁洁.通识教育与人格陶冶[J].教育研究,1997(4):16—19.

[3]中华人民共和国教育部高等教育司,全国高职高专校长联席会.点击核心——高等职业教育专业设置与课程开发导引[M].北京:高等教育出版社,2004.

[4]王芳,印步华,兰蓉,等.企业老总谈企业需要什么样的人才——兼谈当前学校人才培养中存在的问题[J].教育发展研究,2005(5):78—84.

(本文发表在《教育理论与实践》2008 年第 24 期)

八、赏识生命 激励生命 成就生命

——"生命课堂"与罗森塔尔效应解析

(一)从一则真实的案例说起

深圳市科学高中是一所深圳市政府创办于 2012 年 3 月 1 日的中国第一所科学高中,旨在培养以数学、工程、技术见长的创新型高中学生。深圳市科学高中从它创办开始,就与深圳中学密不可分,紧密依托深圳中学优秀的师资、课程及管理优势,并且在创办之初,就与深圳中学达成了一项战略合作协议,即深圳市科学高中在创办之初的前三年,每年将在全市录取的中考成绩排在学校前 30 名的学生,全部委托深圳中学培养,三年高中教育结束后,又全部回到深圳市科学高中参加高考。当年深圳中学和深圳市科学高中达成的这一战略合作协议,政府、学校、家长、学生都非常满意,并且都充满期待! 但是,让所有人大感意外的是,三年过后,人们充满期待的结果并没有出现,相反,深圳市科学高中第一年送去的 36 名学生(应一些家长的强烈要求,这一年多送去了 6 名学生),经过深圳中学三年的全过程培养后,他们在高考中的成绩,没有一个进入深圳市科学高中当年全部参加高考的学生高考成绩的前 30 名,而在三年前的中考中,这 36 名学生的中考成绩,却是三年后这所学校所有参加高考的学生成绩的前 30 名呀! 第二年送去的中考成绩排在全校前 28 名的学生,经过深圳中学三年的全过程培养后,他们在高考中的成绩,也只有一个学生的高考成绩进入深圳市科学高中全部参加高考学生的高考成绩的前 28 名,其他学生的高考成绩全部排在了全校学生高考成绩 28 名之后。第三年送去的中考成绩排在全校前 24 名的学生,经过深圳中学三年的全过程培养后,只有一个学生表现非常优异,成绩远远超过其他同学,其他的表现为非常一般,高考成绩全部落后,没有进入深圳市科学高中全部学生高考成绩的前 24 名!

(二)"生命课堂"与罗森塔尔效应解析

1."生命课堂"归因分析

"生命课堂"是指师生把课堂生活作为自己人生生命的一段重要的构成部分,师生在课堂的教与学过程中,既学习与生成知识,又获得与提高智能,最根本的还是师生生命价值得到了体现、健全心灵得到了丰富与发展,使课堂生活成为师生共同学习与探究知识、智慧展示与能力发展、情意交融与人性养育的殿堂,成为师生生命价值、人生意义得到充分体现与提升的快乐场所。

"生命课堂"的本质就是以生为本。在价值观上,"生命课堂"强调教育教学的根本价值是一种对人的关注、关怀与提升,把人(包括教师和学生)当成人的最高目的。"生命课堂"在重视知识与技能的基础上,更加关注师生的生命发展,重视学生的情感、意志和抱负等健全心灵的培养;在教学方法上,"生命课堂"强调教育不是把水灌满,而是将火点燃,倡导教师积极创设情境,激励学生自己内在的潜能,激发学生自己去"自学"!"生命课堂"强调的教学过程是师生合作学习、共同探讨的过程、心灵沟通、情感交融的过程、激励欣赏、充满期待的过程;在教学结果上,"生命课堂"在强调掌握知识(学会)学会学习(会学)的同时,更加重视学生求知欲望有没有得到更好的激发,学习习惯有没有得到进一步的培养,学生的心灵是不是更丰富、更健全了(爱学)。"爱学"是学习结果与学习体验,指学生经过学习产生的变化、获得的进步和取得的成绩,这是"生命课堂"的核心指标。每节课都应该让学生有实实在在的收获,它表现为从不懂到懂、从少知到多知、从不会到会、从不能到能、从没有兴趣到有兴趣的变化上。

在教育教学实践中,"生命课堂"推崇赏识生命、激励生命、成就生命,倡导教师去积极创设情境,去唤醒学生内在的潜能,去培养学生自尊自立自信自强的精神,去丰盈学生的精神世界,促进学生精神力量的成长,使学生成为一个立于天地之间的具有健全人格和伟大精神力量的人!在"生命课堂"教育下的学生,自卑的将变得自信、孤僻的将变得开朗、悲观的将变得乐观、不爱学的也将变得爱学……

而我们传统的应试教育,在教育价值观上,重视知识重视分数而很少去关注学生特别是成绩比较差的学生;教学方法上,重视"教",启发激励少灌输多;在教学过程上,"知识课堂"的教学过程就是教师对学生单向的培养过程,教师只负责"教",缺少师生之间、生生之间的互动与交流,更没有教师对学生的激励欣赏、充满期待;在教学结果上,重视"学会"、重视"刷题"和考试,重视分数和成绩! 传统的应试教育以教为中心,学围绕教转,教学的双边活动成为单边活动,教学由共同体变成了单一体,"学校"成为"教校"。传统的应试教育虽然忠诚于知识,但却忽视了人的实际需要;追求教师教学的可操作性,却忽视了学生的创造性;体现了社会的科技体制理性,却没有了师生的精神交往。其结果是,"教"走向了其反面,成为"学"的阻碍力量。使课堂教学逐渐教条化、模式化和静止化,最终导致课堂教学的异化,教师越教,学生越不会学、越不爱学。这不仅弱化了学生的主体意识,学习的主观能动性也无法充分发挥出来,而且学生的情感被忽视,生命的灵感被抽象化,学生的创新意识和创造性受到了遏制。

　　试想想,一群刚刚被录取到这座城市的一所一般中学的中考成绩在这所学校最拔尖的学生,来到这座城市中考录取分数最高的学校后,他们将会遇到怎样的窘境:他们的成绩在学校是最差的,并且还不是差一点点,而是这座城市中考录取分数最高的学校与中考录取分数处于中游学校的差距! 所以,在正常情况下,在全国、全省、全市、全校上下都在抓高考抓应试抓成绩的大氛围下,在这所集中了全市中考考试成绩最好学生的学校里,这群学生是不会有很多关注的、是不会有很多激励的、是不会有很多期待的……再加上他们本身的一些不足,就导致了他们的自卑、失望、焦虑甚至自暴自弃、不思进取! 而留在原来学校的中考成绩在他们之后的那些学生,他们在老师的很多关注、很多激励、很多期待下,必定是变得越来越自信、越来越自立、越来越自强,而一旦学生具备了这些,则"教"就可以不教了,学生的成绩也将越来越好了!

　　基于以上的分析,我们就不难理解,一所普通中学中考录取成绩排在前 36 名的学生,经过名牌中学三年的全过程培养后,他们在高考中的成绩,没有一个进入这所普通中学学生高考成绩的前 36 名,他们全部落后了! 导致这种结果是因为,从客观上来看,他们被忽视至少是被轻视了,他们的学习兴趣、求知欲望没有得到进一步的激发,自信自尊自立自强的精神没有得到进一步的培养;从主观上来说,他们自卑、失望、甚至自暴自弃、不思进取,主体意识没有得到充分发挥,变得越来越不会学、越来越不爱学了!

　　2. 皮格马利翁效应(罗森塔尔效应)解析

　　古希腊有一则这样的神话故事。塞浦路斯的国王皮格马利翁是一位有名的雕塑家。他精心地用象牙雕塑了一位美丽可爱的少女。他深深爱上了这个"少女",并给她取名叫盖拉蒂。他还给盖拉蒂穿上美丽的长袍,并且拥抱它、亲吻它,他真诚地期望自己的爱能被"少女"接受。但它依然是一尊雕像。皮格马利翁感到很绝望,他不愿意再受这种单相思的煎熬,于是,他就带着丰盛的祭品来到阿弗洛蒂忒的神殿向她求助,他祈求女神能赐给他一位如盖拉蒂一样优雅、美丽的妻子。他的真诚期望感动了阿佛洛狄忒女神,女神决定帮他。

皮格马利翁回到家后,径直走到雕像旁,凝视着它。这时,雕像发生了变化,它的脸颊慢慢地呈现出血色,它的眼睛开始释放光芒,它的嘴唇缓缓张开,露出了甜蜜的微笑。盖拉蒂向皮格马利翁走来,她用充满爱意的眼光看着他,浑身散发出温柔的气息。不久,盖拉蒂开始说话了。皮格马利翁惊呆了,一句话也说不出来。

皮格马利翁的雕塑成了他的妻子,皮格马利翁称他的妻子为伽拉忒亚。

人们从皮格马利翁的故事中总结出了"皮格马利翁效应":欣赏、激励和期待能产生奇迹。

1960年,哈佛大学的罗森塔尔博士曾在加州一所学校做过一个著名的实验。新学期,校长对两位教师说"根据过去三四年来的教学表现,你们是本校最好的教师。为了奖励你们,今年学校特地挑选了一些最聪明的学生给你们教。记住,这些学生的智商比同龄的孩子都要高"。校长再三叮嘱:要像平常一样教他们,不要让孩子或家长知道他们是被特意挑选出来的。

这两位教师非常高兴,更加努力教学了。

一年之后,这两个班级的学生成绩是全校中最优秀的,甚至比其他班学生的分数值高出好几倍。

知道结果后,校长不好意思地告诉这两位教师真相:他们所教的这些学生智商并不比别的学生高。这两位教师哪里会料到事情是这样的,只得庆幸是自己教得好了。随后,校长又告诉他们另一个真相:他们两个也不是本校最好的教师,而是在教师中随机抽出来的。

正是学校对教师的欣赏、期待与激励,教师对学生的欣赏、期待与激励,才使教师和学生都产生了一种努力改变自我、完善自我的进步动力。这种企盼将美好的愿望变成现实的心理,在心理学上称为"期待效应"。它表明:每一个人都有可能成功,但是能不能成功,取决于周围的人能不能像对待成功人士那样欣赏他、期望他、激励他。

其实,这只是心理暗示在起作用。暗示作用往往会使别人不自觉地按照一定的方式行动,或者不加批判地接受一定的意见或信念。可见,暗示在本质上,是人的情感和观念,会不同程度地受到别人下意识的影响。

人为什么会不自觉地接受别人的影响呢?因为人的判断和决策过程,是由人格中的"自我"部分,在综合了个人需要和环境限制之后做出的。这种决定和判断就是"主见"。一个"自我"比较发达、健康的人,通常就是我们所说的"有主见""有自我"的人。但是,人不是神,没有万能的"自我",更没有完美的"自我",这样一来,"自我"并不是任何时候都是对的,也并不总是"有主见"的。"自我"的不完美,以及"自我"的部分缺陷,就给外来影响留出了空间、给别人的暗示提供了机会。我们发现,人们会不自觉地接受自己喜欢、钦佩、信任和崇拜的人的影响和暗示。这使人们能够接受智者的指导,作为不完善的"自我"的补充。这是暗示作用的积极面,这种积极作用的前提,就是一个人必须有充足的"自我"和一定的"主见",暗示作用应该只是作为"自我"和"主见"的补充和辅助。

皮格马利翁效应告诉我们,对一个人传递积极的期望,就会使他进步得更快、发展得更好。反之,向一个人传递消极的期望则会使人自暴自弃,放弃努力。

文中所举案例也充分说明了皮格马利翁效应在学校教育中的巨大作用:受老师欣赏、期待与激励的学生,一段时间内学习成绩或其他方面都有很大进步,与此相反,受老师漠视甚至是歧视的学生就有可能自卑、失望,甚至自暴自弃、不思进取,还有的从此变得一蹶不振……

(三)启迪与建议

教育是培养人的,而人存在的意义恰恰就在于实现人的生命价值,因此领悟生命的真谛,追求生命的意义才是教育的真义。教育中的师生关系不是"人—物"关系,而是"人—人"关系、"你—我"关系,否则就会陷入把一方当作物来操作的境地。我们认为教育应该是学生通过自己的独特的认知方式和生活经验构筑知识和人生价值理念的过程,是师生之间、同学之间通过现实的交往互动探索生命的意义、寻找生命的智慧的过程。但现实中"异化"了的教育使受教育者只是被动机械地占有知识,却遗忘了对生命的关注,使师生的课堂生活变得单调、压抑、沉闷,缺乏应有的师生生命活力。

通过以上案例的分析,我们可以得到如下的启示和建议:

1. 学生:自信是成功前提

自信是人们学业成功、事业成功的前提条件,因为自信,所以才会相信自己的选择,相信自己所做的事有成功的可能,所以才会坚持到底,直至实现自己的目标。自信心越强,越能够不畏失败,不怕挫折,不懈进取;自信心越大,越能够产生强大的精神动力和进取激情,排除一切障碍。自信心的力量是惊人的,它可以改善恶劣的现状,实现令人难以相信的圆满结果。充满自信心的人是人生的胜利者,所以,学生要想搞好学习,首先要培养自信心。自信是帆,没有它,人的追求之舟就会于浩淼的理想长河里搁浅,成功的前提是相信自己,如果能相信自己,那么每个人都有无穷的潜力!

自信心的获得路径,主要有主客观两个方面:从主观方面来说,是主体成功经验的不断获得。心理学的研究已经证明,一个人的抱负层次是与他的成功经验紧密联系在一起的,一个人的成功经验越多,他的抱负水平就越高,期望就越高,自信心就越大! 反之,则相反,一个人的成功经验越少,他就将越来越怀疑自己的能力,做任何事情都将缺乏自信! 从客观方面来说,是社会客观环境的期望与评价(对学生来说,尤其是父母与教师及权威人士),期望与评价越高,则主体的自信心将越高,反之,将越低!

普通学校中考成绩最优秀的学生来到中考成绩都比自己优秀很多的名牌中学后,从客观方面来说,学校与教师对他们的关注、期望与评价都将大大降低;从主观方面来说,开始他们的成功经验肯定不多,甚至是越来越少。一个人(特别是青年学生)一旦自信心受到巨大的打击,要想恢复就很难了。而一旦缺乏自信,人就会在困难面前越来越失去勇气和动力!

2. 教师:激发学生是关键

教育不是把水灌满,而是将火点燃,教师最根本的任务就是积极创设情境,激发学生自己内在的潜能,激励学生自己去"自学"。苏霍姆林斯基说过:只有能激发学生自我教育的教育,才是真正的教育。德国教育家第斯多惠在《教师规则》中也说:"我们认为教学的艺术,不在于传授本领,而是在于激励、唤醒、鼓舞。"事实正是这样,教师坚信学生一定会成功,学生便会从教师的爱中获得一种信心和力量,情不自禁地投入学习的过程中,从而迸发出智慧的火花。教学是一门艺术,也是一门科学。作为科学,它要求教育者善于发现和利用教育规律;而作为艺术,它要求教育者要以人为本,善于春风化雨、润物无声地启迪学生的心灵,激发他们的创造力和探索兴趣,帮助学生通过学校生活构建起属于自己的完整的精神世界。

激发学生的内在潜能有很多方法,归纳起来包括:一是语言的激励。卡耐基曾说,使一个人发挥最大能力的方法是语言的赞美和鼓励。青少年学生尤其喜欢鼓励和赞美。教学中,教师和同学鼓励的话语、满意的微笑、赞许的眼神、默许的点头,会使学生感受到器重、关切和期待,能让学生体验到成功的喜悦。恰当的评价就像春天的细雨、冬日的暖阳,让学生感受如沐春风,感受愉悦。二是问题的激励。一个富有挑战性、新奇刺激、意境高雅的问题,对于激励学生的兴趣、求知欲,具有强大的促进作用,所以一个优秀的教师就是善于创设情境,设计问题,激发学生自己内在的潜能,激励学生自己去"自学"。三是"爱"的激励。在学校教育中,教师对学生的爱是一种最好的教育,爱是走进学生最近的路,有了爱就有了一切。学生美好情感、健全的心灵的形成,是依赖教师同样的东西,即教师必须也具有美好的情感、健全的心灵,即教师的情感、意志和理想信念,在有声无声中影响、熏陶和感染着学生。教师对学生的爱是一种巨大的教育力量,有人把感情比作教育者与被教育者之间的纽带,教师用关怀、爱来沟通同学之间的感情关系,通过爱的情感去开启学生的心扉,达到通情而达理的目的。可以这么说,没有爱就没有教育,学生对学习、生活、他人、社会、祖国的爱,很大程度上决定于老师的情感,所以柳斌同志说:"'育人以德'是重要的,'育人以智'也是重要的,但如果离开了'育人以情',那么'德'和'智'都很难收到理想的效果。"师生之间良好情感的形成,要求教师热爱每一位学生、教学民主、以情激情、以美激情。

3. 家长:适合孩子才最好

人生之中,最好的不一定是最合适的,最合适的才是最好的;生命之中,最美丽的不一定适合我们,适合我们的一定是最美丽的。

俗话说:"鞋子合适不合适,只有脚知道。"这句话说得很有道理,任何事情只有自己亲自尝试了,感同身受以后,才能知道适合不适合自己。

任何事物都一样,包括植物,如果强行把南方植物移植到北方,那只能有一种结果,就是因为不适应而不能成活,必须因地制宜,适应环境才行。

道理很简单,我们每个人都有自己的个性,都有自己的成长轨迹和发展理想,所以我们选择自己认为合适的,那就是最好的。也是自己愿意去付出努力去做的,这样才会有好的心情和对美的追求。

现实里,每个人生活的环境不同,素质不同,每个人的人生也是不可相互模仿和复制的。即使是那些成功人士的模式,那些成功的理论,最后,都必须是适合自己,才不至于闹出"东施效颦"的洋相。

适合自己,就是看清自己,知道自己想要什么,自己想做什么,知道怎么做才能让自己感觉到美好,也明白自己的特质,懂得"没有金刚钻别揽瓷器活"的道理。

适合自己,是一种合理的安排,是避开失败和走弯路的一种选择,是结合自身条件的客观选择。

人生中,有时候,适合别人的,不一定适合自己;适合自己的,也不一定就适合别人。所以,只要能找准自己的位置,适合自己的发展,那就是最好的人生。

家长为孩子选择学校、选择教师的道理也一样,适合孩子的才是最好的!但在现实中,许多家长盲目攀比、盲目追求,以为把孩子送去名校就一定能够成功、就一定能够成才,有的家长甚至不惜重金把孩子送进名校,其结果是花了钱不说,孩子也从此变得自卑、失望、甚至自暴自弃、不思进取,真的是应了"赔了夫人又折兵"这句古话!

参考文献:

[1]夏晋祥.用生命激励生命——"生命课堂"理论价值与实践路径的探寻[M].贵阳:贵州人民出版社,2005.

[2]夏晋祥.从"知识课堂"走向"生命课堂"[N].中国教育报,2015-04-29.

[3]夏晋祥.从"知识课堂"走向"生命课堂"[M].长春:吉林人民出版社,2011.

[4]皮格马利翁效应(心理学词语)。百度百科 http://baike.baidu.com/link.

[5]柳斌.重视"情境教育",努力探索全面提高学生素质的途径[J].人民教育,1997(3):1—2.

(本文发表在《深圳信息职业技术学院学报》2018年第1期)

九、应试教育之痛与教育改革之路

(一)令人痛心的"弑师"悲剧在继续重演

2017 年 11 月 12 日,湖南沅江三中高三学生罗某杰,因学业纠纷与班主任鲍老师发生争执,用弹簧跳刀刺了老师 26 刀,致命一刀在脖子上。11 月 13 日,罗某杰因涉嫌故意杀人罪被沅江市公安局依法刑事拘留。罗某杰是这所省重点中学尖子班的第一名,鲍老师是益阳市优秀教师。

为什么要拔刀刺向班主任? 原因是,这所封闭式的学校高三学生每个月只休息两天,每周只有三个小时的自由支配时间可以外出。惨剧,发生在考试之后每周原本学生应该外出的三个小时。向来认真负责的鲍老师安排全班同学观看 16 分钟的励志短片,写 500 字观后感再离开学校。这个安排让准备到镇上买东西的罗某杰很不满,拒绝写作文,而在教室走廊逗留,后被鲍老师叫到办公室批评,并告诉罗某杰如果不写观后感就让他转班并通知家长。就在鲍老师给罗某杰妈妈拨电话的时间,罗把尖刀刺向了老师。

后据罗某杰向警察交代说:"觉得老师太严厉了。自己既为出校时间被挤占感到憋屈,更为通知家长的做法感到愤怒,以至于激动,已经完全控制不住自己了。"

人们不禁要问:现在的孩子怎么了? 动不动就自杀,动不动就杀人?

(二)5G 的时代,农耕的教育

看到这则新闻,首先让我想到的是:5G 的时代,农耕的教育。在 5G 时代,地球是平的,人人都是平等的。跨界融合、创新驱动、重塑结构、开放生态、连接一切是其基本特征,而尊重人性、人人平等则是 5G 时代最重要的特征。因为人性的光辉是推动科技进步、经济增长、社会进步、文化繁荣的最根本的力量,互联网的力量之强大最根本地也来源于对人性的最大限度的尊重、对人体验的敬畏、对人的创造性发挥的重视。一个社会没有人性的真善美的充分彰显、没有人的创造性的充分发挥,社会的进步与文明是不可想象的!

在5G时代,信息技术的发展对人们学习知识、掌握知识、运用知识提出了新的挑战。填鸭式、死记硬背、题海战术、评价单一……都已经过时,取而代之的体验是建构、是自主、是多元,由于计算机技术和网络技术的应用,人们的学习速度在不断加快,这要求我们的教育模式和学生管理模式都要适应新的时代特点。

农耕时代,表现于政治的特点就是专制与等级,经济上体现为保守与贫乏,文化则体现为一元与封闭。农耕时代的教育,由于是植根于小农经济和封建制度的土壤上,为封建统治阶级培养"齐家、治国、平天下"的各种"人才",它看重的是卷面的考分,死记硬背的能力、考试能力、应试技巧!"学而优则仕"使中国的教育一开始就走上了一条"读书(死记硬背)—应试(按图索骥)—做官(缺乏实践)"应试教育道路。农耕时代的教育是一种封闭式的教育,它脱离社会经济发展的实际,以书本知识的应试为目标,自我封闭在学校、在书本、在课堂,教人死读书,读死书,最终读书死。

当今中国的教育,在许多地方和学校,也深深打上了这种教育模式的印记,"读书—应试—当干部"已经成为我们几十年办教育的基本模式。这种教育模式体现在教育观念上是人才观的单一;教育目标是脱离学生实际的高期望,发展强调整齐划一;教育内容上陈旧、落后、繁琐的内容充斥教材和课堂;教育方法上则更是不尊重学生、目中无人的满堂灌,重复枯燥的简单练习和死记硬背、加班加点。这种不尊重学生个性的被动教育,不遵循教育规律和学生成长规律的强制教育,不讲究教育教学方法的野蛮教育,使学生在课堂上无法体验到学习的快乐,使学生的学习变成了一种苦不堪言的过程。

这就不难理解"弑师"悲剧为什么在不断地发生了,一方面,随着社会的进步和科技的发展,人的自主要求、平等观念、民主意识和创新精神在不断地提升;而另一方面,教育的观念、体制、内容和方法却在停滞不前。矛盾于是产生:一方面我们期望的教育是:"一切教育改革的终极目标是为了发展个性,开发潜能,使每个人的潜能得到充分发展,实现'各尽所能''人尽其才'的目标。"另一方面,现实教育的"致命的弊端是压制人的潜能的发展,尤其压制了有才华的人的发展"。现实中的教育在许多方面,其实不是在培养人,而是在压抑人、摧残人,甚至是扼杀人。这种矛盾一旦激化,一旦走向极端,如湖南沅江三中每周已经被学校剥夺得非常可怜的原本学生应该外出的三个小时,教师都还要继续强制去剥夺去占有,不顺从就要去打压去惩罚,另一方的反抗就几乎成为必然的了,"弑师"悲剧的发生也就不奇怪了!

在这里,我无意去责怪教师,我也深深地为教师的英年早逝而痛彻心扉!但我想说的是,教育者和灌输者的根本区别,就是是否"目中有人"!如果我们老师更多地去关注学生人格的健康成长,而不是只关注学生的成绩、分数、考试,走出功利主义教育的怪圈,我相信,学生自杀、弑师的悲剧必将会越来越少……

(三)教育改革的路在何方

找出问题正是为了解决问题,要真正让学生从沉重的负担中解脱出来,靠减少课时、减轻作业、甚至是取消考试等治标而非治本之策是远远不够的。中国教育改革是一个系统工程,它没有终点,需要我们进行一场教育观念、教育体制、教育方法和手段的大变革。它的任务是长期的,时间是无限的,是一场没有终点的教育变革。

1. 教育观念的更新是教育改革的前提和先导

有什么样的思想就会有什么样的行为。没有教育观念的彻底革新,教育改革只会流于形式。要实现教育观念的更新,首先我们必须明白一个最基本的问题,即教育的本质是什么、为什么要办教育。只有先理解这个问题,我们的教育才不会走上歧路,才不会变成"非教育"。人是教育的核心和旨归。"教育的基本作用,似乎比任何时候都更在乎保证人人享有他们为充分发挥自己的才能和尽可能牢牢掌握自己的命运而需要的思想、判断、感情和想象方面的自由。"教育的根本目的就在于"尊重个性,发展个性"。当人在教育的哺育和滋润下,个性得到最充分、自由、和谐的发展时,教育就不会成为学生的负担,学校将真正成为学生的家园和乐园。

其次,在人才观上,要破除"学而优则才"的观念,树立三百六十行,行行出状元,只要在自己的岗位上,踏实勤奋做出成绩的就是人才的观念。

再次,在教师角色观上,应该明了我们教的目的是为了"不教",在教育过程中,自始至终都要确立学生主体意识,让学生主动、自觉地发展。教师要"从'独奏者'的角色过渡到'伴奏者'的角色,从此不再主要是传授知识,而是帮助学生去发现、组织和管理知识,引导激励他们而非塑造他们"。学生主体活动体现在课堂教学上,就是要打破以教师、课本为中心,以讲授为主线的教学套路,构建以学生主动参与、积极活动为主线的教学模式。这种教学模式的核心就是创造全体学生都积极参与学习的条件,让学生在主动参与中获得直接的经验和知识。

在师生观上,要树立师生平等的观念,热爱学生,要发扬教学民主,让学生敢于发表自己的意见。在知识观上,应该让学生学习那些最基本、最具迁移力的知识,建构起自己的知识结构,提高学习效益,在学习活动中逐渐学会学习。

2. 教育内外体制的现代化是教育改革的根本

制度是行为的指挥棒。学生负担过重与其说是落后的教育思想在引导,不如说是落后的教育体制所致。要让学生的负担真正减下去,有赖于建立现代化的教育制度。包括用人制度、办学体制、考试评价制度和管理制度的现代化。

用人制度上是重能力还是重学历,是重知识还是重见识,是唯才是举还是文凭至上,这对人的智慧和精力的投向起决定作用;在办学体制上是单一的办学体制还是多样化的办学体制,是高等教育的多层次、多类型,形成人才培养的"立交桥"还是一种办学模式,决定着学生能否按照自己的个性来发展。

在考试制度上是"一考定终身"、难进易出还是"宽进严出",这也影响着教育改革;在评价制度上是用一种标准来评价各种各样的学生、"以分量人"还是针对每个学生的不同特点,因材施"评",尊重学生个性和特长。是以学生的考试分数、升学率还是以学生的健全发展来评价教师和学校,这决定了教师和学校的价值取向和时间精力的投向。

在管理制度上,首先是对教师管理上,是引入竞争和流动制度,优胜劣汰,竞争上岗,加强师德教育,提高教师整体素质,还是"大锅饭"一起吃、教好教坏一个样,这决定着教师搞好教育教学的积极性能否得到充分发挥。其次是在课程设置上,是重视单一的学科课程还是将学科课程、活动课程、隐性课程紧密结合,加大课程的弹性,重视学生的差异,使学生可以选择自己感兴趣的课程,这影响着学生是否愿意学习、是否主动学习。

在课堂教学上,是重记忆还是重发现,是重灌输还是重学生主动积极参与,是重教学活动的整齐划一还是重学生的创造性和个性差异等,这些都是学生负担加重还是减轻的影响因素。

3. 社会和教育资源的极大丰富是教育改革的物质基础

教育的压力来自社会的压力、生存的压力,学生沉重的课业负担和心理负担与我们教育的功利性紧密联系在一起。

第一,接受高等教育意味着一个人可以改变居住身份和社会地位;第二,接受高等教育成为就业和选择职业的手段,进入高校后,显的潜在的利益实在诱人,这也就难怪升学的压力会那么大,竞争会那么激烈。这种激烈的竞争直接缘于国家的教育资源的有限和公民接受教育欲望的无限这一矛盾,更深层次的原因则是社会财富的有限性与人的各种需要之间的矛盾。教育改革的物质基础是社会财富和教育财富的极大丰富。但处于现阶段的我国,教育资源受制于社会资源。国家固然可以在投资比例上增加,但却不可能无限制地增长教育经费,因为社会生产力的不高、经济的不发达,是我们的一个基本国情。基础的打牢和扎实,是不能一蹴而就的,它是一个漫长的过程,这是我们全社会都必须要有的一个清醒而又基本的认识。

总之,作为教育的实际工作者和教育理论研究者来说,应该清醒地认识到,既然教育是一个持续的不断发展的过程,那么,教育改革也就同样是一项长期而又艰辛的工作,它不可能通过一纸文件、一道命令就可以得到根本的、彻底的解决。需要进行长期的教育内部的改革:? 切实转变教育观念,努力实现教育体制的现代化;以课堂教学改革为突破口,让学生把学校当成乐园,学得愉快,学得成功;加强师德建设,建立一种平等、民主、相互激励、相互促进的新型师生关系;优化教育资源配置,努力缩小学校之间的差距,为每一所学校每一个学生创造公平竞争的机会。教育内部改革的艰巨性、长期性,决定了教育改革的任务是长期的。

我们说教育内部需要进行长期而又艰辛的改革,但教育改革又不能把视野仅仅局限于教育领域,因为培养人确实是人类社会中最复杂的工作,人的自由、充分、和谐的发展是需要人类自身去共同努力才能完成的。

参考文献:

[1]胡海燕.沅江三中发生一起学生伤害教师致死事件,目前犯罪嫌疑人已被控制![N].
益阳广播电视在线,2017—11—12.

[2]联合国教科文组织.教育——财富蕴藏其中[M].北京:北京教育科学出版社,1996.

[3]夏晋祥.生命课堂的理论与实践研究[M].北京:电子工业出版社,2017.

(本文发表在《深圳信息职业技术学院学报》2017 年第 4 期)

十、改进高职类院校思想道德修养课教学的探讨

思想道德修养课实效性问题的讨论由来已久,其不足主要体现在道德教育的观念、内容、方法与手段的不适应上。现依据工学结合有关精神,结合思想道德修养课及高职类大学生的实际,就大学生思想道德修养课的教学改革,提出几点改进的策略构建。

(一)加强理论学习,改进对道德教育的认识

在改革开放建设社会主义市场经济体制的过程中,我国的道德建设和道德教育一直举步维艰,存在实效性严重不足的问题。德育工作及其效果之所以如此令人不满意,原因当然很多,但一个很重要的前提是由于我们对道德、道德教育的理论认识错位,德育观念的落后甚至错误,最后形成了我们今天所处的尴尬的局面。

德育是倡导道德的、先进的、崇高的,但究竟什么是道德的、道德的核心是什么这些德育最基本的问题,我们过去的认识一直是不清楚的,甚至是错误的。在以往的道德理论和道德实践中,我们往往把"利他""奉献"和"毫不利己,专门利人"等视为道德的核心,但实际的情况是不是真的如此呢? 我国著名的经济学家、北京天则经济研究所所长茅于轼先生在他的著作《中国人的道德前景》一书中对道德的问题从经济学的角度进行了重新的思考,认为道德的核心是利益平等。他指出:我们常常错误地认为,如果关心别人的利益胜过关心自己的利益,争论就不会发生,其实,若人人皆以别人的利益为行为的出发点(且不说有无可能),得到的也不是一个和谐的社会。"君子国"内不能实现人与人关系的均衡,从动态变化的观点看,它最终必定转变成"小人国"。因为"君子国"最适宜于专门利己毫不顾人的"小人"们的生长繁殖。因此,道德的核心是人与人之

间利益的平等关系。

茅于轼先生的研究获得了 1999 年安东尼·费雪的国际纪念提名奖,他的这些观点曾在社会上引起过强烈反响,也对我们进一步思考道德和道德教育问题很有启发意义。

道德的核心问题,也即大多数人所持的道德观的问题。那么从大多数人所持的道德观来看,我们认为,道德的核心应该是公平。所谓公平,就是利益和权利的机会人人均等和利益分配上的合理。用一句通俗的话说,公平就是在利益机会均等的前提下"该是谁的就是谁的",否则就无道德可言。在一般情况下,如果应该属于我的利益,你却要占有,那么你就是不道德的;如果我把本应属于我的利益无原则地出让给你,这种行为本身尽管可能是道德的,但也是不符合道德的公平规则的,因为这不仅让一个人失去了他应得的利益,而且让另一个人得到了本不属于他的利益,极易滋生"小人"之心,不利于社会生活公平、公正的游戏规则的建立和巩固,因而也不利于道德建设和道德生活的正常化。

然而,在以往的道德理论和道德实践中,我们却把共产主义高级阶段的道德水准和道德要求作为一般要求来要求处在社会主义初级阶段的一般大众,把"利他""奉献"和"自我牺牲"等视为社会主义初级阶段时期道德的核心,这是脱离现实的客观实际的。"利他""奉献"和"自我牺牲"这些品质本身是高尚的,但问题是我们所讲的"利他""奉献"和"自我牺牲"往往是无条件的和没有限制的,缺乏公平、公正的内核。

所以,在社会主义市场经济已经确定的当代,在激励个人遵纪守法、讲究公平竞争游戏规则的今天,再用过去强调的道德原则和标准去要求新一代人,实际上是很难接受的,而且这一套原则在逻辑上包含着严重的缺陷,真正要将它贯彻到底是行不通的。所以,我们必须加强理论学习,提高对道德问题的认识,只有不断把握适应新经济环境基础上的新的道德观念,才能使我们的道德教育不至于落后。

思想道德教育实效性不高的另一个重要原因,就是对思想道德教育的课堂教学本身的认识及做法的不到位。思想道德教育是一种特殊的学习过程,是一种价值的学习,而不是是非的判断,更不是道德知识的记诵。而我们传统的道德教育课堂,则基本上体现为一种道德理论知识的学习,课堂成为传授道德知识的场所、对学生进行道德训练的场所、教师表演的舞台。所以,我们必须转变思想道德教育课堂教学观,让学生真正自主参与进来,真正地"动"起来:(1)从教学目标上看,既看预设性道德目标,更看生成性道德目标,鼓励学生在课堂教学中产生新的思路、方法和知识点。课堂教学中教师的主要任务不是去完成预设好的道德教案,更加重要的是与学生一同探讨、一同分享、一同创造,共同经历一段美好的生命历程。(2)在教学方式上,课堂教学不仅有"教"、有"导",更加重要的是倡导教师积极创设美好的道德教学情境,激励学生自己去"自学"、去"体悟"。(3)在教学内容上,不仅要让学生掌握教材的道德知识,更加重要的是要善于将课堂教学作为一个示例,通过教材这个载体、通过教室这个小小的空间把学生的道德视野引向外部世界这一无边无际的道德知识的海洋,通过"有字的道德书"把学生的兴趣引向外部世界这一"无字的道德书",把时间和空间都有限的道德课堂教学变成时间和空间都无限的课外道德学习、终身道德学习。(4)道德教学过程,不仅是一个传授道德知识的过程,更加重要的是一个师生合作学习、共同探究的过程,激励欣赏、充满期待的过程,心灵沟通、情感交融的过程。(5)对道德教学的结果,不仅要看学生学到了多少道德知识,更加重要的是,学生通过道德课堂教学,他们的求知欲望有没有得到更好的激发,道德行为习惯有没有得到进一步的培养,心灵是不是更丰富、更健全了。

(二)尊重学生需要　改进德育内容

传统的道德教育只把受教育者当作道德规范的受体,很少去关注受教育者自身的心理世界和主体需要,以致在道德教育中,强调的是道德教育的学科体系,而不是从学生内在的道德状况及需要出发;或者总是抱怨学生"一代不如一代",抱怨学生"这个不行""那个不是",死守过去已有的经验和教条,而不是从时代的发展变化来把握当代学生的发展变化;道德教育内容泛政治化倾向严重,道德教育跟着时事政治走,让学生感到无所适从。致使教育者与受教育者之间难以理解与沟通,教育缺乏应有的效果。

要尊重学生,改进德育内容。首先,就必须了解与研究学生的需要,尊重学生的需要。了解学生,可以通过问卷调查、心理咨询与测试、座谈会等形式,去了解学生缺什么、要什么、兴奋点在哪里? 失落点在何处? 尊重学生,不仅是形式上的尊重,更加重要的是要去满足学生主体的需要,去创造适合学生的教育,而不是去创造适合教育的学生,不是一味单向地去要求学生适合我们的教育。

其次,应遵循"序列性"与"适切性"相结合的原则。遵循"序列性"与"适切性"相结合的原则,即是指思想道德教育应遵循青少年儿童身心发展规律及思想品德的形成规律,按由浅入深的原则构建,形成一个循序渐进的序列,以避免出现"小学接受大道理深奥不懂""大学接受小道理幼稚不听"的现象。同时还应根据不同年级学生的心理特征,施以适合他们的道德教化及行为规范养成的教育,也就是将"序列性"和"适切性"相结合,使我们的施教可以走进学生们的心中。

再次,应遵循"就近性"与"载体性"相结合的原则。"就近性"是指将条文化的德育规范和实际生活联系起来,贴近生活,贴近学生,从生活中来到生活中去,使学生有一种亲近感,而非高不可攀。所谓"载体性"原则,即是将空洞的条文附着在生动形象的物体上,让学生有看得到、摸得着的实在感。将"就近性"和"载体性"的原则结合起来,就是避免德育"高、大、空"而实现"近、小、实"的有效途径。在这里需要特别强调的是,教师的师德表率作用的发挥。《礼记》中说:"师者,人之模范也。"即,教师是做人的模子。正像一位哲人所说的那样,和高尚的人相处使人也变得高尚,所谓"不教而教,身正以正"也是这个道理。

最后,要遵循从学生实际出发的原则。特别是当学科体系和学生的内在道德状况及实际需要不一致时,更应该是尊重学生的实际需要和现有水平,尊重学生,选择学生可接受有启发教育意义的道德教育内容。从学生实际出发还要求结合学生的专业实际进行,如多进行职业道德、信息道德、网络道德内容的教育等。

(三)改进德育方法,走向引导和共同建构的道德教育

改进德育的手段与方法,是德育适应社会发展的必然结果。首先,随着社会的发展、教育改革的不断深入,人们的观念已发生很多变化,教师的角色也要转变,成为师生关系中的"平等中的首席",而不是高高在上的"主导者"。其次,市场经济的发展,要求人的主体性增强,作为为未来培养人才的教育,要尽快适应这种要求,转变"一言堂""我教你学"的教学方式,而走向共同探讨、共同建构。最后,社会的丰富化、多文化,必定使我们的教育的方法也要丰富化、多元化。

走向引导和共同建构的道德教育。首先,必须做到"目中有人"。

毋庸讳言,传统的道德教育,受教育者一方是极其被动的,教育者只关注普遍的道德原则、规范,而忽视或无视学生的生命经历和经验、生命感受和体验。引导和共同建构的道德教育,不仅注重德育的社会功能,也重视德育的个体功能,一方面注意社会的道德规范准则,另一方面更加重视受教育者个体的内在需要,因势利导,使受教育者成为道德教育的共同参与者和积极建构者,只有体现学生的主体性、主动性,才能实现知、情、意、行的统一和学生的自我教育。因为道德并不是目的,"而应看成是通向美好生活的一种手段,无论对我们自己还是对他人而言都是一样的"。教育者只有认识到这一点,才会做到"目中有人"。充分尊重学生的主体地位,自己的角色也会发生转变,由一个训导者转变为一个导师、一个朋友、一个热心的助人者。

其次,应遵循"主体性"与"活动性"相结合的原则。

所谓主体性原则,就是将学生视为一个个有血有肉、有思维有情感的生命主体。生命是在生活中展现,在生活中成长的,关注学生个体生命的健康成长,就一定要回到学生的生活世界中。活动是生活的载体,关注生活就要关注活动,将学生带入能使他们真正获得生命感动的活动中去,成为他们人生的阅历,即内化成他的人生信念。

学生想做有道德的人,重要的在于体悟,而非道德知识和技巧,而体悟是在真实生活和具体情境中产生的。所以,学校德育的有效途径是能引起学生生命感受的活动。因为活动的本质特征是个体的主动参与。活动过程是活动主体的个性创造力双向对象化的过程。一方面,通过活动,个性的创造力、情感、天赋、审美鉴赏力等得以表征、凝固在活动过程中和活动结果中。另一方面,通过活动,又丰富着、发展着个体的潜能、情感和素养。心理学研究也证明,没有活动经验的支持,学习到的任何知识,在社会实践面前都不会摆脱纸上谈兵的命运。只有经历过的世界,人们才可能建立真正的自我把握感和自我胜任感,有自我把握感和自我胜任感的支持,才会在情境适当时显示出才能。活动经验的作用是不可代替的,学生活动经验越广泛,实践锻炼的机会越多,智力的发展就越好,能力获得就越巩固,人生的情感体验就越丰富。所以说,教育不仅需要提供知识,更需要提供广泛的经验世界,以利学生智能、道德的发展。开展这样的活动,首先要尊重学生,知道、了解学生在想什么,学生的喜怒哀乐是由什么样的活动牵引出来的,基于此而开展的活动才会引起学生的共鸣,才能在活动中调动学生的主体性。学生在活动中真正"动"了起来,感受道德,选择行为方式,践行道德,并在活动中发展品德,这样的活动才是真正的道德教育活动。道德教育之所以强调实践性,实质在于人只有不断地实践,才能不断地丰富经历、丰厚经验、丰腴人生体验,才能不断地发展人际生态情感与能力,才能使人的一生得到更好的发展,进而促进社会的发展。

最后,课堂教学过程应成为一个师生、生生、生本对话的过程,走向一种"咨询心理模式"。而非一方高高在上,一方俯首是听。这种对话的含义是广泛的,它可以表现为以道德认识为目的师生观点的讨论、碰撞,也可以表现为师生行为的相互作用和相互影响,还可以表现为受教育者对教育环境的反应。这种对话的时间和空间也是广泛的,不仅包括教育和教学时间,其实这种对话的时间和空间都是无限的,是没有终点的。

参考文献:

[1]茅于轼.中国人的道德前景[M].广州:暨南大学出版社,2003.

[2]扈中平,刘朝晖.对道德的核心和道德教育的重新思考[J].华东师范大学学报:教育科学版,2001(3):46—53.

[3]夏晋祥,第三教法:本真教育的回归[J]. *New Waves*,2003,8(3):10—15.

[4]夏晋祥.深圳市大学生思想道德心理状况调查报告[J].深圳教育学院学报:综合版,1996(1).

[5][加]克里夫·贝克.学会过美好的生活——人的价值世界[M].詹万生,译.北京:中央编译出版社,1997.

[6]刘慧,朱小蔓.多元社会中学校道德教育:关注学生个体的生命世界[J].教育研究,2001(9):8—12.

(本文发表在《深圳信息职业技术学院学报》2003 年第 2 期)

公开发表的其他主要论文

一、心理学面临的新课题

随着社会经济和科学技术的迅速发展,当前一场以微型电子计算机技术、生物遗传工程、光导纤维技术、海洋开发工程、宇宙开发工程和新材料技术为特征的新技术革命正在蓬勃兴起,并深刻影响着社会的各个领域。心理学工作者应该敏锐地注意新技术革命所引起的一系列新情况、新问题、高瞻远瞩,迎接挑战。

在探讨心理学面临的新课题之前,我们不妨简单考察心理学的历史,看看科学技术是如何给心理学的发展以强大的推动力的。

首先,心理学是随着科学技术的发展而发展的,不同的科学技术水平影响着不同的心理学形式。自然科学的发展大体上可以分为三个阶段:第一阶段是文艺复兴以前的古代,萌芽状态的自然科学水平和对自然界整体的直观观察;第二阶段是文艺复兴以后,15世纪至18世纪这段时间,产生了以机械力学为主体的近代自然科学;第三阶段是19世纪以后,自然科学的进一步发展。随着自然科学发展的三个不同阶段,就有心理学发展的三个阶段,即思辨的、原始的心理学思想到机械唯物主义心理学再到以实验为基础的、精确的心理学。心理学发展的三个阶段是和科学技术发展的三个阶段相呼应的。

其次,许多心理学概念、范畴和规律随着自然科学的发展而不断丰富、深化、精确,以至交换更替。如笛卡儿的"反射"概念,来源于当时的机械杠杆原理和材料力学。联想主义心理学的感觉、观念等几乎是牛顿的物质"质点"的同义语。巴甫洛夫的高级神经活动学说中的扩散、集中、诱导是借用物理学的术语。元素本是一个化学概念,后来成为构造派心理学的基础。格式塔学派中的"场"概念也是从电学中借用过来的。第二次世界大战以后电子计算机的迅速发展,又给心理学家以如下启示:人像电子计算机一样,有输入和输出系统,大脑皮层神经元兴奋是按照循环回路传递的,正如电子计算机存储信息的回路。

再次,科学技术的发展促进心理学的客观方法的不断发展与完善。在心理学客观方法的产生、丰富和发展的过程中,科学技术的发展起着极其重要的推动作用。比如在 17 世纪,笛卡儿认为反射活动存在着一些管道,管道里的液体是由"神"推动的。直到 19 世纪末 20 世纪初,有了现代的自然科学实验技术,才有谢灵顿对神经系统综合活动的研究。同时,由于慢性实验技术的进展,才有了巴甫洛夫的不必损伤大脑而对动物的条件反射进行长期的实验研究,从而建立了高级神经活动学说。

最后,科学技术的发展对心理学的影响不仅表现在某些科学概念的引入,更重要的是体现在科学技术的发展;决定着心理学的形式和发展水平以及研究方法和手段的科学化上。因此,心理学要重视对科学技术新成果的研究和吸收,并敏锐地注视新技术革命对社会生活的广泛而深刻的影响。只有这样,心理学才能不断创新和向前发展。

那么,在新的技术革命条件下,有哪些新情况、新课题值得心理学工作者去研究去探讨呢? 本文仅列出十个课题,抛砖引玉,以期引起同行们的注意,达到共同研究、共同商榷的目的。

(一) 统一心理学研究对象的课题

心理学成为一门独立的科学,已有一百多年的历史。在这段时期内,各门科学都得到迅速的发展。遗憾的是对心理学的研究对象这一最基本的理论问题,心理学界还没有一个统一的认识,以致观点分歧、学派林立、材料支离破碎。这不能说是心理学的百花齐放,而是心理学的杂乱无章。美国心理学家科恩曾将心理学归纳为三十四种不同的理论倾向,他把这些理论倾向分属于六个对峙的因素:(1)主观对客观。意识历程、内省报告、意志等属于主观因素;表现于外的行为等属于客观因素。(2)整体对元素。整体组织、个体的独特性、自然主义的观察等属于整体因素;元素分析、决定论、机械论等属于元素因素。(3)自然对人。物理的类比、直接的外在决定因素等属于自然因素或非个人因素;持久的人格属性、情绪等属于人的因素。(4)量对质。统计分析、量的描述、严格控制的实验等属于量的因素;"安乐椅"的思辨、过去经验的影响等属于质的因素。(5)动对静。动机、社会决定因素等属于动因素;内省报告、量的描述等属于静的因素。(6)内部因素对外部因素。遗传、生物决定因素等属于内部因素;社会决定因素、操作解释等属于外部因素。

心理学学派林立的局面,使得心理学没有统一的系统理论,众说纷纭、莫衷一是,严重地阻碍了心理学的深入发展。因此,在新的历史时期,在各门科学都迅速发展的时代;统一心理学研究对象的课题,以便综合各学派研究材料形成系统的理论,应该引起世界各国心理学家的深思。当然,这是一项非常复杂,而又十分棘手的工作,但只要各国心理学家真诚合作、相互体谅,本着推动心理学发展的共同愿望,统一心理学研究对象还是大有希望的。

(二)运用系统论方法研究心理学的课题

人是非常复杂的有机体,人的认识过程、情感过程和意志过程是既互相联系又相互制约的,形成一个彼此相互影响的系统。过去在心理学的研究中,限于条件只能把各个心理单元分割开来个别加以研究,甚至将各种心理现象与客观世界孤立起来,以致产生片面性和不准确性。近年来兴起的系统方法是研究和处理有关对象整体联系的一般方法论,它是当今科学高度综合又高度分化的产物。从系统论的观点看,人是一个金字塔式的结构系统,这个母系统是由许多子系统组成的:如大脑是一个高级调节系统,神经通道是一个输出和输入的通信系统,等等。心理现象也是一个系统,它又由智力系统、情感系统和意志系统三个子系统组成;各个子系统之间互相联系又互相制约,形成一种多向多层次的纵横交叉的立体网状结构。系统论方法为心理学研究开辟了一条广阔的途径,它使得心理学的研究有可能打破过去那种把复杂的、有机联系的心理现象;分解成局部、简单的个体,用个体的简单凑合来说明整体的情况,进而用系统的观念来研究心理现象。可以预言,系统论方法在心理学中的应用,会给心理学带来一次方法论上的革命。

(三)心理指标定量化的课题

恩格斯曾经指出:"纯数学的对象是现实世界的空间形式和数量关系。"世界上任何一种物质类型及其运动形态都具有空间形式和数量关系,因此数学及其方法就适用于任何一门科学。马克思认为:"一门科学只有成功地应用数学时,才算达到了精确科学的程度。"

在历史上,对于社会科学的定量研究是否可行,一直存在争议。心理科学定量研究的问题,有不少心理学家曾做过大量的工作。心理学家桑代克还提出了"凡是存在的就能够被测量"的著名论断。但由于科技条件的限制,心理指标定量化这一复杂课题并未取得满意的结果。新的技术革命使电子计算机广泛应用在社会生产、生活和科学研究各个领域,一些难解的数学之谜以及繁杂统计问题经过电子计算机的分析、处理和统计,而得到圆满的解决。作为交叉于社会科学和自然科学之间的心理学来说,应该建立以研究心理学为目的数学模式,促进心理指标的客观化和定量化,当前国外"数理心理学"的蓬勃发展正是代表了这一趋势。应该说,在新的技术革命条件下,在电子计算机已普遍应用于各个领域的社会新时代,一些心理指标冠之以"大概""似乎""可能"等不精确之词的时代应该结束,这是在新的技术革命条件下,历史赋予我们每一个心理学工作者的使命。

(四)多学科联合研究心理学的课题

科学发展史表明,现代科学发展的高度分化与高度综合的统一,是现代科学发展的整体化趋势的标志之一;各门学科之间的互相渗透,出现越来越多的边缘学科。仅就心理学来说,其分化程度也十分广泛,已经有生理心理学、社会心理学、教育心理学、数理心理学、工程心理学等三十多个独立分支,而且分化的趋势还将继续下去。心理学向各学科领域的渗透,不但促进了这些学科的发展,同时也从一个新的角度加深了对人的心理本质的认识;但这也使心理学研究对象复杂化,使所要解决的问题具有多学科的性质,某些问题的解决已不能仅靠心理学家独立的工作来完成。因此,在新技术革命到来之际,心理学应该与社会学、教育学、哲学、数学、神经生理学、生物化学、信息论、控制论和系统论等各门学科联合攻关。应该利用现代科学技术手段如电子计算机技术、电生理技术、自动化和遥控技术、遗传工程等创造性地研究心理活动的物质本体,从而使心理学走上精确化、科学化的道路。可以说,心理学与其他学科大协作的时代已经到来。

(五)"未来人"的心理素质的课题

马克思主义认为,历史地生活在每一时代的现实的人,一方面在改造自己所赖以生存发展的物质世界,另一方面也在改造自己所建立的社会体系,这就是创造历史。人类在改造自然和社会的同时也在改造自己本身,无论是在心理水平还是在体魄发展上都是如此。人类作为世界的创造者,总是在不断地改造自己和完善自己,从而达到完美的地步。作为研究人的心理科学,应该研究人类在一次又一次的社会革命和技术革命中受到的考验和改造的历史,研究人类在改造客观世界过程中不断使自己本身逐步趋于全面发展和完善的历史,这就是一个"历史心理学"的问题。通过对在不同历史时期、不同的科技水平条件下,个人所应具备的各种心理素质的比较;从而推断在新技术革命条件下、在未来的共产主义社会里,人所应具备的心理素质。

(六)儿童心理社会化的课题

继新技术革命之后实现的自动化、信息化和电讯化,使人同社会的关系日益复杂。联系手段多样化、信息量剧增、社会活动形式多样化,是当代社会的重要特点。当代社会是信息化社会,信息化社会环境的突出特点,是计算机和微电子技术的广泛应用。如美国目前已是一个电子国家,家家拥有电话,几乎98%的家庭拥有电视机。在这种新的电子环境里,人与人之间的交往依靠通信手段的联系增多,直接接触的机会减少。工人与工厂的关系、学生与学校的关系将发生变化,家庭将重新成为学习、工作和生活相结合的中心。这些变化对儿童心理的社会化过程、对青年人的友谊形成和交往方式都有很大的影响。另外,科学技术高度发展的产儿如试管婴儿的产生,不仅给社会增加了一些问题,他们自己在生活和学习中也会遇到很多普通儿童遇不到的问题。这种特殊儿童在微妙的社会环境里心理的发展和普通儿童肯定有着很大的差异。像这些新问题,都应该引起心理学界的足够重视。

(七)人的价值观念变化的课题

马克思曾经指出:"人们的观念、观点和概念,一句话,人们的意识,随着人们的生活条件、人们的社会关系、人们的社会存在改变而改变。"当前冲击着世界的新技术革命,其影响绝不止于科学技术本身,它的影响将波及社会政治、经济和文化等各个领域。继新技术革命之后,人类的社会生活方式、荣辱观、是非观、美丑观、消费观、时间观等都将会有一个重大变化;那种"日出而作,日没而息"不讲求时间效益的观念;那种"洞中方七日,世上已千年"的生活慢节奏;那种一味节衣缩食"积谷防饥"的不讲合理消费的观念;以及"鸡犬之声相闻,老死不相往来"的交际观等,都与当代社会的生活快节奏、讲求时间效益、讲求合理消费以及注重人们之间的相互交往极不吻合。这就要求心理学在彻底克服学理主义和经院习气而转向密切注意新的历史条件下,关注人们的各种价值观念和道德信仰的变化,只有这样,心理学才能与社会历史同步发展,当然,对这些问题的研究决不仅限于心理学。

(八)人们的需要层次变化的课题

人生活在社会中,需要的层次是不断上升而又不平衡的。在不同的历史时期、不同的生产力水平条件下,人们的需要是有显著差异的。正如马克思所说:"需要是同满足需要的手段一同发展的,并且是依靠这手段而发展的。"由于科学技术是不断向前发展的,因此人的需要也随之不断向前发展,"已经得到满足的第一个需要本身,满足需要的活动和已经获得的为满足需要用的工具又引起新的需要"。

人类经过几千年的征服自然与改造自然的斗争,在实现了一次又一次的生产力革命之后,物质生活资料已远远超过满足人的生理需要的限度;特别是当前这场新技术革命,将会给社会生产力带来一个巨大的飞跃,使物质财富得到极大的丰富。满足需要的"工具"更新了,那么人们的需要层次、需要水平又将发生什么样的变化呢? 这有待于心理学去研究和探索。

(九)人的心理适应的课题

新技术革命引致当代社会空闲时间的延长、运动速度的加快和空间距离的缩短三大特点。由于微型电子计算机的普遍应用,实现了工厂操作自动化,以至于建立无人工厂、机器人代替了人的操作;使工人劳动时间大大缩短,空闲时间大大延长。另外,新技术革命作为信息革命,扩大了人与人之间、民族与民族之间的相关性;扩大了现代人的听觉和视觉范围,人们和周围世界的空间距离大大缩短。再加上交通工具的日益发达,人们不但从间接经验,而且从自己的亲身体验中感到社会生活的快节奏;以及自己与世界其他地区的接触越来越多,似乎感到地球变小了。当代社会正如美国白宫国家目标研究室主任小查尔斯·威廉斯在1972年所说:"今后30年的变化在规模上可能等于过去两、三个世纪的变化! 新技术革命所导致的这一情况,也使一部分人感到难以适应未来世界的迅速变化,而悲观厌世、精神颓废,甚至走向堕落。"美国国立精神健康研究所的一位心理学家宣称:"心理危机……在一个混乱、分裂和对未来捉摸不定的美国社会中,到处蔓延。"这是美国资本主义社会的情况。但人对未来世界迅速变化有某些心理上的不适应,却是一个共同的问题。当前我国不仅面临新技术革命浪潮的冲击,还处在经济大调整、领导机构、管理体制大改革的时期。在对外关系上,实行了开放政策,加强了与国际上资本主义国家政治经济、科学技术和文化艺术的交流。对于这种世界激变和人的心理适应问题,心理学切不可等闲视之。

(十)心理学为社会主义精神文明建设服务的课题

随着新技术革命的到来,生产力的迅速提高,人们的物质需要将会得到很大程度的满足。有人预言,到了 21 世纪,将是一个"路不拾遗"的美妙世界,但这只说对了一半。以美国为证,当今美国的生产力最发达,人均生活水平很高,但美国的精神病患者比例全球最高,毒品流行,自杀和离婚等社会问题严重。正如柏忠言所说:"对于第三世界国家的某些人来说,简直不可想象一个人已物质富裕而仍然感到不幸福。……但是,事实仍然是事实:许许多多'拥有一切'的美国人和其他西方人的确是痛苦的。他们的确是如此痛苦,以致要通过自杀或吸毒来结束或者忘掉自己的存在。"

之所以如此,是因为人们除了有物质需要的满足外,还有精神需要的满足;而且这还是更高一级的满足,二者和谐统一,人的身心发展才是健康的。在资本主义社会里,极端的利己主义是资产阶级道德的基本准则。自私自利、损人利己、投机取巧、钩心斗角、尔虞我诈、拜金主义是资产阶级道德的重要特点。在这种社会制度下,人是不可能获得精神需要的满足的。

我们社会主义国家一贯重视精神文明的建设,特别是随着党的工作重心的转移,党中央向全党和全国人民提出,要在建设高度的社会主义物质文明的同时,努力建设高度的社会主义精神文明。并指出这是社会主义的重要特征,是社会主义制度优越性的重要表现。提倡"两个文明"的建设,正是党中央的高瞻远瞩所在。社会主义精神文明的建设包括两个方面:一是社会的科学、教育、文化、艺术、体育、卫生的发展水平;二是社会的政治倾向、理想信念、道德情操和精神状态等。社会主义制度的性质要求科学、教育、文化、艺术、体育、卫生的高度发展,但单靠科学、教育、文化、艺术、体育、卫生的高度发展还不够,只有实现它们与无产阶级的自觉意识、共产主义的理想信念和道德情操的内在结合时,才能成为社会主义精神文明的一个组成部分。而无产阶级自觉意识的树立、共产主义理想信念和心理品质的培养又是极为崇高而又复杂的,心理学必须为社会主义精神文明的建设做出应有的贡献。

总之,在生产力越来越发达的现代社会中,在新技术革命到来之际,人们的物质需要将会越来越得到更高层次的满足,而对人自身精神需要以及其他心理问题的研究将日益得到加强。

诚然,在新技术革命条件下,在新的历史时期,心理学所面临的新课题绝不止这些,例如还有资本主义社会心理失常者剧增的问题、电子计算机高级技术人员的犯罪问题等,都是新技术革命给心理学提出的新课题。心理学不是世外之物,应该对新形势下出现的新情况、新问题进行深入的研究和探讨。只有这样,心理学才能有与新时代同步前进的历史。

(本文发表于《江西师范大学学报(哲学社会报)》1985 年第 4 期)

二、市场经济与教育价值观的变革

邓小平同志曾经指出:"经济是基础,经济的发展必然会带动教育的发展。"教育发展史已表明,教育事业的发展与经济发展有着密切的关系。不仅经济发展的水平和速度制约着教育发展的规模和速度,而且,经济的体制、结构、经济领域的改革开放,以及经济发展对政治、科技、文化提出的要求,也都对教育的发展有着深刻的影响。并且,一定的经济总是要求一定形式的教育与之相适应,当社会经济制度发生变化时,教育也会发生变化。如与古代自然经济相适应,教育就表现出了狭隘性、封闭性和脱离生产劳动的烦琐教学形式,商品经济发展后,这种教育也就失去了存在的土壤。

新中国成立后,长期实行高度集中的计划经济体制,与此相适应的教育具有单一的行政性和计划性,学校是国家机关的附属物,行政手段决定着教育管理和对教育成果的利用。当前,发展社会主义市场经济已成为现实生活的主旋律,这就要求教育必须尽快去适应这一新的挑战。这种适应,既包括教育思想、观点的适应,也有教育体制、内容与方法的适应。其中,树立新的教育价值观,是教育适应市场经济的关键一环。因为,观念的变革与更新是一切改革的前提和思想基础,没有教育观念的更新,教育的其他一切改革都将是无源之水、无本之木。

转变教育价值观,总的来说,就是要破除自然经济、半自然经济和高度集中的计划经济基础上的观念,树立新的立足于社会主义市场经济的新教育价值观。具体地看,则应从以下诸方面来考察:

(一)树立新的人才质量观

市场经济需要什么样的人才,这是我们当前办教育、搞教学首先必须解决的一个根本问题,办教育的根本目的是为了培养更多更好的人才,这是不容置疑的,但究竟什么样的人才是"人才",却是众说纷纭、莫衷一是。中国传统教育以自然经济为基础,这种自然经济要求的是对稳定而又僵化的整体秩序的维护与绝对认同,它培养的是服从性的品格,这时期的"人才"只能是"唯书""唯上""听话""驯服",当人能够把"唯上""听话"成为自己的自觉行为时,自然就成为最好的"人才"了。新中国成立后有相当长一段时间,社会生活不正常,"政治"渗透到社会的每一角落,这种"政治文化"所导致的结果便是过分看重人与人之间的关系。善于协调人际关系者自然就成为"人才"了。具体来说,它要求人面面俱到、十全十美、不求有功、但求无过、谨小慎微、唯唯诺诺;不为人先,也不为人后;因为枪打出头鸟,出头椽子先烂。市场经济是一种平等竞争的经济,它对人的根本要求就是必须具有真才实学。

在市场经济中能够游刃有余的人,是那种能独立思考富有创新与开拓精神、遵纪守法的敢说敢干、敢为天下先的人。因此,作为教育者,面对市场经济的要求,必须树立新的人才观,从抽象的善恶标准中跳出来,以生产力作为衡量人才的主要标准。评判一个人时不仅要看态度与动机,更要看效果与实绩,破除培养"完人"的观念,因为"完人"只有在不说话、不做事的情况下才能保持。事实上,要做事,就有可能失败,要说话,就有可能说错。我们衡量人才的标准不能是"完美无缺",只能是"真才实绩",在市场经济条件下,只有具备真才实绩的人,才称得上是真正的人才!

(二)确定新的教育主体观——自我

在我国传统的教育观念与实践中,总是将教育活动中的个体绝对地看作是客体,将"社会"绝对地看作是主体,把教育看成是由社会到个体的单向运行过程,体现出一种典型的社会本位教育观。这种不正确的片面的教育观,导致了我们把个人的一切来源都看作是来自教育和社会,把一个个活生生的个体当成了一个个简单的容器,可以任意灌注、任意填充。这种教育价值观,不但完全歪曲了教育活动,而且抹杀了"学习"这一认识世界的过程中基于个体而存在的主体能动性,抹杀了"创造"这一人类在改造世界过程中基于个体而存在的主体能动性,从而使我们的教育缺乏"学习"与"创造"的气氛以及个性的伸张。

实际上,科学的教育理论早已揭示,古今中外的教育史也早已表明——成功的教育,历来都是提倡个性,尊重人的天性;反对把教学活动中的学生完全置于被动地位,主张以"学"作为教学的主体。市场经济是竞争经济,它需要的是一个个能独立思考、具有主体意识、奋发向上的人才,需要他们一个个在市场经济的大海中独立地遨游。这就要求我们树立新的教育主体观,把传统的"教"的单向运动变成"教"与"学"的双向运动,重视学的主体性,从教育对象的立场上说,就是对自我、自主性的重视,只有这样,才能确保我们培养的人才能够在市场经济中立于不败之地!

需要说明的是,我们所说的"自我"不同于资产阶级的极端个人主义,而是一种积极的自我。因为市场经济是一种法制经济,因此,这里的自我就是在遵守社会主义法制规范的前提下的一种对自我潜力的最大发挥。

(三)树立新的人才发展观

我国传统的教育价值观否定人性、否定人性的差别,这种观念导致我国教育一直存在一个严重的偏向,就是以"高、大、全"的标准来苛求受教育者,片面追求教育目标的理想化,其直接后果就是要求教育面向全体,以"面向中等,着重补差"为教学指导思想,从而妨碍了杰出人才的脱颖而出;要求个体全面发展,并且提出全面要求,要人面面俱到,妨碍了个体特殊禀赋、特殊才华的培养,最终导致了杰出人才的扼杀。这既有中国传统政治文化的影响,也与统一集中的计划体制密切相关,因而导致在教育实践中,习惯于搞"一刀切",按一个模式培养人才。

人才成长有其特殊的规律。诚然,人的发展是越全面越好,可古今中外各种人才的成长发展史都已表明,杰出人才都不可能完美无缺,十全十美,他们都只是在某一个领域或某一个方面超出常人,为社会做出了贡献,从而推动了社会的发展。这正如西班牙著名画家巴勃罗·毕加索所说:"人的潜力都是一样的,不同的是,常人把智能消耗在琐事上,而我仅专注于一件事——绘画。一切为它牺牲。"我们在理论上一味强调全面发展、全面要求和面向全体;而不考虑人的个性,人的差别,人的特殊天赋和特殊才华,就只能在教育实践中导致平庸。对此,万里同志说得好:"我们往往用一个固定的尺度、框框去要求人才,要求一个杰出的人才面面俱到、十全十美,这种方法很不利于人才的发现和成长,甚至会埋没人才。"

(四)教育功能观的转变

我们传统的教育理论认为,个体社会化的过程就是一个把社会文化、规范和技能技巧内化的过程。因此,在教育实践中把学校教育的任务视为社会文化、规范和技能技巧的传授,而忽视了学校教育在训练学生创造社会新文化方面所承担的职责;它的直接后果就是导致学生在接受学校教育的过程中难以养成独立思考、独立工作以及自主、创新、开拓等方面的能力,在纷繁复杂的社会生活和社会实践面前表现出明显的被动性、不适应性和缺乏创造性。市场经济提倡的是竞争、创造与开拓,它要求社会的主体——人必须具有很强的社会适应能力和在工作中的进取、创新和开拓精神。因此,这就要求我们的学校教育必须转变传统的教育功能观,认识到现代的学校教育不仅是传道、授业、解惑;还要引疑、启智、开能。并且,学校教育的引疑、启智、开能的功能,是教育功能中的主体功能。因为,人是社会的主体,受过各种教育的人更是社会发展的主体,学校教育就应该引导社会的主体在征服自然、创造文化、改造社会和推动社会中显示出他们的社会主体的功能,从而去改造社会。

(五)教育服务观的转变

"社会主义建设要依靠教育,教育要为社会主义建设服务",已成为指导我们教育工作的大政方针。但是在市场经济体制下,教育应该怎样来服务于社会主义建设? 是主动服务还是被动适应? 这是必须明确的。新中国成立后长期实行的是高度集中的计划经济体制,与此相适应,教育自然要服从于高度集中统一的计划经济。这种适应,不仅牵涉到教育的内容、方法、宏观与微观的管理体制,而且还牵涉到教育的指导思想、观念,涉及教育的培养目标、专业设置。它作为一种衡量教育的标准、尺度,给教育带上了一种单向的、自上而下服从的消极被动的适应关系;学校成为国家机关的附属物,学校内部的一切教育活动,都受控于行政机关;政府需要什么样的学生,学校就培养什么学生,完全抹杀了教育的相对独立性。

市场经济是一种受供求关系调节的经济,市场需求的变动将成为调节教育活动和专业设置的重要参考信号;经济发展状况也把对人才和劳动力的需求信号、把对人的素质要求信号,灵敏地呈现在教育面前。这就要求教育充分发挥其主动性与主体性,树立主动服务的思想观念,主动去服务于社会主义建设。因为教育对社会的服务主要是通过为社会培养人才来实现的,因此这种主动服务,着重体现在教育应尽可能多地为社会主义建设提供多种多样的建设人才,从根本上讲,就是社会需要什么人才,就培养什么样的人才。

(六)树立有偿教育的观念

长期以来,我国一直进行的是免费教育,这还成为社会主义优越性的一大特征,致使国家教育经费严重短缺,也造成了人们头脑中的教育无偿观念;把免费受教育当成了一种社会福利,这种观念与做法显然是与社会主义市场经济不相适应。市场经济是一种多元利益平等结合的经济,市场经济主体的多元化将要求教育投入主体的多元化。过去,国家成为教育投入的唯一主体,是同国家高度集中的计划体制相适应的;继续保持这种状态,不但无法大幅度提高教育投资,而且造成权利与义务严重脱节;企业与个人只享受教育的成果而不负担教育的投入,这完全不符合市场经济的平等法则。社会主义市场经济是多元利益平等结合的经济,任何一个经济主体都应遵循"要受益,需出力"的原则;既享受教育的成果,也承担教育的义务,树立教育有偿的观念。当然,在多元利益结合体中,国家仍然是教育的主体并占有主导地位;国家要保证整体利益和长远利益,主要负责对义务教育和高科技教育的投入,而企业和个人对非义务教育和实科教育的投入应承担相应的义务。

(七)教育模式观的转变

"模式"一般被理解为"一定事物通过程式化的处置而成为同类事物的典范",也就是说,作为一种模式,第一,它代表了一系列事物的共同程式;第二,该程式是按步骤排成的"操作方案"。据此理解,我们可以把我国的教育模式分成两种:一种是以背诵课本为手段,以升学为目的的应试教育;另一种是追求真才实学,着重素质全面发展的素质教育。

中国的传统教育是一种应试教育。它植根于小农经济和封建制度的土壤上,为封建统治阶级培养"齐家、治国、平天下"的各种"人才",它看重的是卷面的考分,以考分的高低来评判选择需要的人才,"学而优则仕"使中国的教育一开始就走上了一条"读书(死记硬背)—应试(按图索骥)—做官(缺乏实践)"的应试教育道路。这种教育模式是一种封闭式的教育,它脱离社会经济发展的实际,以书本知识的应试为目标;自我封闭在学校、在书本、在课堂,教人读死书、死读书、最终读书死。这种教育模式尽管在现代已有了很多变化,但由于我们的教育制度,脱胎于它且又受制于高度集中的计划经济;因此也深深地烙上了这种教育模式的印记,"读书—应试—当干部"已成为我们几十年办教育的基本模式,并且由于"以分量人"的招生考试制度一直没有突破;新的选人机制和政策措施没有建立起来,从而使整个基础教育难以跳出应试教育的模式。

社会主义市场经济的建立,对人才质量规格提出了新的要求,它不仅要知识,更看重见识;它重视文凭,但更重视水平,需要能力;它不排斥高分,但更要求高能;它不看重卷面考试技巧,但重视实践中的动手能力、操作技巧;它不仅要求智高,还要德好体强。市场经济对人才质量规格的新要求,必然要强烈冲击以统招、统考和统分为特征的应试教育体制,它要求教育培养出具有真才实学、能干实事的人才。这就要求我们教育走上一条"读书—学本领—干事业"的路子,转到以全面提高学生素质为目的素质教育模式上来。

(八)树立新的德育观

每次重大的历史转折时期,都不可避免地引发学校德育适应性问题的论争。前几年,有人主张削弱德育,认为"德育无用""能力万能""先前竟于道德""当今竟于能力"。实际上,从理论上说,市场经济所导致的教育由重德到重能的转变,具有必然性和一定的合理性。市场竞争的无情呼唤着能力强、具有开拓创新精神的人,而不是传统的能动脑(人文方面)却不能动手的"君子"。但是,市场经济是一种法制经济、竞争经济,它需要市场经济的参与者必须具有健全的法制意识和竞争意识。并且由于市场经济还是一种多元利益相结合的经济,这就客观要求参与者不仅要有竞争能力,还要有取得他人与社会认同的良好道德,才能在多元结合与交往的经济运行中发挥作用。而一个极端自私、不讲信用、损人利己、毫无德性的人,是很难取得他人的认同和协作的。

因此,在市场经济条件下,德育不是要削弱,而是要加强,关键是要进行德育的改革。我国的德育曾长期存在如下弊端:德育知识化。仅进行抽象的善恶道德说教;德育时事化。德育内容随政策变化太大、太快;德育客体化,只是把道德作为对于人的约束力量,而没有把道德当作个体要生存于社会的内在需要。因此,在市场经济条件下,我们应着重加强这几方面的道德教育认知:(1)有必要重新认识社会主义和资本主义,对马克思主义的理解,不能停留在书本上作教条式的理解,而应该实事求是地做出公正评价。(2)培养健全的商品意识。这种商品意识是指与商品经济发展要求相适应的特定的价值观念和意识品格,主要包括独立意识、竞争意识、时效意识、开放意识和创新意识。(3)树立健全的法制观念。市场经济如果没有法制,就像体育竞技场没有规则,必然导致混乱、弱肉强食、社会倒退。(4)传统美德教育。中国的许多传统美德如吃苦耐劳、勤俭节约和艰苦奋斗等在市场经济大潮中仍将大放异彩。

(九)树立新的教学观

教育要走向现代化,适应市场经济的发展,必须在教育观念上有一个突破。这其中,首先在教学任务观上,必须认识到,教学不能只关心传道、授业、解惑,甚至也不能停留在引疑、启智、开能,而应该是一种不仅顾及知识的传授、智能的开发,还要顾及人的心灵的培养,应树立培养"人"的教学观,重视学生的主体性和完整性,注重对学生人生智慧的培养。由于要树立教育是培养劳动者而非培养"干部"的观念,在教学内容上,必须反对空疏、陈腐、脱离实际、专注文字的内容,讲究教育内容的功效性、实用性,应教给学生真正实用的知识和谋生的手段。在教学方法上,传统的唯理性教学观过分强调认知因素的作用,忽视学生情感、意志的作用。因此,学生不仅只能机械被动地接受老师的知识,往往还被当成无情感的容器,相应地采取"无情教学法",使学生对学习感到厌烦甚至恐惧,从而影响教学效果。因此,在教学方法上,必须重视学生在学习过程中的情意因素,启发学生思维,促进学生和谐发展。在学习体验观上,应破除"苦学蛮学"观念,树立"乐学好学"的意识并以此来安排教学的一切活动。表现在教育形式上,就要摒弃单一的课堂教学形式,努力建立起以课堂教学为基础,课内外相结合、学校家庭相结合的教育组织形式;表现在教与学的关系上,就要积极倡导以"教师为主导,学生为主体"的师生双边活动,充分激发学生的学习兴趣和学习积极性;表现在师生关系上,就是民主平等、尊师爱生,形成师生双方良好的情感交流,使学生在一种愉悦的气氛中学习。

总之,市场经济已把我们带入了一个不管你我愿意与否,但都必须参与的竞争大舞台,要想成为这场竞争的胜利者,就必须拥有"高、精、尖"的各种人才,而优秀人才的培养,需要我们教育工作者解放思想、转变观念,使教育适应市场经济的新需要。

(本文发表于《广东教育学院学报(社会科学版)》1994 年第 4 期)

三、邓小平关于教育体制改革的思想

邓小平关于教育体制改革的思想,是邓小平教育思想的重要组成部分。邓小平是站在教育在社会主义现代化建设中的战略地位来论述教育体制改革的,研究邓小平教育体制改革思想,离不开整个体制改革的大背景,离不开邓小平整个体制改革思想,尤其是经济体制改革的经验,指导建立与社会主义市场经济体制、政治体制和科技体制相适应的教育新体制,发展整个教育事业具有指导意义。

(一)邓小平教育体制改革思想的发展

邓小平教育体制改革的思想,正式形成于党的十一届三中全会前后。1977年8月,邓小平刚刚复出,就自告奋勇地抓科教工作,在邓小平直接领导下,被"四人帮"搞垮了的在20世纪50年代建立起来的教育体制很快得到恢复,教育振兴局面喜人,迎来了科学、教育的第一个春天。但是,随着社会的发展、教育规模的扩大,现代化建设对教育培养人才的质量、规格提出更高要求,我国原有的"集中统一"的教育体制已很难适应发展的要求,且暴露出越来越多的弊端。主要表现在:"包得过多,统得过死",政府包办一切教育,政府是唯一的办学主体,社会团体、集体单位、公民个人都不能独立办学;教的投入完全由国家包下来,教育投入基本上是靠国家财政、地方财政拨款;大中专学生包学费、包就业、包当干部;政府对教育实行高度统一的计划管理和直接的行政管理,学校缺乏应有的办学自主权。

随着时代的发展,从根本上改革束缚教育发展的体制就显得更为重要。根据形势发展的需要,邓小平开始强调体制改革的必要性和紧迫性。他认为,实现社会主义现代化,我们要解决很多矛盾,要做很多工作,但首先还是着手研究体制的改革。他指出:"体制搞得合理,就可以调动积极性。要争取时间,快一点调整好。"且告诫全党:"如果不进行改革,四个现代化就成为一句空话,社会主义事业就会被葬送。不改革就没有出路,旧的那一套经过几十年的实践证明是不成功的,过去照搬别人的模式,结果阻碍了生产力的发展,在思想上导致僵化,妨碍人民和基层的积极性的发挥……改革是全面的,包括经济体制改革、政治体制改革和相应的其他各个领域的改革。"这个"其他各个领域的改革"当然也包括教育体制改革。

在邓小平体制改革思想指导下,我国经济体制改革首先从农村拉开序幕,以"联产承包责任制"为核心、以市场价格为导向的农村经济体制改革,调动了八亿农民的社会主义的积极性,取得巨大成就。随后,城市经济体制改革在《中共中央关于经济体制改革的决定》(以下称《决定》)的指引下,围绕着搞活企业这个中心环节,目的要从根本上改变束缚生产力发展的经济体制,促进生产力的发展。在整个经济体制改革的大背景下,1985 年《决定》出台,《决定》集中反映了邓小平教育体制改革的思想,邓小平说:"教育体制改革的决定草案,我看是个好文件。现在,纲领有了,蓝图有了,关键是要真正重视,扎扎实实地抓,组织好施工。"《决定》的颁布,标志着我国的教育体制改革已进入全面实施阶段,邓小平关于教育体制改革的思想逐步成熟并得到全面贯彻。

1992 年,邓小平视察南方并发表重要讲话,给中国改革的深入指明了方向,也为教育体制改革提供了助动力。"改革开放胆子要大一些,敢于实验,不能像小脚女人一样。看准了的,就大胆地试,大胆地闯。深圳的重要经验就是敢闯。没有一点闯的精神,没有一点'冒'的精神,没有一股气呀、劲呀,就走不出一条好路,走不出一条新路,就干不出新的事业。"在邓小平深化改革的思想鼓舞下,党的十四届三中全会通过《中共中央关于建立社会主义市场经济体制若干问题的决定》,为适应社会主义市场经济体制改革的要求,1993 年中共中央颁布《中国教育改革和发展纲要》(以下称《纲要》)为 20 世纪 90 年代乃至下世纪的教育改革提供蓝图,是建设有中国特色的社会主义教育体系的纲领。

(二)邓小平关于教育体制改革思想的内容

邓小平关于教育体制改革的思想内容主要有以下三个方面:

1. 权力下放,统分结合

改革体制,必须选准突破口,抓中心环节,而权力的集中与分散问题,是体制改革的中心环节。邓小平多次强调权力下放问题,认为:我国现行的经济体制,权力过于集中,各级领导机关,都管了很多不该管、管不好、管不了的事。并且把权力下放和调动积极性紧密地结合起来。他说:"现在我国的经济管理体制权力过于集中,应该有计划地大胆下放,否则不利于充分发挥国家、地方、企业和劳动者个人四个方面的积极性,也不利于实行现代化的经济管理和提高劳动生产率。"在谈到政治体制改革问题时,又强调权力下放:"我想政治体制改革的目的是调动群众的积极性,提高效率,克服官僚主义。改革的内容,首先是党政要分开,解决党如何善于领导的问题。这是关键,要放在第一位。第二个内容是权力要下放,解决中央和地方的关系,同时地方各级也都有一个权力下放的问题。第三个内容是精简机构,这和权力下放有关。"在总结农村改革的经验时,他谈道:"这些年来搞改革的一条经验,就是首先调动农民的积极性,把生产经营的自主权力下放给农民。农村改革是权力下放,城市经济体制改革也要权力下放,下放给企业,下放给基层,同时广泛调动工人和广大知识分子的积极性,让他们参与管理,实现管理民主化,各方面都要解决这个问题。"

"权力下放、统分结合"在教育体制改革中的要求,就是从教育体系和制度上理顺国家、地方、社会、学校的关系,充分调动各级政府、全社会和广大师生员工的积极性,建立与社会主义市场经济体制、政治体制、科技体制相适应的教育新体制,达到提高民族素质,多出人才,出好人才。这一思想,在教育体制改革中得到坚决的贯彻和体现。《决定》指出:把发展基础教育的责任交给地方,由地方负责、分级管理,有步骤地实行九年制义务教育,同时,强调扩大高等学校的办学自主权。实行中央、省(自治区、直辖市)、中心城市三级办学体制,《纲要》在加快办学体制改革、权力下放方面又有新的发展,提出:形成以政府办学为主和社会各界参与办学相结合的新体制。对基础教育的地方负责、分级管理体制进行完善,高等教育体制改革,建立政府宏观管理、学校面向社会自主办学的体制,建立和完善自主办学、自我发展和自我约束的机制,提出政府要转化职能,改善对学校的宏观控制,把属于学校的权限,坚决下放给学校。

2. 改革领导体制

教育体制包括办学体制、管理体制,领导制度是管理体制的重要组成部分。在领导制度上,邓小平提倡实行集中领导和民主管理相结合的制度。邓小平指出:"为了实现四个现代化,我们所有的企业必须毫无例外地实行民主管理,使集中领导与民主管理结合起来。"所谓集中领导就是普遍实行高度集中的行政领导,维护生产指挥系统的高度权威。邓小平指出:"有准备有步骤地改变党委领导下的厂长负责制、经理负责制……实行这些改革,是为了使党委摆脱日常事务,集中力量做好思想政治工作和组织监督工作。这不是削弱党的领导,而是更好地改善党的领导,加强党的领导。"所谓民主管理,就是充分发扬民主,让广大职工当家做主,发挥工会、教代会和职工大会的作用。

邓小平认为:集中领导和民主管理相辅相成,只有把这两方面结合起来,才能克服无人负责的官僚主义现象,才能充分体现劳动者的主人地位,调动他们的积极性,邓小平对职工代表大会的职权作了明确的说明:"职工代表大会或职工代表会议有权对本单位的重大问题进行讨论,做出决定,有权向上级建议罢免本单位的不称职的行政领导人员,并且逐步实行选举适当范围的领导人。"邓小平关于实行集中领导和民主管理相结合的论述,为学校领导体制改革提供了指导思想。按照邓小平关于实行集中领导和民主管理相结合的论述和《决定》《纲要》的要求,高等学校党委领导下的校长负责制和中等及中等以下学校的校长负责制相继建立。一方面,校长成为学校的行政主管、学校的法人代表,校长在学校行政工作中的决策、指挥地位得到加强,提高整个管理的效率;另一方面,教职工代表大会参与学校的决策,审议学校的重大决策,为学校办学出力献策,保证学校重大决策的正确性以及教职工的主人翁地位。这种体制的建立,给整个学校的发展提供组织保证。

3. 建立和完善责任制

邓小平指出:"在管理制度上,当前要特别注意加强责任制。现在各地的企业事业单位中,党和国家的各级机关中,一个很大的问题就是无人负责。名曰集体负责,实际上等于无人负责。一项工作布置之后,落实了没有,无人过问,结果好坏,谁也不管。所以急需建立严格的责任制。"加强责任制,其实质是强调内行领导,强调职、责、权的明确和统一。邓小平加强责任制的思想概括起来有三个方面:

(1)加强责任制,首先要强调职责权利的统一。他认为:要扩大管理人员的权限。责任到人就要权力到人,各有各的责任,也各有各的权力,别人不能侵

220

犯。只交责任,不交权力,责任制非落空不可。要有分工负责,要从上到下建立岗位责任制,这样,工作才能有秩序、有效率,才能职责分明、赏罚分明,不致拖延、推诿、互相妨碍。

(2)善于选用人才,量才授予职责。要发现专家、培养专家、重用专家,提高各种专家的政治地位和物质待遇。用人的政治标准是为人民造福,为发展生产力,为社会主义事业做出积极贡献,要根据这个主要的政治标准来选人。

(3)严格考核,赏罚分明。建立与本行业特点相适应的考核制度和劳动工资制度。"所有企业、学校、研究单位、机关,都要有对工作的评比和考核,要有学术职称和荣誉称号。要根据工作成绩的大小、好坏,有赏有罚,有升有降。而且,这种赏罚、升降必须同物质利益联系起来。"并且强调工业有工业的制度,农业有农业的特点,具体经验不能搬用,但基本原则是搞责任制。

邓小平关于加强责任制的思想,明确了责权利的关系,主张以人定责、以责定权、以绩定利,把责权利结合起来。其中,责是前提,权是条件,利是动力,三者互相补充,缺一不可,形成"权力—责任—考评—奖惩"体系。在邓小平关于加强责任制思想的指导下,学校内部体制改革进展顺利,校长负责制、教师岗位责任制、经费包干制、工资总额包干制、奖励工资制等,极大地调动了学校全体成员办学、教学的积极性,增强了学校主动适应现代社会发展,自我发展、自我完善的功能。

参考文献:

[1]邓小平.邓小平文选(第2、3卷)[M].北京:人民出版社,1994.

(本文发表于《江西社会科学》1998年第8期,与龚孝华同志合著)

四、论教育本体功能的实现

所谓教育的本体功能,是指教育本身对培养人所具有的作用和价值,是教育本质特点的体现。对教育功能,长期以来人们注重的是教育的社会功能研究,而对教育的本体功能却研究甚少,有的也只是泛泛而谈,或者只研究功能的形式却未探索功能的实现,缺乏实践指导意义。

教育应该具有什么样的本体功能,决定于影响人发展的各种后天要素。教育的目的是促进人的发展,有什么要素影响着人的发展,决定着教育就必须去培养这些要素。那么,在人的发展过程中是哪些要素起着制约作用呢?人发展的前提和基础是科学知识,一个人应当掌握扎实而丰富的科学知识。知识掌握的过程是不断发现问题的过程,而在发现、分析和解决问题的过程中,人的智能也得到了同步的发展。所以,教育要实现其促进学生发展的目的,基础的功能就是要传授知识,其一,学习和掌握科学知识的活动过程本身,也是认识世界,接受文化熏陶,德、智、体等素质发展的过程。学习和掌握科学知识的过程,就是占有人类社会历史经验精华的过程。科学文化知识不仅凝结着人类认识和改造客观世界的成果,而且凝结着人类主观精神,如情感、品德和抱负等。学生在学习和掌握它们时,对自身的情感、意志、品德、抱负也是一个促进。掌握知识,也为人的其他方面的发展打下了坚实的基础。例如:"抱负"从何而来?它是受教育的结果,是科学的产物;"道德""纪律"等也都需要有科学知识作为基础,才能达到自律自觉的程度。

随着社会科学技术的迅猛发展,知识的发展呈现出更新周期缩短、总量激增,各学科不断分化又不断综合,边缘学科不断涌现的趋势。由于知识不断老化,加上人生有涯而学无涯,使人不可能掌握世界上所有的科学知识。一个人在现代社会中适意地生存,不在于知识量的多少,而是要学会学习、学会适应。

仅就学会适应而言,绝非知识广博就适应能力强,而是要基础扎实。世界教育史、发明史上无数事实表明,知识(尤其是外学科的知识)多少并不能决定一个人的成就。所以,让学生获得知识、掌握真理是实现教育本体功能的第一步骤,学生智力、能力的训练是在此之后的第二步骤,或者说是教育本体功能的第二个层面。

人的发展以科学知识为基础,以智能为核心,那么人怎样才能做到知识丰富、智高能强呢? 也就是说,人发展的动力是什么? 事实上,如果一个人没有学习的要求,碰到困难就灰心丧气,缺乏学习的动力,是不可能获得很好的发展的。在同样的环境和条件下,每个学生发展的特点和成就,主要取决于自身的心理素质,取决于心灵是否健全。这是因为人只有具备了健全的心灵,才可能有目的地主动地去发展自己,并自觉为实现预定的目标去克服困难。所以,教育的终极功能是培养学生健全的心灵。健全的心灵包含着"有情、有意、有抱负"三层含义,"有情"即对他人、对社会充满着爱;"有意"即具有克服困难、挑战挫折的意志和勇气;"有抱负"即具有改造社会、推动历史进步的远大理想。健全心灵的形成不仅是教育的终极目标,也是教育充分实现其本体功能的条件。

了解教育的本体功能是什么固然重要,但更重要的是应该怎样去实现教育的本体功能。教育本体功能的实现牵涉的因素很多,包括教育观念、体制、条件,还有课程的设置、教材的编排、学生天赋及身体条件、家庭与社会环境、学生原有的基础、学习兴趣、学习能力和方法,以及学生同教师之间的关系等。教育本体功能的实现,最根本的是依靠教师,教师是教育本体功能的主要实施者,是教育本体功能实现的决定因素。

在教学过程中,要让学生主动学习,才能达到知识掌握的高效与巩固,但在教学实践中却常常有教师忽视学生主体积极参与的现象存在。要优化学生主体活动,首先应确立什么是以学生为主体? 以学生的什么为主体? 以学生为主体强调的是在学习过程中,学生是认识的主体,应当以学生的思维活动为主体,以学生的认识过程为主体,而不是在时间安排上"以学生为主,以教师为次"。其次,要优化师生关系,尊重热爱学生,赢得学生对老师的喜爱与信任,创造出一种宽松和谐、互相尊重的教学气氛。再次,应注意主体活动的全面性。不同科目的教学都有一些共同的学生主体活动因素,如记忆、想象、思维、语言和情意活动等,但每门学科之间主体活动存在差异。如语文学科有听、说、读、写等主体活动,物理则有观察与实验、逻辑推理、分析运算等主体活动,教师应充分考虑每门学科学生主体活动结构的完善,从而有效地促进学生相关能力的发展。最后,学生主体活动要真正落实到教学过程中去,要打破以教师、课堂、书本为中心,以讲授为主线的教学套路,构建以学生主动参与、积极活动为主线的教学模式。这种教学模式的核心就是创造全体学生都积极参与学习的条件,让学生在主动参与中获得直接的知识和经验。

学生学习和掌握知识,还要依靠教师高超的教育艺术。教育艺术离不开教师的德行,学生只有"亲其师"才能"信其道"。所以,教师应有宽阔的胸怀,公正、刚毅、勤奋的品质,对学生充满爱。一个优秀的教师应该充分发挥学生的积极性、主动性,树立学生的主体能动意识。一个优秀的教师应该知道什么时候去引导和什么时候站在一旁不作干预,最佳教育的时间是当学生感觉有被教的需要的时候;一个优秀教师还应该知道不同年龄的学生适合学习什么,懂得因材施教。教师高超的教育艺术还表现在对教育教学的原则、方法和内容的运用、选择和处理上。教育有原则但无教条,教学有法而无定法,它需要教师能根据不同的情况创造性地选择和运用教育方法。同时,教育艺术还体现在教育机智上,教育是心灵的撞击,是情感的交融和呼应,在师生的交互作用中,教育情景往往是难以控制的,教育艺术高超的教师,往往能够巧妙地利用各种突发情境,或者创造新的情境,把教育活动引向深入,使教育活动更生动、更有效。

学生智力的发展、能力的获得,不仅依靠教师的言传身教,更主要的还在于学生自我主体的积极"动脑""动口""动手",形成教育教学过程中的"互动"局面,正如叶圣陶所说,学习是学生自己的事,无论教师讲得多么好,学生没有真正地"动"起来,是无论如何也学不好的。学生的智能只有通过实际的活动才能逐渐发展,活动的本质特征是个体的主动参与。一方面,通过活动,个体的创造力、潜力、天赋、审美鉴赏力等得以表征、凝固在活动过程和活动结果中。另一方面,通过活动,又丰富着、发展着个体的潜能、资质和素养。活动经验的作用是不可代替的,学生活动经验越广泛,实践锻炼的机会越多,智力的发展就越好,能力获得就越巩固。所以,教育不仅需要提供知识,更需要提供广泛的经验世界,以利于学生智能的开发。

　　由于各种原因,我国的青少年学生在家庭、学校和社会上所获得的活动经验,无论从范围、深度和性质上讲,都与时代要求有很大差距。根据有关资料,在中、美、英、法、韩等国家中,中国小学生每日劳动时间最少,比劳动最多的美国学生少6倍。中国学生,特别是中学生,绝大多数时间都被困在了"狭小"的空间中死记硬背。"解放学生于课堂,让学生动起来",在当今中国绝非危言耸听的呼吁,而是教育所迫切需要解决的现实问题。要让学生真正"动"起来,首先必须发扬教学民主,创设宽松和谐的学习氛围,让学生"敢"动起来,学生才能成为学习的主人,积极动脑、动口、动手,敢于发表不同意见和观点。其次,要充分调动学生的积极性,让学生掌握动起来的方法,让学生"会"动。再次,要积极创造条件,提供必要的活动舞台,让学生"能"动起来。要为学生提供启发思维、动脑思考的舞台,讨论切磋、口头表达的舞台,劳动实验、动手操作的舞台,以及课外、校外的广阔大舞台,使学生在"脑动""口动""手动"的过程中,得到最充分、最自由的发展。

　　学生健全心灵的形成,受着家庭、社会、学校等多方面因素的影响,其中教师的影响具有主导的作用,教师是学生健全心灵形成的引导者和主持人。教师的情感、意志和理想信念,在有声无声中影响、熏陶和感染着学生。教师对学生的爱是一种巨大的教育力量,有人把感情比作教育者与被教育者之间的纽带,教师用关怀、爱来沟通学生之间的感情关系,通过爱的情感去开启学生的心扉,达到通情而达理的目的。师生之间良好情感的形成,要求教师热爱每一位学生,教学民主,以情激情,以美激情。学生意志品质的形成在很大程度上受教师意志品质的影响,教师为了达到教育目的而表现出的意志的坚定性、果断性、一贯性、坚持性和自制力等优秀的意志品质,不仅是完成教育任务所必需的,而且也是直接影响学生意志的巨大力量。

　　在学校教育过程中,学生健全心灵形成的途径有课堂教学、班级建设、心理辅导等。课堂教学是学校教育的主渠道,也是促进学生健全心灵发展的基本途径。可以通过将心理素质培养的内容纳入正式课程体系,以及深入挖掘各科教学内容中的"心育"内容等手段,更好地促进学生健全心灵的形成。在实践中,课堂教学存在两方面的不足:一是教师在课堂教学中仅单纯地传授知识,对于凝结在知识背后的人类在发现、探索真理过程中的情感、意志和抱负等精神因素没有去挖掘;二是教师在传授知识过程中联系学生面临的各种实际问题不够,这使得教学过程平淡乏味,学生对学习缺乏兴趣,更没有学习的榜样可以效仿。其实,在每门学科的教学中都有许多精神因素可以挖掘,有许多的实际问题可以联系。教师在课堂教学中应充分挖掘这些"心育"内容,促进学生心灵更健康地发展。班级集体的发展对学生的心理发展具有十分重要的影响,可以通过提高集体发展水平,增强班集体的凝聚力、亲和力,建立良好的人际关系,开展各种竞赛活动等方式,去影响每一个学生。通过心理辅导,可以解决学生在学习、生活、成长中遇到的各种心理问题,使学生的心灵得到更全面、更健康的发展。

正确认识教育的功能,对于教育的实际工作者和教育理论研究者来说,其意义确非一般。教育实践中所产生的种种问题,其根源在于偏离了对教育本体功能的认识,脱离了教育的基本立场,以至于在实际工作中离教育的本质限定越来越远。所以,能否坚守本体功能意识,意味着能否守住作为一个真正教育者的社会角色的思想疆域。教育是一个持续的不断创新的过程,教育本体功能的实现也同样是一个持续的不断完善的过程,需要教育工作者去进行长期努力的探索。我们说教育本体功能的实现根本的是依靠高素质的教师,但高素质的教师又靠什么来保证? 这又需要进行新的探索。我们研究教育本体功能的实现不能把视野仅仅局限于教育领域,因为培养人是人类社会中最复杂、最艰辛的一项工作,人的健康和谐的发展是需要人类自身去共同努力才能完成的。

（本文发表于《教育评论》2000 年第 2 期）

五、高校扩招:一个需要研究的经济学问题

高校扩招的最深层缘由是对我国宏观经济的拉动作用,以及对高教大众化的渴求。此一举措的出台以至实施,已成为新闻炒作的重大热点,各种文章、访谈连篇累牍。然而,严肃的学术讨论并不多见,尤其是见诸经济学领域。扩招的经济学意义或被高估或被误释。本文拟就此论题作初步分析,以求教于学术界。

(一)高校的快速扩张需要和居民经济承受力:一个难以克服的两难问题

中国经济已由卖方市场转变为买方市场,外贸需求降低和萎缩,国内需求不振,投资增长拉动经济增长的内驱力也在降低,宏观经济政策和财政金融措施所能体现的效应也十分有限。在这一宏观经济背景下,拉动内需、刺激消费已成为经济快速增长的前提,我国政府和经济学界已广泛达成共识。培育新的消费热点,全面启动消费市场,扩大教育规模和提高学费,培育教育消费市场的尝试已经开始。

应该说,随着我国经济体制的转型和产业结构的升级,迎接知识经济时代的挑战,发展高等教育,扩大其规模也是经济发展的必然要求。经过 20 多年的发展,我国已进入以资金密集型和技术密集型为主的、高新技术产业为主导产业的发展阶段。对外开放的扩大特别是加入 WTO 以后,市场竞争将更加激烈,市场产业结构调整的要求日益强烈。要应对这一切,开发人力资源的紧迫性就日益凸显,尤其在我国部分发达地区,纷纷提出了高等教育大众化目标。从国际比较的角度来分析,我国人均 GDP 已达到 800 美元以上,开始从低收入水平向中下等收入水平发展,与此相应的高等教育规模却不成比例;据有关资料测算,25 岁以上人口中受大学教育的比重,我国第四次人口普查时仅为 2%,低于中下等收入国家 8.8% 的水平,也低于低收入国家 2.7% 的水平,甚至低于

印度1981年2.5%的水平。就以上分析可看出，中国现实的高等教育扩张，有其必然的历史要求。

　　然而，任何教育的扩张，都必须有较大财政的支持，从目前国家财力来看，无法使高等教育在短期内达到大众化的水平，成本分担、教育消费、教育产业、教育市场各种观点和动议由此而来，高校扩招的尝试逐步展开。

　　扩大高等教育规模之所以可能，从经济学角度分析应有两个前提：一是居民对高等教育消费的要求；二是满足这种需要的货币条件。前者几乎不证自明，高中后教育蕴藏了极高的教育消费热情，但能满足第二条件的结论就必须十分慎重了。

　　我们常常把居民储蓄总量占GDP的水平，用以衡量居民对高等教育消费的支付能力。有人认为："我国居民已具有相当的经济条件，1998年我国居民储蓄存款每天高达24.3亿元，至1998年年底居民储蓄量已突破6万个亿。"我们无意对6万个亿的居民储蓄作结构分析，实际上6万亿的80%，掌握在不到20%的人手中，一般的城市居民特别是广大农村居民更是捉襟见肘。占全国人口80%以上农民，实际储蓄额只有1万亿元，占全国总储蓄量的1/6。在城市，80%的城市居民人均储蓄额不足8 000元。又据1998年《中国统计年鉴》，中国农民的年人均可支配收入为2 090.10元，减去消费支出1 617.20元，仅剩下472.90元。培养一个大学生家庭每年至少支付1万元。就农民来说，将面对何等沉重的经济压力。以山西省为例，一个城市中上等工薪阶层的家庭收入是1万元，如果每年积蓄5 000元，则需8年的时间才能培养起一个大学生。加上一些高校趁机敛钱，除正常学费以外另交3万～5万元不等的一次性录取费，这就把相当一部分工农阶层子女拒之门外，在此，我们无需再去对诸多"望学兴叹"的学子们作个案解剖。

　　诚然，城市居民的各种消费需求与经济扩张不无关系，马克思就说过："没有需要，就没有生产，而消费则把需要再生产出来。""消费的需要决定生产。"人们通过消费，满足了需要，又会生产新的需要，新的需要又推动生产不断发展。从经济学定义上看，要引导居民消费，必须认真研究影响居民消费支出的五个主要因素：可支配收入、预期的未来收入、生命周期阶段、节欲的程度和利率。这五个因素中，最重要的是可支配收入的水平，如果我们真以高等教育大众化的思路来设计未来高教发展规模,"到 2003 年,将高等教育毛入学率提高到 18%左右,等于在 1998 年的基础上翻一番,其年均增长不低于 14%。第二步,到 2005 年,将毛入学率提高到 22%。第三步,在此基础上,再用 5 年或稍长一点时间,将毛入学率提高到 34%以上。"这是全世界绝无仅有的发展速度,它必将引发更为严重的经济和社会问题。

首先,高校超常规扩展所带来的巨大财政压力,国力无法承担。按学生缴费上学计,私人成本亦只占 1/4 左右。2000 年扩招 33.1 万人,国家所需的基本建设投资在 150 亿~180 亿元,若按大众化的最低要求来计算,国家财政缺口将达几千亿元。如果国家不追加投资,势必使高校已经窘迫的办学条件更加恶化,在一至二年内也许不明显,在三至四年内或更长的时间,不可避免地将以牺牲教育质量换取数量。

其次,高等教育的过度扩展,在发展中国家也有深刻的历史教训。20 世纪 70 年代,印度、巴西盲目发展高等教育的后果造成了一定的社会压力。我国目前仍处于工业化的初期阶段,农业和传统工业的就业人口占绝大多数,高科技数量有限,生产力发展总体上落后又极不平衡;并且这种国情在今后很长一段时间内不会发生根本性变化,这就决定了我国经济发展对于高等教育的需求是有限的,而大量需要的是中等专业技术人员。如果不顾及教育发展的客观规律,单纯为了拉动经济增长,延缓就业,片面强调高等教育在经济发展中的作用,不顾实际地增加高等教育招生数量,不仅不利于而且有害于经济发展。

我国高等教育在扩张需求和财政"瓶颈"的两难中,必须审慎确定其发展速度。1978—1995 年,我国高校在校生的年增长率,基本上接近国民生产总值的年增长率。两者指数表现为高度相关,其相关系数为 0.81。从世界范围看,1947—1995 年期间,美国在校生数增长与 GDP 增长的指数相关系数为 0.973 6;1952—1992 年间日本高校学生数与 GDP 指数的相关系数为 0.977 9。英、德、苏联等国高等教育规模的发展与经济发展的关系也是呈高相关。目前,我国高教实际增长速度已达 10%,如果靠善良的愿望和理想,走"超常规发展"的路子,我们在不久的将来将受到惩罚,实际上,任何超越国民经济和居民实际承受力的发展速度亦是不能长久的。

(二)是着眼于高校的"增长",还是着眼于未来的"发展":一个应该选择的问题

萨缪尔逊(Pall Samuelson)在其畅销教科书《经济学》中是这样论述经济增长的含义的:"……经济增长用现代的说法就是指:'一个国家潜在的国民产量,或者,潜在的实际 GDP 的扩展。'"而对"发展"的解说,缪尔达尔(Myrdal)有一个经济学界较为接受的说法,他认为"发展是整个社会制度向上的运动。换言之,这不仅涉及生产、产品的分配和生产方式,也涉及生活水平、制度、观念和政策"。可以看出,"增长"和"发展"两个概念在经济学那里有着内涵上的本质不同,"增长"是一种单纯的数量扩张方式,"发展"则暗含了产业素质的提升和制度上的变迁,甚至包括收入分配、社会公平、价值观转变及文化等广泛内容。目前,我国高等教育对于宏观经济的内在作用也应着眼于发展。

从产业结构的内在逻辑在经济发展中的规律来看,人类经济活动首先是满足最基本的生存需要,即满足人的衣、食、住、行,然后开始发展享受性的行业。随着知识经济到来,以人的发展为目的的教育,势必成为新世纪最具竞争性和最有活力的部门。教育特别是高等教育在现代经济生活中的地位是毋庸置疑的。也正因为有这样一种历史背景,许多人都把高等教育的急速扩张和经济增长联系在了一起。

高等教育单纯的数量扩张对于宏观经济的拉动作用是有限的。北京大学课题组 1999 年 4 月受有关领导之命,对扩大高校规模及其对我国短期经济的拉动作用进行专题研究,6 月份提交的正式报告指出:"教育各部门对国民经济总产出的拉动作用是有限的。1997 年,高教部门和其他教育部门的影响力系数分别为 0.85 和 0.83,在 119 个部门中排序分别为 100 名和 103 名。"另据我国学者姚愉芳等研究,1987 年与 1992 年相比,教育的影响力系数和感应度系数由 0.985 和 0.769 下降到 0.838 和 0.60。教育对其他部门所产生的波及影响程度都未超过社会平均影响力水平。从现实上看,世界上也没有一个国家曾如此大幅度地对高校进行扩招涨价,教育对经济的作用主要体现在中长期效果,而靠扩大收费来拉动短期经济增长,这种做法在国际上鲜有其例。

美国高等教育至今已走完三个半世纪的历程,而他们大众化的步伐也只始于 20 世纪的 50、60 年代,进入 90 年代后,招致到各式各样的批评,高等学校受到越来越强的外部压力。首先表现为公共支出减少,1990 年到 1993 年政府对高等教育的拨款下降了 8.8%。人们开始反思高等教育的规模、类型、任务以及财政问题。并有迹象表明,美国进入 90 年代后恰恰是加强义务教育的开支,加强短期职业教育。而目前的我国,国民生产总值不到美国的 10%,人均国民生产总值不到美国 1/20,而在校大学生数已超美国的 35%,是典型的穷国办大教育,负担极其沉重。我国高等教育发展究竟着眼于"增长"还是发展,是必须选择的。

发挥教育对于宏观经济的作用,应着眼于"发展"而不是"增长"。发展高等教育的历史意义也不在于数量的扩张,而在于结构的调整、效益的提高和制度的创新。我们应认真研究的是,高等教育是否真正具有市场弹性,能否建立一种机制,使教育发展能够不断自我调节,主动适应经济和社会发展的变化与要求。目前,高等教育自身存在许多亟待改革的问题,如高等教育资源配置效率很低,人才培养模式不能满足未来社会发展的需求。如果不改变这种状态,不提高高等教育对经济社会发展的适应能力和高等教育的市场弹性,只是简单地通过数量和规模扩张,教育保守、落后及其与市场经济的不配置,不仅会使这种单纯数量增长失去意义,而且还会加剧教育浪费及人才外流。

中国高等教育的短缺不是单纯数量性短缺,更重要的是一种制度上的短缺。当务之急应该是营建连接教育和市场的机制,扩大高校在市场中的活动空间,增大高校在运营过程中的自主权,通过制定法律、制度和标准等,为高等教育创造良好的外部环境,扩大高校自主权,使高等教育真正步入发展轨道,而不是仅仅"增长"。

(三)在高等教育的快速扩张中,是注重效率还是公平:一个不应回避的问题

我国高校扩招的进程,应十分关注效率与公平这对关系的合理解决,并应把它视为扩招进程中的价值基础。

效率是一个经济学范畴,意指资源的有效使用与有效配置。"通常表现为劳动生产率提高或资金利用率提高,或表现为人尽其才,物尽其用,货尽其畅。"公平既是经济学概念更具有伦理学上的意义,尽管公平在伦理学上的含义有多种解说,大体上可以理解为机会均等,意为"大家同在一条起跑线上"。教育的效率不仅指提高学生学习成就的能力,而且包括对潜在劳动力市场的有效供给能力。用亨利·莱文（Henry M. Levin）的话说就是"根据个人的生产能力并以理性和成绩选优的取向，去发展、分类和选择人们，去填补现代大型社会组织的各个科层位量"。教育公平则是一个历史的概念，其内容和含义在历史发展过程中不断得到丰富。科尔曼（Coleman James）提出了教育公平的"四条标准"，反映了教育公平的历史演进过程。"一是进入教育系统机会均等；二是教育系统的均等参与；三是均等教育成效；四是教育影响生活前景机会均等。"这四条标准实质上表明了教育公平已经由早期的受教育机会的均等发展到追求结果的均等。在形式上表现为对处于不利地位的学生予以特别帮助的"不平等"。所以，社会发展到今天这样的水平，对于教育公平，不仅是一种单纯的对教育理想的境界的憧憬和追求，亦是实现社会正义的深层动力和价值源泉。

高校在规模和速度上的扩张，除外部宏观经济因素外，亦来源于高教自身发展对效率的追求，但扩张的速度过快将有悖于效率自身的定义，美国著名经济学家奈特（F·H·Knight）曾告诫人们，"效率和规模之间的关系是最严肃的经济学问题之一……"。无视我国财政压力的这种速度和规模，亦会迫使效率的下降。诚然，效率与公平都是我国高校发展所追求的目的，但在扩招这一惯性的驱动下，我们似乎更应注重扩招中的公平。有资料表明："我国一千多所高校的 300 多万在校生中，经济困难的学生要占到 30％～40％，即高达 90 万～120 万名高校生处于相对或绝对贫困状态。"卡斯特经济评价中心于 1997 年三季度对北京、上海、重庆、广州和武汉五城市消费调查结果亦显示，"24.6％的人认为当前学费太高，难以适应"。因此，过高估计中国百姓的教育消费支付能力是不符合现实和缺乏根据的，亦是有悖于教育公平这一社会理想的。

大学人数的过度扩张，在目前我国国家财政支出十分有限的情况下，极易造成"泡沫"教育。即在校园、校舍、图书资料和师资条件均不成熟的情况下，大量招生或招生过度，将导致许多毕业生在质量上得不到有效保证，毕业后专业不对口、学用不一致，恰恰造成了教育资源的浪费；另一方面，政府对大学投资比例过大，又极容易引起大、中、小学经费结构性短缺，造成"义务教育"不义务的状况。因此，在相当长的一个时期内，高等教育的增长速度保持在国民经济增长的总体水平这是不容怀疑的，亦是世界的共同性规律，我们切不可重复"教育大跃进"的老路。

高等教育在适度发展的路子上,国家财政不断提升教育经费占财政支出的比例和占 GDP 的水平,集中精力改善办学条件和改革教育体制、规模结构,逐步降低高校经费占整个教育经费的比例,政府逐步转移部分财力来实施九年义务教育,使国家投资真正面向全体国民。

参考文献:

[1]石康.把高等教育作为扩大内需和促进产业结构升级的重要措施[J].理论前沿,199(4):24—25.

[2][德]马克思,恩格斯.马克思恩格斯选集(第 2 册)[M].北京:人民出版社,1972.

[3][美]萨缪尔逊,诺德豪斯.经济学(第 12 版)[M].高鸿业,译.北京:中国发展出版社,1992.

[4][瑞典]缪尔达尔.反潮流:经济学批判论文[M].陈羽纶,许约瀚,译.北京:商务印书馆,1992.

[5]姚愉芳.中国经济增长与可持续发展[M].北京:社会科学文献出版社,1998.

[6]厉以宁.经济学的伦理问题[M].上海:上海三联书店,1995.

[7][美]亨利·莱文.高科技、效益、筹资与改革[M].曾满超,钟宇平,萧今,编译.北京:人民日报出版社,1995.

[8][美]R.H.科斯.论生产的制度结构[M].陈郁,译.上海:上海三联书店,1994.

(本文发表于《教育与经济》2000 年第 2 期)

六、"减负"：一个需要长期研究的课题

"减负"是一个系统工程，它永远是教育工作者努力的方向，也是一场影响全局的没有终点的教育变革，需要教育工作者去进行长期的探索。本文就此作一初步分析，以求教于学界。

（一）

学生学习负担过重，必须进行"减负"，这样提问题的方式本身就设置了一个前提：现在学生的根本问题是学习负担过重或内容过多，也就是说，着眼点在于"负担"的量，而不是在"负担"的质。事实上，重要的恰恰是负担的性质与结构问题。

认为学生负担过重的根源，是学习内容过多、作业量过大、学习任务过重。这只是学生负担过重的表象。1996 年"中国城市独生子女人格发展调查研究"发现，63％的独生子女缺乏认知需要，不愿意学习。为什么呢？答案只能从学校教育内部去寻找。我们不妨来看一看现实中的教育，它是不是在忠实履行自己的根本职能？事实上，不少学校的教育已简单等同于考试的要求，考什么教什么，怎么考怎么教；教育已沦落成为一种工具——学生升学、就业的工具。矛盾由此产生：一方面我们期望的教育是："一切教育改革的终极目标是为了发展个性，开发潜能，使每个人的潜能得到充分发展，实现'各尽所能''人尽其才'的目标。"另一方面，现实教育的"致命的弊端是压制人的潜能的发展，尤其压制了有才华的人的发展"。现实中的教育在许多方面，其实不是在培养人，而是在压抑人、摧残人。具体表现在：教育观念上是人才观的单一，教育目标是脱离学生实际的高期望，发展强调整齐划一，教育内容上陈旧、落后、繁琐的内容充斥教材和课堂，教育方法上则更是不尊重学生、"目中无人"的满堂灌，重复枯燥的简单练习和死记硬背、加班加点。这种不尊重学生个性的"被动教育"、不遵循教

育规律和学生成长规律的"强制教育"、不讲究教育教学方法的"野蛮教育",才真正是导致学生负担过重的根源。

(二)

找出问题正是为了解决问题,要真正让学生从沉重的负担中解脱出来,靠减少课时、减轻作业、甚至是取消考试等治标而非治本之策是远远不够的。减负是一个系统工程,需要我们进行一场教育观念、教育体制、教育方法和手段的大变革。

1. 切实转变传统的教育观念,树立科学的教育思想是"减负"的前提和先导

有什么样的思想就会有什么样的行为。没有教育观念的彻底革新,"减负"只会流于形式。

要实现教育观念的更新,首先我们必须明了一个最基本的问题,即教育的本质是什么、为什么要办教育? 只有先理解这个问题,我们的教育才不会走上歧路。人是教育的核心和旨归。"教育的基本作用,似乎比任何时候都更在乎保证人人享有他们为充分发挥自己的才能和尽可能牢牢掌握自己的命运而需要的思想、判断、感情和想象方面的自由。"教育的根本目的就在于"尊重个性,发展个性"。当人在教育的哺育和滋润下,个性得到最充分、自由、和谐的发展时,教育就不会成为学生的负担,学校将真正成为学生的"家园"和"乐园"。其次,在人才观上,要破除学而优则"才"的观念,树立"三百六十行,行行出状元",只要在自己的岗位上踏实勤奋做出成绩的就是人才的观念。再次,在教师角色观上,应该明了我们教的目的是为了"不教",在教育过程中,自始至终都要确立学生主体意识,让学生主动、自觉地发展。教师要"从'独奏者'的角色过渡到'伴奏者'的角色,从此不再主要是传授知识,而是帮助学生去发现、组织和管理知识,引导他们而非塑造他们"。学生主体活动体现在课堂教学上,就是要打破以教师、课本为中心,以讲授为主线的教学套路,构建以学生主动参与、积极活动为主线的教学模式。这种教学模式的核心就是创造全体学生都积极参与学习的条件,让学生在主动参与中获得直接的知识和经验。在师生观上,要树立师生平等的观念,热爱学生,要发扬教学民主,让学生敢于发表自己的意见。在知识观上,应该让学生学习那些最基本、最具迁移力的知识,建构起自己的知识结构,才能提高学习效益,在学习活动中逐渐学会学习。

2. 教育内外体制的现代化是"减负"的根本

制度是行为的指挥棒。学生负担过重与其说是落后的教育思想在引导，不如说是落后的教育体制所致。要让学生的负担真正减下去，有赖于建立现代化的教育制度。包括用人制度、办学体制、考试评价制度和管理制度的现代化。

用人制度上是重能力还是重学历，是重知识还是重见识，是"唯才是举"还是文凭至上，这对人的智慧和精力的投向起决定作用；在办学体制上是单一的办学体制还是多样化的办学体制，是高等教育的多层次、多类型，形成人才培养的"立交桥"还是一种办学模式，决定着学生能否按照自己的个性来发展；在考试制度上是"一考定终身"、难进易出还是"宽进严出"，这也影响着"减负"；在评价制度上是用一种标准来评价各种各样的学生、"以分量人"还是针对每个学生的不同特点，尊重学生个性和特长；在管理制度上，首先是对教师管理上，是引入竞争和流动制度，优胜劣汰，竞争上岗，加强师德教育，提高教师整体素质，还是大锅饭一起吃、教好教坏一个样，这决定着教师搞好教育教学的积极性能否得到充分发挥。其次是在课程设置上，是重视单一的学科课程还是将学科课程、活动课程、隐性课程紧密结合，加大课程的弹性，重视学生的差异，使学生可以选择自己感兴趣的课程，这影响着学生是否愿意学习、是否主动学习，在课堂教学上，是重"记忆"还是重"发现"，是重"灌输"还是重学生主动积极参与，是重教学活动的整齐划一还是重学生的创造性和个性差异等，这些都是学生负担加重还是减轻的影响因素。

3. 社会和教育资源的极大丰富是"减负"的物质基础

教育的压力来自社会的压力、生存的压力，学生沉重的课业负担和心理负担与我们教育的功利性紧密联系在一起。首先接受高等教育意味着一个人可以改变居住身份和社会地位；其次，接受高等教育成为就业和选择职业的手段，进入高校后，显性的潜在的利益实在诱人，这也就难怪升学的压力会那么大、竞争会那么激烈，这种激烈的竞争直接缘于国家的教育资源的有限和公民接受教育欲望的无限这一矛盾，更深层次的原因则是社会财富的有限性与人的各种需要之间的矛盾。"减负"的基础是社会财富和教育财富的扩大丰富。

但处在社会主义初级阶段的我国，教育资源受制于社会资源，国家固然可以在投资比例上增加，但却不可能无限制地增长教育经费，因为社会生产力的不高、经济的不发达,是我们的一个基本国情。基础的打牢和扎实,是不能一蹴而就的,它是一个漫长的过程,这是我们全社会都必须要有的一个清醒而又基本的认识。

总之,作为教育的实际工作者和教育理论研究者来说,应该清醒地认识到,既然是一个持续的不断发展的过程,那么,"减负"也就同样是一项长期而又艰辛的工作,它不可能通过一纸文件、一道命令就可以得到根本的、彻底的解决。需要进行长期的教育内部的改革:切实转变教育观念,努力实现教育体制的现代化;以课堂教学改革为突破口,让学生把学校当成"乐园",学得愉快,学得成功;加强师德建设,建立一种平等、民主、相互激励、相互促进的新型师生关系;优化教育资源配置,努力缩小学校之间的差距,为每一所学校、每一个学生创造公平竞争的机会,教育内部改革的艰巨性、长期性,决定了"减负"的任务是长期的。我们说"减负"需要教育内部进行长期而又艰辛的改革,但我们又不能把视野仅仅局限于教育领域,因为培养人,确实是人类社会中最复杂的工作,人的自由、充分、和谐的发展是需要人类自身去共同努力才能完成的。

参考文献:

[1]昌型伟. 发展个性,开发潜能[J]. 上海教育,1998(1):57—61.

[2]联合国教科文组织. 教育——财富蕴藏其中[M]. 北京:教育科学出版社,1996.

(本文发表于《江西教育科研》2000 年第 5 期)

七、"教育会诊":新世纪校长培训模式的探索

(一)"教育会诊"校长培训模式的内涵及其现实背景

任何一个模式,必须首先回答它是什么、为什么要搞,以及如何来搞,这就是哲学上所讲的本体论、价值论和方法论。

所谓"模式",是"一种重要的科学操作与科学思维的方法。它是为解决特定的问题,在一定的抽象、简化、假设条件下,再现原型客体的某种本质特性,它是作为中介,从而更好地认识和改造原型客体、构建新型客体的一种科学方法"。本文所讨论的"模式"系指围绕中小学校长、幼儿园园长培训所涉及的培训目标、培训内容与课程,培训形式与途径,培训者的选择与组织等要素,来构建的一种操作程序和策略。"教育会诊"校长培训模式是按校(园)长培训目标的要求,以"科学理论传授""集体教育会诊"为主要形式,科学地设计培训内容、方法和途径,有效地组织培训的一种系统运行方式。

实行"教育会诊"校长培训模式,主要是由于过去的校长培训主要局限在课堂内,教育空间狭窄,教育内容、教学方式、教学手段比较单一,有很大的封闭性,形成了理论与实践"二张皮"的现象,致使培训的实效性严重不足。有人曾对校长培训效果作过专门调查,有近10%的校长认为校长培训没收获或收获不大,近70%的校长认为自己所经历的培训模式需要改进。

其二,一个完整的认识过程是实践—认识—再实践的过程,认识的发展是这一过程的不断循环往复。但传统的校长培训模式并没有遵循这一人类认识的普遍规律,往往是大量的课堂传授,而缺乏受训者本人的实践活动和体悟,以及师生之间、生生之间的集体互动。

"教育会诊"校长培训模式一改传统的培训模式,在强调科学理论传授的同时,更注重充分调动受训者本人的积极性、主动性和创造性,强调受训者的主体

参与,让校长自我展示、自我发展、自我完善,形成了校长培训工作"活学活用"的局面。

其三,在管理和教育教学实践中,不断地被观察和点评,能促进校长和学校工作的"专业"发展,根据美国教育管理学家劳克斯·霍斯利(Louchs horxlex)提出的观察和评估的人员开发模式的观点,人或组织的不断进步,需要不断地被人观察和评估。据此他还提出了 4 个理论阶段的假设。第一,反省和分析是专业发展的核心阶段,通过对校长日常工作的观察和评估可为校长思考和分析自己的管理活动提供大量的信息;第二,教学是一项个体的劳动,通常发生在没有其他人存在的情况下,而由他人通过观察所提出的不同观点可提高校长对教学管理和教师对教学实践的理解;第三,对课堂教学的观察和评估不仅有利于被观察者,可促进他们提高教学管理和教学艺术,而且有利于观察者,可从中汲取教益;第四,当校长被观察时,他们倾向于采用新的教育教学管理策略,当他们发现新的教育教学管理策略具有潜在的积极效果时,他们更热衷于继续从事教育教学管理改革。

其四,成人具有求知的需要,爱好学习,希望通过学习来帮助自我提高。解决问题是校长的一种基本需求,在解决问题的过程中,校长们的学习效果最佳,参与其他学校的"教育会诊"的校长要阅读大量的有关方面的理论知识,并需明白适应新环境的人际交往技能,这就要求不断汲取新的知识,这种学习的进步无疑是由于问题解决的要求所促动的。同一行业的人最能理解改进本部门的工作所需要采取的策略,校长的教育教学管理经验可指导同行提出问题、解决问题,当校长有适当的机会参与"教育会诊"时,他们就能有效地将其他学校成功的经验与自己本校的实际结合起来,创造性地开展各项工作。校长通过参与对其他学校的"教育会诊",可获得许多重要的知识和技能,当集体致力于解决一个共同问题时,这种参与不仅使参与者知识和技能获得提高,更重要的是态度和情感得到了提升。

"教育会诊"校长培训模式的操作重点,主要包括理论学习研讨——参观考察学习——集体"教育会诊"三个阶段。

在理论学习研究阶段,主要是让校长设计自己的学习活动,或通过正式的培训开发方案,促进校长积极进行个别指导学习。由于校长是具有自我教育、自我管理能力的人,所以在此阶段,一方面,我们聘请海内外各种流派的学者、专家来介绍各种最新的学术观点、理论动态、前沿成就,让校长开阔眼界,增长知识,活跃思维。更重要的还在于让校长对自己的学习需要做出最适当的判断和自我导向并主动地学习,同时经常把校长分成若干个小组对当前教育界的热点、难点、疑点问题进行研讨。

在参观考察学习阶段,首先让参观所在学校的校长(也是校长班学员)自己介绍自己的教育理念和办学思路,然后再让学校的中层干部(教务、德育等)介绍自己部门是如何来落实校长的办学思路的,再后就是全体学员深入课堂,听2～3节教学公开课,既看教师是如何在课堂教学中贯彻落实校长的教育理念,又看教师有没有具备现代教育理念,具备了什么样的现代教育理念。同时,对学校的历史、现状、校容校貌、各种规章制度、教师队伍建设等各个方面进行全面的了解和学习。

在教育会诊阶段,全体学员集中在一起,依据所学教育教学管理知识,对参观考察所在学校的办学理念、管理模式、课堂教学、校园文化等各个方面工作进行集体"教育会诊",畅所欲言,活学活用,把"死"的理论变成"活"的研讨。大家围绕学校的一个或多个问题畅谈,可以直抒己见,亦可反驳质疑、争鸣研讨、集思广益。"教育会诊"中,由于大家自身及所在学校情况不同,看问题角度不一,经常会有多种观点并有思维火花迸发的情况,这时无须强求统一。集体"教育会诊"后还可以由一二位教育专家进行点评,以还本清源。

(二)"教育会诊"校长培训模式的理论基础

1. 哲学基础

"教育会诊"校长培训模式的哲学基础建立在现代认识论基础之上,即建立在实践论、矛盾论、过程论的基础之上。

实践论指出,一切都要从实际出发。在"教育会诊"校长培训模式中的具体体现是,校长的培训工作,一切都是要以校长的客观实际需要为根本,培训要从校长的现实问题出发,否则,培训就难以取得好的效果,这是实践论对校长培训工作的基本要求。

矛盾论指出,做任何工作,都要抓住主要矛盾,在"教育会诊"校长培训模式中的具体体现是,校长的培训工作一定要抽象出本质要素,简化次要因素。如果不抓住主要矛盾,校长培训就可能流于形式、走过场,这是矛盾论对校长培训工作的基本要求。

过程论指出,要把握事物的变化过程,体现在"教育会诊"校长培训模式中,就是要求认识变化过程,制定操作程序。

2. 心理学基础

"教育会诊"校长培训模式的心理学基础是建构主义。建构主义作为一种新的学习理论,对学习和教育提出了一系列的解释,在知识观上强调知识的动态性,在学生观上强调学习者经验世界的丰富性和差异性,在学习观上强调学习的建构性。学习不单是知识由外到内的转移和传递,也是学习者主动地建构自己的知识经验的过程。即通过新经验与原有知识经验的相互作用,来充实、丰富和改造自己的知识经验。

近些年来,建构主义者从不同的角度提出了许多改革教学的思路和设想,比如美国教育心理学家斯皮罗(R. Spiro)等人的认知灵活性理论,布朗(J. S. Brown)等人的认知学艺模型,Vanderbilt 大学认知与技术课题组的锚式情境教学以及课题式教学等。在锚式情境教学中,教师将教学的重点置于一个大情境中,引导学生借助情境中的各种资料去发现、形成和解决,借此让学生将解题技巧应用到实际问题中。课题式教学主张针对课程内容设计出一个个的学习单元。每个课题围绕着一个具有启发性的问题而展开,学习者通过合作,讨论来分析问题,搜集资料,确定方案步骤,直至解决问题。通过问题解决,便可以深刻地理解相应的概念、原理,建立良好的知识结构。这种基于问题来建构知识的教学,是近年来受到广泛重视的一种教学模式。它强调把学习设置到复杂的有意义的问题情境中,通过让学习者合作解决真正的问题,来学习隐含于问题背后的科学知识,形成解决问题的技能,并形成自主学习、自我解决问题的能力。

3. 教育学基础

"案例教学"是"教育会诊"校长培训模式的教育学基础。现代教育学提倡"案例教学"是基于对系统讲授教学模式的反思。长期以来,在我们的实际教学中,系统讲授一直作为我国课堂教学的最主要的教学方法,但也一直受到强烈的质疑。有的学者撰文指出,尽管系统讲授不等于满堂灌,但却极易形成满堂灌。系统讲授模式的根本缺陷在于，将教学活动中的个体从整体的生命活动中抽象隔离出来，既忽视了作为每个独立个体的教师与学生在课堂教学中的多种需要和潜在能力，又忽视了作为共同活动体的师生群体在课堂教学活动中双边多种形式的交互作用和创造能力。在当代更有学者强调要注重学生的课堂生活质量，并对"完成认知性任务成为课堂中心或唯一目的"的现状持强烈批评，因为"我们需要课堂教学中完整的人的教育"。因为，教学过程不只是一个认知性的掌握知识—发展智慧潜能的过程，同时也是一个完整的人的成长与形成过程，是学生个体生命潜能多方位地得以彰显、丰富的过程，"教育会诊"校长培训模式强调的是，不仅要对校长进行新观念的教育、管理知识的系统传授，更重要的是要让校长积极参与到培训活动中来，针对某一具体案例，积极开展思考、研讨，随时发现问题、提出问题、解决同题，真正从当事人的角度来思考问题，使大家身临其境、感同身受。

（三）"教育会诊"校长培训模式实施的条件保障

1. 目标保障

"教育会诊"校长培训模式在具体的操作过程中，常常会出现"面面俱到""隔靴搔痒""场面冷清"等情况，主要原因或目的不明或选点盲目或准备不足，要使"教育会诊"热烈而有效，必须目标明确，加强"教育会诊"的针对性，应了解校长在管理中或学习中遇到的需要解决的问题，然后带着问题，选择参观考察学习的学校，这样"教育会诊"目标明确，有针对性地进行考察"教育会诊"，校长收获才会更大。

在考察前，要把考察的目的、内容、考察学校的特点和优势告诉校长，使校长心中有数，还可以有针对性地阅读和钻研有关的管理和教育理论，这样就有利于校长在考察中目标明确，能抓住关键，并且能站在理论的高度，用理论阐释各种管理现象。

2. 观念保障

观念是行为的先导，没有先进的培训观念，就不会有先进的培训行为。实行"教育会诊"校长培训模式的一个前提，就是受训者必须树立开放的观念，敢于将自己的教育观念、办学思路、课堂教学和管理模式等学校的各项工作，向别人展示出来，接受同行的考察和评判；主体参与的观念，培训主要是受训者自己的事,要使培训活动高效率地进行,有赖校长本人的积极参与、合作学习的观念等。

3. 环境保障

培训者要营造一个"尊重、平等、民主"的培训氛围,通过激励性教育机制,以校长为主体,引导校长自主地、轻松地参与、组织各项教育考察活动,并在"教育会诊"中团结协作,共同探讨、共同提高。

4. 制度保障

合理的校长培训制度是"教育会诊"活动中开展的有效保障,在校长培训活动中,要实行了严格而又具有弹性的制度。要求培训管理者严格按制度执行。不徇私情,实行"三票否决":一是品德票,在培训期间表现不合格者,将不予结业;二是考勤票,培训期间缺课不能超过授课时间的十分之一,超过者不予结业;三是结业论文票,结业时完成"一文一案"即一篇专业论文和一份教育改革方案(或考察报告),论文及改革方案经专业教师评审后,还须通过学科专家组成的论文答辩委员通过,否则不予结业。

5. 理论保障

要在实际中对学校进行"教育会诊",校长必须掌握大量的教育教学管理等方面的科学理论知识作为理论保障,以使"教育会诊"能科学有效地进行。

在培训中,不仅要让校长学习国外的各种教育流派,如行为主义学派的学习理论、认知学派的学习理论、杜威的实用主义教育,布卢姆的"掌握学习"理论等,还要了解我国的一些教育实践与理论,如成功教育、愉快教育、情境教育。不仅要学习教育史的一些好的教育思想及做法,如孔子的、孟子的、苏格拉底的和杜威的等,更要精通现代的一些教育理论和发展趋势,如建构主义、人本管理、个性化教学……

6. 原则保障

"教育会诊"校长培训模式各种活动的开展,必须遵循一些最基本的要求:一是民主性原则,建立民主平等、互相尊重、互相信任、互相合作的师生关系,形成教学相长、民主和谐的氛围;二是主体性原则,以校长为主体,充分发挥校长的主观能动性,在教师引导下让校长自主地开展各项"教育会诊"工作;三是整体性原则,"教育会诊"是一项集体性活动,校长的知识在集体活动中增加,校长的能力在集体活动中发展,校长的情感在集体活动中形成;四是合作性原则,体现为校长们与"教育会诊"学校的合作、师生的合作、生生之间的合作;五是创新性原则,每一项"教育会诊"活动的开展,无论是形式、主题、内容和方法都应有所创新。

7. 评价保障

对"教育会诊"活动中校长们的各方面表现,可多进行激励性、发展性评价,同时也是校长培训结业时评优评先的重要依据之一。

(本文发表于《中小学教师培训》2003 年第 1 期)

八、第三教法
——本真教育的回归

(一)"第三教法"的提出及其特征

课堂教学是素质教育的主阵地,也是教育促进人发展的根本途径,然而,审视教学发展史我们可以发现,并不是所有的教学都对人的发展起促进作用。综观古今中外所有的教学,概括起来讲,教学方式有三种类型。第一种类型的教学重"教"轻"学",很少关注儿童,很少尊重儿童的主体性、主动性、积极性和创造性,以教师、课堂和书本为中心,具体表现在教育观念是人才观的单一(学生的个性没有得到尊重)、教育目标是强调整齐划一(学生的个性遭扼杀)、教育内容是陈旧落后繁琐的内容、教育方法则更是不尊重学生的灌输、枯燥乏味的练习和死记硬背(学生成了没有灵性的机器和容器)。这种只重"教"不重"学"、目中无人的教学(我们称之为"第一教法")对人的发展作用不大,甚至是以摧残人的身心健康发展为代价来获取某些发展。第二种类型的教学提倡以教师为主导、以学生为主体(双主性),重视教师指导着学生学,在教学过程中也注重量力、因材施教、直观和启发诱导等。但是,这种教学(我们称之为"第二教法"),学生还是在老师的预设目标控制之下,主体地位并没有得到真正的落实,学习的积极性、主动性和创造性也没有得到最大限度地发挥,教育并未回归其本真,致使学生的身心发展只能在接受知识的过程中自发和自然地进行,教学质量还是难以令人满意。第三种类型的教学则倡导教师的主要任务是积极创设美好的教学情境,从而激励学生在自身发展中的积极性、主动性和创造性,引导学生善于应用自己的智慧、能力、胆识和意志、经验、情感,自我主动地调控学习。这种提倡"以生为主,以学为主,以学定教"的教学(我们称之为"第三教法")是教育回归本真、最能发挥其功能的根本之所在。对"第三教法"的理解,我们还可以从教师的德性和教育追求的价值两个维度来分析。

从教师的德性上讲,处于"第一教法"水平的教师,其德性是只顾自己的、自私的,从事教育事业的出发点是为了满足自己的需要,很少去考虑学生,诸如随意体罚学生、为了成绩排好名次而让学生死记硬背等都是其具体表现;处于"第二教法"水平的教师,尽管有时会考虑与尊重学生,但是主要考虑的还是自己;而具有"第三教法"水平的教师,他们对教育、对学生的爱是真诚的、执着的,他们在教育教学过程中更多考虑的是学生的需要与情感。为了让学生更好更快地成长,他们不断地修炼自己,提升自己。从而能更好地为学生服务。因为他们认识到这是教师的天职,教师的工作就是为学生服务的。事实上,古今中外所有的优秀教师莫不都是如此。

从教育追求的价值来讲,第一教法追求的是近期价值,注重的主要是直接传承人类的认识成果;第二教法追求的是中期价值,注重的主要是学习方法与能力的培养;而第三教法追求的是远期价值,它主要强调的是教育对象人格的塑造、心灵的培养,教师主要的职责是"教人"而非"教书"!

"第三教法"的具体内容是什么,我们可以这样来理解,比如要让学生掌握"1+1=?"这一知识点,不同的老师就有不同的教法。一种教师会直接告诉学生"1+1=2";还有一种教师会启发学生说"1+1=?";第三种教师会设置一个学生意想不到的富有挑战性的问题"1+1=0"去激励学生自己去主动思考、讨论和探索。我们认为第一种为"教学(记或背)",第二种为"导学",第三种为"自学"。而只有通过教师创设一定的情景,从而去激励、帮助、组织学生自己去主动思考、讨论、探索的教育,才真正是本真意义上的教育。所以,"第三教法"就是一种教师在教育教学过程中高度尊重学生、全面依靠学生,"以生为主、以学为主、以学定教"所采用的教育方式与手段的总和。它既是一种教育教学的指导思想,也是一种教育教学的具体策略。

从以上的分析我们可以看出"第三教法"包括以下几个特征:(1)从教学目标上看,即看预设性目标,更看生成性目标,鼓励学生在课堂教学中产生新的思路、方法和知识点。课堂教学中教师的主要任务不是去完成预设好的教案,更加重要的是与学生一同探讨、一同分享、一同创造,共同经历一段美好的生命历程。(2)在教学方式上,"第一教法"的课堂教学中重"教"不重"学";"第二教学法"的课堂教学重视教师的"导";"第三教法"的课堂教学不仅有"教"、有"导"，更加重要的是倡导教师要去积极地创设环境，激励学生自己去自学。(3)在教学内容上，"第三教法"倡导不仅要让学生掌握教材的知识，更为重要的是要善于将课堂教学作为一个示例，通过教材这个载体、通过教室这个小小的空间把学生的视野引向外部世界这一无边无际的知识海洋，通过"有字的书"把学生的兴趣引向外部广阔世界这一"无字的书"，把时间和空间都有限的课堂学习变成时间和空间都无限的课外学习、终身学习。(4)对教学过程，"第三教法"倡导的教学过程不仅是一个传授知识的过程，更重要的还是一个师生合作学习、共同探究的过程。激励、欣赏、充满期待的过程，心灵沟通、情感交融的过程。(5)对教学结果，"第三教法"倡导的是不仅要看学生学到了多少知识，更加重要的是，学生通过课堂教学，他们的求知欲望有没有得到更好地激发，学习习惯有没有得到进一步的培养，学生的心灵是不是更丰富更健全了。(6)"第三教法"倡导的教师角色是学生学习的激励者、组织者和欣赏者。(7)"第三教法"倡导的学生的角色是主动者、合作者、探索者。(8)"第三教法"倡导的学习方式有主动学习、互动学习和探究学习。(9)"第三教法"倡导的师生关系是民主、平等、合作的关系，教师是平等中的首席。(10)"第三教法"倡导的对学生评价多元化，包括主体的多元化、内容的多元化、手段与方法的多元化等。

(二)"第三教法"的理论基础

1. 哲学基础

"第三教法"的哲学基础是人本主义哲学。人本主义是 20 世纪 80 年代以来中国学术界广泛使用的术语。一般在与科学主义相对的意义上使用，指某些西方哲学理论、学说或派别，有时也泛指一种以人为本、以人为目的和以人为尺度的思潮。人本主义的主要哲学流派包括存在主义、弗洛伊德主义和法兰克福学派等。人本主义是"从人本身出发来研究人的本质以及人与自然的关系、人与人之间的关系"的哲学流派。他们认为人的本质不依赖于外部环境，而依赖于人给予他自身的价值。人不是外部环境的被动产物，人应当听从和尊重他的内在原则，因而他们主张从人的本身存在出发来研究人。所谓人本身的存在，也不是人的理性意识的存在，而是人的非理性心理意识的存在。他们认为理性意识是人的表层的东西，正像不能根据一个人讲得头头是道的理论来判断这个人的本质一样,不能根据人的理性意识来确定人的本质。人的内心深处的情感意志、本能欲望才是人的真正本质。这些东西不能用理性概念逻辑的方法来把握,而只能靠"内省"、直觉的方法来体验。

与古典人道主义相比,现代人本主义更加强调人的主体能动性和个性自由,高扬人的自由价值,反对把人视为物,强调人是人的最高目的。人的能动性意味着人在现实的生活中,并不单纯是受制于外物或他人作用的被动存在,在活动中,具有目的性、计划性、创造性。此外,人作为主体也是自主的。自主性是人本质力量的表现和主体地位的确证,他说明人对于影响和制约着自身存在和发展的主客观因素有了独立、自由和自由支配自己的权利和责任、必要和可能。当然,人作为主体并不是超自然的、超社会的,必然要受自然和社会的制约。存在主义认为,人是未完成的仍是一种可能性。人既然是未完成的,那么人就不可能定型,人可以不断创造新生活,塑造新的本质。人既然面临着各种可能性,那么人就有选择的自由权,并要对这种权利及其带来的行为后果承担道德和法律的责任。也就是说,人作为主体,不仅是主动的,也是被动的。

把人的问题作为哲学的中心,单独地进行研究,作为一种普遍的倾向,是在现代西方人本主义中才开始的。现代西方人本主义将人的精神活动从一般哲学中独立出来研究,并且被作为哲学的根本问题,被提高到本体论的地位,应该说是人类认识深化的表现。根据现代西方人本主义观点,可以看出,人是我们一切工作的出发点和归宿。同时,人又具有高度的自觉性、能动性和创造性,所以我们教育工作必须一切为了学生,必须高度尊重学生、全面依靠学生,"以生为主,以学为主"。

2. 心理学基础。

"第三教法"的心理学基础是人本主义心理学,人本主义心理学是 20 世纪五六十年代在美国兴起的一种心理学思潮,是继行为主义心理学、弗洛伊德主义之后影响广泛的心理学的"第三思潮"。其主要代表人物马斯洛(A. Maslow)和罗杰斯(R. C. Rogers)主张个性解放,强调人的意识的选择和自由。主要观点包括:(1)主张以正常人为研究物件,研究人的经验、价值、欲念、情感和生命意义等重要问题,旨在帮助个人健康发展,自我实现,以至造福社会。(2)以意识经验为出发点,坚持人的整体性与不可分割性。强调人在困境中的主动和自立,主张促进人格的成长与发展。(3)强调人在自然演化过程中已获得高于一般动物的潜能,包括友爱、自尊、创造以及对真善美和公正等价值的追求。这些潜能在社会生活中表现为高级需要(或心理需要)。他们在人的第一级需要(包括生理需要)得到必要满足的条件下有可能成为支配人的动机和行为的优势力量。认为创造潜能的发挥是人的最高需要,是人生追求的最高目标,实现这一目标亦即自我实现。(4)认为心理变态是由于社会环境的不良影响,使人脱离自我现实方向的一种异化表现,但人有自我指导能力。心理治疗者可以通过移情的理解、无条件的积极开怀和耐心引导,与患者建立真诚关系,逐步改变患者的异化概念,使其恢复自我指导能力,重新走上健康发展的道路。(5)在方法论上,主张用现象学的方法研究人的心理现象。每个人都有自己认识世界的独特方式,这些认识构成个人的现象域。这虽说是个人的隐秘世界,但通过现象学方法的研究仍能获得正确理解。现象学方法着重于对意识经验的直接描述,考虑到主观认识与客观认识的结合,这实质上是一条强调个案研究对健康人或自我实现者进行质的分析,由特殊到一般、由个体到法则的研究路线。

由于人本主义心理学家认为人的潜能是自我实现的,而不是教育的作用使然。因此,在环境与教育的作用问题上,他们认为,虽然人的本能需要一个慈善的文化来孕育他们,使他们出现,以便表现或满足自己,但是归根到底,"文化、环境、教育只是阳光、食物和水,但不是种子"。自我潜能才是人性的种子。他们认为,教育的作用只在于提供一个安全、自由、充满人情味的心理环境,使人类固有的优异潜能自动得以实现。在这一思想指导下,罗杰斯在20世纪60年代将他的"患者中心"的治疗方法应用到教育领域,提出了"自由学习"和"学生中心"的学习与教学观。罗杰斯还从人本主义的学习观出发,认为凡是可以教给别人的知识,相对来说都是无用的;能够影响个体行为的知识,只能是他自己发现并加以同化的知识。

因此,教师的任务不是教学生学习知识(这是行为主义者所强调的),也不是教学生如何学习(这是认知主义者所重视的),而是为学生提供各种学习的资源,提供一种促进学习的气氛,让学生自己决定如何学习。为此,罗杰斯对传统教育进行了猛烈的批判。他认为,在传统教育中教师是知识的拥有者,而学生只是被动的接受者;教师可以通过演讲、考试甚至嘲弄等方式来支配学生的学习。而学生无所适从；教师是权力的拥有者，而学生只是服从者。因此，罗杰斯主张废除"教师"这一角色，代之以"学习的促进者"。罗杰斯还认为，促进学生学习的关键不在于教师的教学技能、专业知识、课程计划、视听辅导材料、演示和讲解丰富的书籍等（虽然这中间的每一个因素有时候均可作为重要的教学资料），而在于特定的心理气氛因素，这些因素存在于促进者与学习者的人际关系之中。那么，促进学习的心理气氛因素有哪些呢？罗杰斯认为主要包括：(1)真实和真诚：学习的促进者表现真我，没有任何矫饰、虚伪和防御；(2)尊重、关注和接纳：学习的促进者尊重学生的情感和意见，关心学生的方方面面，接纳学生的价值观念和情感表现；(3)移情性理解：学习的促进者能了解学生的内在反应，了解学生的学习过程。在这样一种心理气氛下进行的学习，是以学生为中心的，"教师"只是学习的促进者、协助者或者说是伙伴、朋友，"学生"才是学习的关键，学习的过程就是学习的目的之所在。

3. 教育学基础

"案例教学法"是"第三教法"的教育学基础。哈佛工商学院将"案例教学法"界定为：一种教师与学生直接参与，共同对工商管理案例或疑难问题进行讨论的教学方法。这些案例常以书面的形式展示出来，它来源于实际的工商管理情景。学生在自行阅读、研究、讨论的基础上，通过教师的引导进行全班讨论。因此，"案例教学法"既包括了一种特殊的教学材料，同时也包括了应用这些材料的特殊技巧。现代教育学提倡"案例教学法"是基于对"教师为中心、课堂为中心、书本为中心"传统教学模式的反思。长期以来，在我们的实际教学中，系统讲授一直作为我国课堂教学的最主要教学方法，但也一直受到强烈的批判。有的学者撰文指出，尽管系统讲授不等于灌输，但极易形成灌输。系统讲授模式的根本缺陷在于，将教学活动中的个体从整体的生命活动中抽象隔离出来，既忽视了作为每个独立个体处于不同状态的教师与学生在课堂学习中的多种需要和潜在能力，又忽视了作为共同活动体的师生群体在课堂教学活动中，双边多种多样形式的交互作用和创造能力。并且认识过程早已揭示，即使认为教师的课讲得很好，许多学生识记理解的东西比我们认为他们理解的东西要少。通过测定发现，学生参加考试时通常可以辨别出哪些知识讲过、哪些书读过。然而，通过仔细分析表明，即使不全错，他们理解了的常常有限或者理解歪了。

这说明系统讲授的教学效果是很不尽如人意的,必须进行改革。事实上,很早以前,就不断有人反对学生被动接受知识,反对把学生当作知识的容器,强调重视学生的自主学习、自主活动和直接经验。美国学者格柯在他的一篇文章中谈到"案例教学法"之所以在教学中应用,是因为聪明不是经由别人告诉而得来的。人本主义心理学家罗杰斯也表达过类似的思想。在当代更有学者强调要注重学生的课堂生活质量,并对完成认知性任务成为课堂中心或唯一目的的现状持强烈的批评,因为"我们需要课堂教学中完整的人的教育"。因为,教学过程不只是一个认知性的掌握知识—发展智慧潜能的过程,同时也是一个完整的人的成长与形成的过程,是学生个体生命潜能多方位地得以彰显、丰富的过程。"第三教法"强调的是,不仅要对学生进行知识的系统传授,更重要的是要让学生积极地"动"起来,积极开展思考、研讨、实践等活动。自主地学、互动地学、在活动中学,使学生经过教育掌握科学知识、智慧得到发展、心灵更加健全。

(三)"第三教法"的课堂操作策略

要构建"第三教法"的课堂操作策略,首先我们必须了解教育的本体功能的问题,即教育的作用和价值问题,也就是教育能干什么、该干什么的问题。教育应该具有什么样的本体功能,决定于影响人发展的各种后天要素。教育的目的是促进人的发展,有什么后天要素影响人的发展,决定着教育就必须去培养这些要素。那么,在人的发展过程中是哪些要素起制约作用呢?人发展的前提和基础是科学知识,一个人应当掌握扎实而丰富的科学知识。知识掌握的过程是不断发现问题的过程,而在发现、分析和解决问题的过程中,人的智慧也得到了同步的发展。所以,教育要实现其促进学生发展的目的,基础的功能就是要传授知识,这是由于人的发展都要以科学知识和深厚的文化为基础。

随着社会科学技术的迅猛发展,知识的发展呈现出更新周期缩短、总量激增、各学科不断分化又不断综合、边缘学科不断涌现的趋势。由于知识不断老化,加上人生有涯而学无涯,使人不可能掌握世界上所有的科学知识。另一方面,也并非每个人需要所有知识。在这种情况下,一个人在现代社会适意地生存,关键不是知识量的大小,而是学会学习、学会适应。仅就学会适应而言,绝非知识广、博量大就适应能力强,而是基础扎实。世界教育史、发明史上无数事实也表明,知识尤其是外学科的知识多少并不能决定一个人的成就。所以,让学生获得知识、掌握真理是教育本体功能的第一步骤,学生智力、能力的发展是此之后的第二步骤,或者说是教育本体功能的第二个层面。

人的发展以科学知识为基础、以智慧为核心,那么人怎样才能做到知识丰富,智高能强呢?也就是说,人发展的动力是什么?事实上,如果一个人没有学习的要求,碰到困难就灰心丧气,缺乏学习的动力,是不可能获得很好的发展的。在同样的环境和条件下,每个学生发展的特点和成就,主要取决于自身的心理素质,取决于心灵是否健全,这是因为人只有具备了健全的心灵,才可能有目的地主动地去发展自己,并自觉为实现预定目标克服困难,这是健全心灵推动人发展的高度体现。所以,教育的终极功能是培养学生健全的心灵。健全的心灵包含着"有情、有意、有抱负"三层含义。"有情"即对他人、对社会充满着爱;"有意"即具有克服困难、挑战挫折的意志和勇气;"有抱负"即具有改进社会、推动历史进步的远大理想。健全心灵的形成不仅是教育的终极目标,也是教育实现其本体功能的条件。

了解教育的本体功能是什么固然重要,但更重要的是应该知道怎样去构建"第三教法"的课堂教学操作策略以便更好地去实现教育的本体功能。

1. 转变教育思想、优化学生主体活动是学生掌握知识的先导和关键

学生掌握知识是以学生主体的积极活动为中介发挥作用。在教学过程中,要发挥学生主体的积极参与,让学生主动学习,才能达到知识掌握的高效与巩固。

要优化学生主体活动,第一,应确立什么是以学生为主体?以学生的什么为主体?以学生为主体强调的是在学习过程中,学生是认识的主体,应当以学生的思维活动为主体,以学生的认识过程为主体。第二,要优化师生关系,尊重热爱学生。第三,应注意主体活动的全面性。在教学中,不同科目的教学都有一些共同的学生主体活动因素,如记忆、想象、思维、语言和情感意识活动等。但每门学科之间主体活动存在差异,如语文学科有听、说、读、写的主体活动,物理则有观察与实验、逻辑推理和分析运算等主体活动。教师应充分考虑每门学科学生主体活动结构的完善,从而有效地促进学生相关能力的发展。第四,学生主体活动要真正落实到教学过程中去,要打破以教室、课堂、书本为中心,构建以学生主动参与、积极活动为主线的教学模式。这种教学模式的核心就是创

造全体学生都积极参与学习的条件,让学生在主动参与中获得直接的知识和经验。

如教堂时间结构安排的"35305"模式,它把一节课的时间分为组织教学时间两分钟,学生学习时间43分钟,首先的3分钟为学生的自由演讲时间,由班上第一号学生从第一节课开始演讲,以后按照顺序进行。第二个5分钟为学生自出题测验学生,测验内容为上节课所讲的或者是本节课要讲的。由班上第二号学生从第一节课开始,出题由二号学生,评卷由大家互评。第三个的30分钟为师生双边活动时间,老师出思考题(题目都反映了课文的基本知识点),学生分成四人小组进行讨论,然后每节课都轮流派代表发言。最后的5分钟则是学生的一课一得,总结一节课的教和学,由班上最后一位学号学生开始,以后按反顺序进行。整个教学过程都是以学生为主,学生学习的自觉性、主动性、积极性都充分发挥出来。而教师的作用也得到了充分的体现,学生演讲什么、怎么演讲,出什么题、怎么出题,基本知识点的掌握,学生的质疑问难、新思想新见解的解答等都依赖教师的指导。这种模式,对学生知识的掌握、能力的发展具有很好的促进作用。

2. 为学生提供广泛的经验世界,让学生带着问题"动"起来,是学生智慧发展的根本

学生智力的发展、能力的获得,不仅依靠教师的言传身教,更主要的还在于学生的自我主体的积极"动脑""动口""动手",形成教学过程中的"互动"局面,正如叶圣陶老先生所说,学习是学生自己的事,无论教师讲得多么好,学生没有真正"动"起来,是无论如何也学不好的。学生的智慧只有通过实际活动才能逐渐发展。心理学研究也证明,没有活动经验的支持,学习到的任何知识,在社会实践面前都不能摆脱纸上谈兵的命运。只有经历过的世界,人们才可能建立真正的自我把握感和自我胜任感,活动经验的作用是不可代替的,学生活动经验越广泛,实践锻炼的机会越多,智力的发展就越好,能力获得就越巩固。

要让学生真正"动"起来,首先必须发扬教学民主,创设宽松和谐的学习氛围,让学生"敢"动起来,学生才能真正成为学习的主人,积极动脑、动口、动手,敢于发表自己的不同意见和创新观点。其次,要充分调动学生的积极性,让学生掌握动起来的方法,让学生会"动"。最后,要积极创造条件,提供必要的活动

舞台；让学生能"动"起来，要为学生提供启发思维、动脑思考的舞台；劳动实验、动手操作的舞台以及课外、校外的广阔大舞台，使学生在"脑动""口动""手动"的过程中，得到最充分、最自由的发展。

（四）学生健全心灵是在教师的崇高的人格魅力感染和熏陶下逐渐形成的

学生健全心灵的形成，受着家庭、学校、社会等多方面的影响，但教师是学生健全心灵形成的引导者和主持人。学生健全心灵的形成，从教育上来说，是依赖教师同样的东西，即教师必须也具有同样健全的心灵，即教师的情况、意志和理想信念，在有声、无声中影响、熏陶和感染着学生。教师对学生的爱是一种巨大的教育力量，有人把感情比作教育者与被教育者之间的纽带，教师用博大的胸怀、爱来沟通同学之间的感情关系，通过爱的情感去开启学生的心扉，达到通情而达理的目的。可以这么说，没有爱就没有教育，学生对学习、生活、他人、社会和祖国的爱，很大程度上决定于老师的情感，所以柳斌同志说："'育人以德'是重要的，育人以智也是重要的，但如果离开了育人以情，那么德和智都很难收到理想效果。"

师生之间良好的情感形成，要求教师热爱每一位同学、教学民主、以情激情、以美激情。学生意志品质的形成在很大程度上受教师意志品质的影响，教师为了达到教育目的而表现出的意志的坚定性、果断性、一贯性、坚持性和自制力等优秀的意志品质，不仅是完成教育任务所必需的，而且也是直接影响学生意志的巨大力量，鲁迅能成为"青年的吸铁石"，与黑暗的旧中国"横眉冷对"、斗争到底、坚韧不拔的意志有关，鲁迅自己认为力量来自他的教师藤野先生，"他的性格，在我眼里和心里是伟大的"。青少年理想抱负的形成，即是他们学习的动力，也是教师教育的结果。一个拥有远大理想抱负、品德高尚、学业优秀的教师，往往会成为学生学习、模仿的模样，这正如苏霍姆林斯基所说："在教师个性中是什么东西吸引着儿童、少年和青年呢？是什么东西使他们成为你的名副其实的学生呢？是什么东西使你的学生从精神上联合起来，成为集体思想上、道德上和精神心理上的统一体呢？理想、原则、信念、观点、兴致、趣味、好恶和伦理道德等方面的准则在教师的言行上取得和谐一致，这就是吸引青少年的火花。"学生这种用钦佩的教师为榜样去模仿和学习的动机和行为的欲望，正是学生理想抱负形成的极为强大的教育力量。

在学校教育过程中，学生健全心灵形成的途径有课堂教学、班级建设、心理辅导等。课堂教学是学校教育的主渠道,同样也是健全学生心灵发展的基本途径。可以通过将心理素质培养的内容纳入正式课程体系、深入挖掘各科教学内容中的"心育"内容等手段更好地促进学生健全心灵的形成。在实践中,课堂教学存在两方面的不足:一是"朝上"的不足,既教师在课堂教学中仅单纯的传播知识,对于凝结在知识背后的人类在发现、探索真理过程中的情感、意志、抱负等精神因素没有去挖掘;二是"朝下"的不足,既教师在传授知识过程中联系学生面临生活中各种实际问题不够。这两个"不足",使得教学过程平淡乏味,学生学习缺乏兴趣,更没有学习的榜样可以效仿。其实在每门学科教学中,都有许多的精神因素可以挖掘,有许多的生活实际问题可以联系,教师在课堂教学中,应充分挖掘这些"心育"内容,促进学生心灵更健全地发展。

参考文献:

[1]金炳华.哲学大辞典(修订本)[Z].上海:上海辞书出版社,2001.

[2]刘放桐.现代西方人本主义哲学思潮的来龙去脉(上)[J].复旦学报:社会科学版,1983(3):70—77.

[3]顾明远.教育大辞典(简编本)[Z].上海:上海教育出版社,1999.

[4]叶澜.让课堂焕发出生命活力[N].教育时报,1993—11—19.

[5]国家教育发展研究中心.发达国家教育改革的动向和趋势(第四集)[M].北京:人民教育出版社,1991.

[6]郑金洲.案例教学指南[M].上海:华东师范大学出版社,2000.

[7]夏晋祥.论教育本体功能的实现[J].教育评论.2000(2):7—9.

[8]柳斌.重视"情境教育",努力探索全面提高学生素质的途径[J].人民教育,1997(3):6—8.

[9][苏]霍姆林斯基.培养集体的方法[M].安徽大学苏联问题研究所,译.合肥:安徽教育出版社,1983.

(本文发表于北美华人教育研究及策划协会《文教新潮》2003年8月第8卷第3期)

九、赏识生命，享受教育

如果我们要对人类的工作难易程度来进行划分的话，可以按复杂程度为标准，把人类的工作划分为人——物、人——事、人——人三个层次，教育工作当然是属于一种人与人、生命与生命之间的交往与对话的活动，其复杂与崇高自然是不言而喻了。

然而，在我们的某些教育中，"人"不见了。

一方面，学生成为"自然之物"，成为一个"容器"，教师可以任意处置，可以任意摆布；另一方面，学生成为"分数"之奴。在某些学校，我们的教育不是为生活而教，而是为升学而教；我们注重考试需要什么，而忽视未来需要什么；我们没有真正关心学生作为"人"的需要，作为未来创造者的需要，教师目中无人，把知识当成了教学唯一目标，把分数当成了衡量学生的唯一标准。

也有人视教育为"工具"。一旦教育成为社会的工具，就只能实现其外在价值，而不能实现其内在价值，即提升人自身方面的价值。在现代，尽管教育的地位日益提高，但被提高与重视的是什么呢？"被看好的只是教育所带来的经济效益及个人社会地位的彰显。除此之外，教育便没有了立足之地，没有了任何发言权，没有了理论依据"。教育成为工具后，表面上看是提出了自我价值，实际上是丧失了自我，从此没有了自我、自主、自尊、自信与灵魂。对此，日本学者池田大作认为："现代教育陷入了功利主义，这是可悲的事情。这种风气带来了两个弊病：一是学问成了政治和经济的工具，失掉了本身应有的主动性，因而也失去了尊严性；另一个是认为唯有实利的知识和技术才有价值，所以做这种学问的人却成了知识和技术的奴隶，由此产生的结果是人类尊严的丧失。"教育成为工具后，自然地，教育的对象——人也就成为工具了，工具性教育把人培养成为社会需要的工具，表现为工具性教育，"教"人去追逐、适应外在世界，"教"人掌握"何以为生"的知识与本领,但却对教育本体功能(即促进人身心全面发展的功能)放弃了作为,也放弃了"为何而生"的思考。

存在的就是合理的。"目中无人"的教育,为何能在社会历史发展的长河中,久占一席之地呢?

教育是满足人的需要,促进人的发展的,但人的发展是需要一定的基础与前提的,那就是首先人必须要生存下来,所以教育满足人的需要,首先是满足其生存的需要,教育必须为有用而进行,教育必须发挥其保存人类自身和个体谋生的价值,也就是说,在人类历史发展的一定阶段,教育必须适应社会和人类"为生存而战"的残酷现实,必须为社会服务,传授人类社会生存和生活必备的基本的生存和生活的知识与技能,为生存而教,否则别说教育,就是人类自身都将难以为继。彼时彼刻,教育论落成为社会和人类的"工具",是有其现实必要性和合理性。

而人类"为生存而战"的历史,是一个漫长的历史过程,即使是历史发展到今天,人类社会并未完全地脱离为生存而战的现实,放眼看当今世界,生活在饥饿、贫困下的人们并不是一个小数目,所以这就不难理解,为什么现在的许多学校的我育,还在唯分数、唯升学,唯就业而"目中无人"!实实在在地,教育的压力来自社会的压力、生存的压力,教育的竞争来自社会的竞争、生存的竞争!

然而,随着人类的进化、社会的进步、物质的丰富和人类精神需要的提升,对于教育的需要,已开始发生根本性的转变,已开始从以生存价值、功利价值为主转向以满足精神需要为主,人们随着温饱的解决逐渐把精神的完善作为追求的目标,从而达到精神上的满足与享受。这种教育不是因为它有用或必需,而是因为它是自由的和高贵的。此时此刻,人需要教育,不是为了谋生或成为社会期望的人,而是为了自身的精神需求,为了丰富自己的生活,为了自身未来的长远发展,得到一种精神上的满足与享受。"为享受而教",理应成为人类社会历史发展的必然选择。

可是,社会历史发展对教育的要求,并没有成为教育发展与改革的内在动力,教育仍旧在走着自己的道路而"目中无人";仍旧在沿袭已沿用了几千年的传统而注重分数;仍旧在"知识课堂"的框架中而不能自拔。这不仅是我们教育的悲哀,同时也是我们人类的悲哀!

　　教育关注人，关注生命，是由于教育起于生命，教育即生命。教育与人的生命和生命历程密切相关。教育的开展既需要现实的基础——生命个体，又要把提升人的生命境界、完善人的精神作为永恒的价值追求。教育本身就是人的一种生命现象，没有生命也就没有教育。人的完整的生命是教育的起点，人的生命的自然特性决定了教育"何为"的界限，同时，人的生命的超越特性又为教育"为何"留下了大有作为的空间。教育受制于生命发展的客观规律，它必须遵循个体身心发展的规律来进行。人的生命特性决定，对于生命的理解必须"以人的方式"才能把握。

　　教育在提升完善学生生命的同时，也在完善提高教师的生命。教育在为学生生命奠基时，恰恰也在为教师的生命奠基，在"生命教育"观念里，教育不是牺牲，而是享受，教育不是重复，而是创造，教育不是谋生的手段，而是生活的本身；在"生命教育"里生命的蜡烛在照亮学生的同时，也照亮教师自己……

　　教育是塑造人的事业！教育是灵魂与灵魂的对话、心点燃心的燃烧、智慧与智慧的碰撞，教育就是在这种对话与碰撞中，充满了对教育的理解，充满了对心灵的关爱，学生们因为这样的关爱而成长，教师们因为这样的碰撞与关爱而幸福！

　　教育的根本任务在于最大限度地挖掘人性美。在 21 世纪的今天，已迈入人类文明高度发达的教育，应该坚定地履行我们本真的职责：赏识生命，激励生命，成就生命！让每一个经历教育的人们享受教育。这是我们的期待，也是我们深深的祝愿！

　　　　　　　　　　　　　　　　（本文发表于《特区教育》2009 年 5 月）

十、教育,生命的福音

教育,是生命的福音!是因为教育不仅给人带来知识、能力,更重要的是教育能够激发人内在的潜能,启迪人的智慧,促进人性的完美,让人变得更自信、更阳光、更出彩,使人内心深处自发地对生命有所感悟,在真善美的道路上不断追求……

然而,长期以来,有着长远的精神价值追求的教育却在现实功利面前迷失了根本,在我们的教育中,"人"不见了。学生成了一个知识的"容器",成了分数之奴。分数成了唯一的选才识人标准。我们的教育不是为生活而教,而是为升学而教;我们注重考试要考什么,而忽视人的生命成长需要什么!

实际上,教育是一种培养人的活动,所以必须关注人、关注生命,这是由于教育起于生命,教育即生命。教育与人的生命和生命历程密切相关。教育的开展既需要现实的基础——生命个体,又要把提升人的生命境界、完善人的精神作为永恒的价值追求。教育本身就是人的一种生命现象,没有生命也就没有教育。

教育,成为生命的福音,就要求我们在教育价值观上,在重视知识与技能的基础上,更加关注师生的生命发展,重视学生的情感、意志和抱负等,健全心灵的培养;在教学目标上,既注重预设性目标,更注重生成性目标,鼓励学生在课堂中发现新的思路、方法和知识点;教学方式上,不仅要有"教"有"导",更要倡导学生去积极创设情境,鼓励学生去"自学"。在教学过程中,强调教学过程是师生合作学习、共同探讨的过程,是激励欣赏、充满期待的过程,是心灵沟通、情感交融的过程;在教学结果上,不仅要看学生学到了多少知识,有没有"学会",还要看学生有没有掌握学习的方法,会不会学。同时,更加重要的是还要看学生通过课堂教学,他们的求知欲望有没有得到更好的激发,学习习惯有没有得到进一步的养成，学生的心灵是不是更丰富、更健全了。

　　总之，教育的根本任务在于最大限度地挖掘人性美，在 21 世纪的今天，教育应该坚定地履行我们本真的职责：赏识生命，激励生命，成就生命！让每一个经历教育的人去享受教育，给每一个接受教育的生命，带去福音！

　　　　　　　　　　　　　　　　（本文发表于《师道》2016 年第 8 期）

十一、杰出有限，平凡普遍

心里盛满了苦瓜汁，多希望你能倒出来！一位位优秀少年，一段段中断的人生，他们生命之殇，谁之痛，谁之过。

谁之痛，谁之过？痛的是父母，家人，朋友……而过错，有很多，但我们却不忍去指责，因为我们并没有合理的身份，更何况，他们已经得到解脱，这是事实，是个极其痛的事实。我们能做的是反思与劝告，别让一切再来不及，很多道理我们都懂，却没有让它们有个出口。

有人说，流泪也是一件幸福的事，所以，或许，他们应该好好哭一场。

（一）

"可能我只是不太喜欢，也不太适合这个世界，所以再也不想多做停留了；不想再假装，也不愿再撒谎，只想做我自己而已，是真的难。所以单纯就是，有那么点累了，所以就算了。不想责备任何人，至少此生为止认识的没有坏人，爱你们，也希望你们越来越好。要说有什么遗憾那就是对不住家人吧，我也不知道该怎么办，对不起啊，妈，也是真的不知道该说什么。只剩下愧疚，只愿下辈子投胎不做您的孩子，也不想再让您受伤。最后就想说，这是我自己的选择，不怪任何人，不想给大家添麻烦。也请不要找我，因为真的找不到了，毕竟钱塘江嘛。不想要葬礼，安安静静的就好了。走啦，各位，勿念。此生缘尽，只愿没有来生。"

这是××大学化工博士生侯京京生前留下的最后一段文字。

10月10日晚，××大学博士生侯京京在朋友圈留下了疑似寻短见的文字，随即失联。

据澎湃新闻报道，10月14日上午，杭州钱江四桥附近的钱塘江水域发现一具浮尸，经家属辨认，确认为失联的××大学博士生侯京京的遗体。

　　年仅 26 岁的他，是别人眼中的学霸，可他不曾做过自己，一直活成了别人希望的样子，尽管在世俗的眼光中还活得很风光，但他自己却觉得活得太累了，不想再活了……

　　不止侯京京，一群正值青春的年轻人，竟频频有人走上极端，给自己、给家人画上悲剧的休止符。

　　本月初，一名中国留学生在曼哈顿东村地铁 L 线第一大道站卧轨身亡，年仅 18 岁。据悉，该名学生在纽约大学就读一年级。这是纽大今年发生的第二起中国留学生自杀事件。

　　在此之前，今年 5 月，一名医学系放射科的中国女生安德里亚·刘在宿舍自缢身亡，年仅 26 岁。

　　事实上，近年来，出国求学人口数量日趋攀升，年纪日趋低龄，留学生的心理问题却一直未能引起重视。

　　去年年底，康奈尔大学材料工程专业四年级学生田苗秀在考试周期间被发现于公寓内死亡，年仅 21 岁。田苗秀在离世前曾发电邮给同学，对无法完成期末项目表示抱歉。

　　来自成都七中的田同学是位名副其实的学霸，不仅在中国首届高中生美式辩论赛中进入西南赛区 16 强，还在中国中学生英语能力竞赛中获得全国三等奖。

　　去年 10 月，在美国犹他大学攻读生物学博士的唐晓琳自金门大桥跃下身亡。

　　自北京大学地球与空间科学系毕业后留学美国的唐晓琳，课题是难度极高的 RNA 病毒方向。失联前，她曾透露过自己压力巨大，有投河的念头。

　　……

<h2 style="text-align:center">（二）</h2>

　　是什么让这些人人钦羡、品学兼优的孩子，如此想不开？

　　1. 父母过高的期待

　　"望子成龙""望女成凤"是中国人的传统教育观念。在国家实行计划生育国策的大背景下，如今的中国仍以独生子女家庭为主。多数家庭只有一个孩子，因此祖辈和父辈的培养对象都锁定这一个孩子，期望值也在人为地拔高。

大量的全国性调查发现,中国父母最大的焦虑是希望孩子在竞争中取得优势地位。父母对子女的学业高期望会给孩子带来"童年恐慌",即儿童由于面临巨大的压力,不能理解、不能承受而产生一种较长时间的焦虑心态,这种"童年恐慌"对孩子的杀伤力很大。与此同时,由于父母对孩子学业过高的期望、过多的投入,反而就会忽视孩子的全面发展,甚至会剥夺孩子生活的乐趣。这样,孩子将来很容易发生心理危机,甚至造成家庭悲剧。

父母"望子成龙"心切,导致对孩子期望过高。这种期望仅仅是对考试成绩的期望,而不是要求其全面发展,因此很少关心孩子的正常要求和兴趣爱好。期望过高和期望偏向会使孩子失去学习和生活的乐趣,容易滋长消极情绪。沉重的负担使孩子身心疲惫,对人冷漠,对集体不关心,自我封闭,外人很难走进他们的内心世界。

我们曾经对深圳市的家长进行过问卷调查,在我们的家长问卷中,有39.82%的家长,希望自己的子女在班上成绩进入前三名,18.44%的家长希望子女进入前六名,34.81%的家长要求子女成绩进入前十名。望子成龙、成凤是天下父母的共同心愿,但事实上,不可能每个人都成龙、成凤,并且社会固然需要"高精尖"的各种高级人才,同时也需要在各自平凡岗位上默默耕耘的人。我们客观上不可能实现每一个人成为高精尖的人才,我们只希望每个人都能在自己原有的基础上再提高一步或几步,这才是我们对下一代的一种切合实际的期待。

2. 社会评价的偏差

人是千差万别的生命个体,个性纷呈,人的价值追求、审美情趣、性格特征、能力表现和兴趣爱好也各不相同,但社会对人的评价却似乎惊人的雷同:唯权、唯钱、唯分……却唯独没有孩子的幸福、学生自己的自我追求、自我认同!人才的多样性与社会评价标准的唯一性,成为社会评价的一个巨大偏差。

曾经看到过一篇文章《我想当一个废物可以吗?》,作者最后说"假如有一个人问我可不可以当废物,我会支持他的想法。我大概会这么对他说:'我们每个人活在这个世界上,都想完成一点什么。当废物也许就是你想为自己完成的一件事,我很高兴你有勇气去追求它。祝愿你保留这样的勇气。也许有一天你还会想做其他事,到那时,请用同样的勇气实现它。'这样说,是因为我相信自我接纳不等于自我僵固。做自己（当废物）之后，也会自然而然地发现更大的价值（做一些不同的事）。人是不会一直当废物的。——并非因为有某个专家或导师对他说'不要当废物！'而是因为他可以全心全意地接纳自己。他爱自己，就自然会去寻找更多的价值，丰富和变化自己的人生。关键在于，你信不信一个接纳自己和爱自己的人，会有这样的动力，自发地寻找更多的价值？"

社会很大，人很复杂，健康文明的社会应该鼓励创新，宽容不同，一枝独放不是春，百花齐放春满园，让每一个生命的个体，都做最好的自己！

3. 自己过大的压力

去年的十月，著名国际学术期刊 Nature 对全世界不同国家不同领域的6 000名左右的博士生进行了问卷调查。结果显示，在象牙塔里求学的博士生，大约有四分之一的人都存在心理问题，严重的甚至有重度抑郁的倾向。

更让人忧心的，是我们身边的孩子，有许多人的内心已经出现了严重的问题，不少人也透露出了厌世、想要结束生命的想法，甚至有的已经走上了人生绝路。

唐予心是一个成绩很好，又多才多艺的女孩。所有人都觉得，她的学习、成长环境有得天独厚的优势，前程灿烂，人生美满。

她就读的成章实验中学属民办学校，是衡阳市乃至湘南地区最好的初中之一，依托全市最好的公立高中衡阳市第八中学办学，校园内，随处可见历年毕业生的励志牌，校友遍布国内外知名高校。作为293班班长，唐予心的成绩在班上数一数二，在全年级1 700多人中的排名曾排到第四十多名。

当同龄人对"大学"的概念还懵懵懂懂时，唐予心早就知道了什么是"985""211"。初二地理课上，老师讲到香港时提到了香港大学，她就公开表达了对香港大学的向往。爸爸唐一平曾对她说："以后港珠澳大桥开通了，爸爸开车去接你也很快。"

读初二那一年，唐予心的学习成绩进步更快，并拓展了新的兴趣，喜欢上了法医学，也萌生了以后要当法医的想法。她还买了一本大学教材《法医学》，经常放在书包里，班上同学都好奇她为什么会喜欢这个工作，她的说法是法医赚钱多。

到了初三，学习的任务开始变重。学校提出"周周清，月月考"，并规定初三学生每周日下午就要返校,这让学生们感到不满。

2018年10月12日进行的月考中,唐予心的年级排名从第四十多名下降到了第一百二十四名。实际上,她比上一次月考只少得了10分,只是因为在最好的学校,竞争激烈,名次才会有如此明显的退步。其实,整个初三年级有1 700多人,前500名基本能稳上衡阳市八中高中部,124名仍是不错的成绩。

但唐予心的母亲通过手机绑定的"好分数"平台看到名次后,还是发愁,当天就给班主任唐忠宝打了电话。公布成绩那天是周五,唐予心从学校回家后,母亲对她进行了"严厉"的批评,还要求她写一份检讨,她哭着将自己反锁在房间,直到奶奶去敲门才开门。

第二天,父亲唐一平也与她进行了交流,当说到"你要担起班长的责任"这句话时,唐予心立刻敏感地反问:"是不是老师说我了?"唐一平并不知道,就在他们夫妇与女儿沟通时,女儿的人生已经进入了倒计时。

被母亲批评的周五当天,唐予心下午五点多先是在班级QQ群里表达了不满:"妈的,说我数学考得不好,还说我其他科目考的什么东西,让我写检讨。"聊天记录显示,晚上九点多,唐予心第一次在群里流露出想自杀的意思。

2018年10月18日,唐予心选择服用超大量的秋水仙碱导致抢救无效死亡……

(三)

《奇葩说》里,颜如晶说,没有人告诉我们努力的尽头在哪里,就像所有人都说,一个不想当将军的兵,不是好兵,但是当一个小兵发现不管怎么努力都当不了将军的时候,有没有人跟他说,没有关系,你可以只当小兵。或者告诉他,你可能更适合做研究,又或者你可能可以做出一个大企业来……

而事实上,杰出有限,平凡普遍!我们大部分人,都是普通人,我们的孩子们长大后,大部分也将成为普通人。

即使杰出,也不可能只是在一个领域,行行都会出状元!可惜的是,我们的许多孩子,就在这种父母的巨大压力、社会的评价偏差和自己的不成熟下,却在人生都还没有真正开始,还没有充分展示自己特长,还没有发挥自己优势的时候,就选择了断人生,确实让人悲痛不已……

生命的价值与意义究竟是什么,无数的先哲都进行过思考与探索,不同的人也有不同的答案,有享乐人生观,也有拼搏人生观;有索取人生观,也有奉献人生观……！每个人都有自己的人生活法,但有一点是共同的,那就是,人生要有意义,一定是要过自己想要的人生,按照自己的意愿去活,活出本真的自己,活出精彩的自己！政治家如特朗普、科学家如爱因斯坦、企业家如比尔·盖茨、文学家如鲁迅……莫不都是遵从自己的内心,活出了精彩而有成功的人生！而现在的许多学生,他们都是在为别人而活、为分数而活,他们缺乏主体性没有体验没有自由,没有爱恨情仇,没有尽情的释放,有的只是考纲只是试卷只是前途,这也就怪不得活着没有什么意义了……

记得有个广告说:人生就像一场旅行,重要的不是目的地,而是路途中的风景。人生的意义就在于遵从自己的内心、活出本真的自己、精彩的自己,经历自己想要的也愿意去承担的酸甜苦辣、聚散离合,不管喜欢的,还是厌恶的,都要体验、经历,然后升华自己的心灵……

而我们现在的许多孩子、也包括上面提到的那些学业成绩非常优秀的孩子,从小就被要求听话,从小就被父母和教师安排着,从来就没有按照自己的内心来生活。于是,听话就是"乖孩子",就有奖励,妈妈就喜欢、教师也欣赏;不听话就是"坏孩子",就有惩罚,妈妈就不喜欢、教师也嫌弃。在这样的萝卜棒子政策下,小小年纪的他们,压抑自己内心真实想法,为了讨好父母和教师而变得乖巧。而在这个过程中,他们丧失了独立思考的能力,丧失了坚定说出自己想法的勇气,永远处在被动接受他人安排的位置。却从来没有真正问过自己:"这些是我想要的生活吗?"以至于长大以后,他们有强烈的孤独感和无意义感,这种孤独感来自好像跟这个世界和周围的人并没有真正的联系,所有的联系都变得非常虚幻。更重要的是他们不知道为什么要活着,他们也不知道活着的价值和意义是什么。他们通过自己的努力是取得了非常优秀的成绩和成就,他们似乎很多时间都是为了获得这种成就感而努力地生活、学习和工作。但是,当他发现所有那些东西都得到的时候,内心还是空荡荡,就有了强烈的无意义感。

其实,无论是学习、工作,抑或生活,无论是亲情、友情,抑或爱情,我们都可以摒除周遭繁杂的干扰,当好独一无二的主角,活出本真的自己,活出精彩的自己！只有这样,我们才会有和别人不一样的人生,才能够活出自己觉得有意义的、精彩的人生！

著名"毒鸡汤"代言人王尔德就曾说过:"做你自己,因为别人都有人做了。"

作为做父母的我们,要深知孩子的人生之路要靠他自己去走。如果父母是一盏明灯,只需去照亮孩子前进的路;如果父母是一架人梯,只需将孩子举过头顶,让他自己去攀登自己的人生未来之途!

(本文发表于《教师报》2018 年 12 月 5 日)

十二、理直气壮讲思政 勠力同心育新人

2019年3月18日，中共中央总书记、国家主席、中央军委主席习近平在京主持召开了学校思想政治理论课教师座谈会并发表重要讲话。这篇讲话高屋建瓴，全面深入地阐述了办好学校思想政治理论课的重大理论和实践问题，其精神实质就是要求我们要办好思想政治理论课，要理直气壮开好思政课，是指导当前和今后学校开展思想政治理论课教学的重要纲领性文献。通观习近平总书记的整个讲话，其内在逻辑主要是按照为什么要办好思政课、思政课要发挥什么作用、怎样办好思政课这样的问题层次来展开。这种内在逻辑分别对应着新时代思想政治理论课的定位、思想政治理论课的功能以及思想政治理论课的改革创新等重大理论和实践问题。下面我们就结合我校开展思想政治理论课教学的实际谈谈学习习近平总书记在思政课教师座谈会上重要讲话的体会。

（一）新时代思想政治理论课的定位

思想政治工作是一切工作的生命线，是我党革命和建设不断取得胜利的一个宝贵经验和重要法宝。习总书记在讲话中指出："我们党立志于中华民族千秋伟业，必须培养一代又一代拥护中国共产党领导和我国社会主义制度、立志为中国特色社会主义事业奋斗终身的有用人才。在这个根本问题上，必须旗帜鲜明、毫不含糊。"中国共产党自成立以来就把"为中国人民谋幸福，为中华民族谋复兴"作为自己的初心，团结带领中国人民进行了伟大的革命、建设和改革事业，并取得了一个又一个的胜利。党的十八大以来，中国特色社会主义事业进入了新时代，社会主要矛盾发生了新的转变，国际环境也面临着许多新的变化和挑战，我们必须继续上下一心，在党的领导下努力实现"两个一百年"的奋斗目标，最终实现中华民族伟大复兴的中国梦。要实现中华民族复兴这一千秋伟业，当然需要有担当民族复兴大任的时代新人。与此同时，这一伟大事业的实

现又离不开中国共产党的正确领导,因此,正如总书记说的,它需要我们培养一代又一代拥护中国共产党领导和我国社会主义制度、立志为中国特色社会主义事业奋斗终身的有用人才。这就是我们所说的"立德树人"。

立德树人,从一般理论上说,它需要全社会各个领域的共同努力,哪怕是就在教育领域内甚或就在一个学校范围内,也是需要各个部门工作人员的通力合作。但是,从实际的教育实践层面来看又正如总书记在讲话中指出的那样,"思想政治理论课是落实立德树人根本任务的关键课程"。何以见得思政课的作用十分关键呢?因为,一个人的思想品德是在人生的青少年阶段逐步成型的,用总书记的话来说就是,青少年阶段是人生的"拔节孕穗期",最需要精心引导和栽培。这个关键阶段,他们被灌输和培养的"德"是什么样的,对于他们今后的人生具有决定性的意义。既然我们要培养能够担当起民族复兴大任的时代新人,他们的"德"就必须包含新时代中国特色社会主义思想,必须增强"四个自信",必须有"爱国情、强国志、报国行"。而承担起向青少年灌输和培养这些"德"的职能的课程最主要的就是思想政治理论课。可见,思想政治理论课在实现立德树人过程中,发挥着十分关键且不可替代的核心作用。也正因为如此,总书记指出,"在大中小学循序渐进、螺旋上升地开设思想政治理论课非常必要,是培养一代又一代社会主义建设者和接班人的重要保障"。这是对新时代思想政治理论课的精准定位。

准确把握思想政治理论课的定位对于学校坚持社会主义办学方向、对于学生成长为社会主义建设的有用人才具有非常重要的作用。我校历来高度重视思想政治教育工作,坚持育人为本、德育为先的办学理念,坚持从立德树人的要求来认识和统筹思想政治工作,积极开展全员育人、全程育人和全方位育人,扎实推进思想政治教育工作改革创新。今后,要进一步通过学习领会习近平总书记的讲话精神,以更高标准、更严要求加强学校的思想政治理论课建设,为党的治国理政服务,为实现中华民族复兴而培养堪当大任的时代新人。

(二)新时代思想政治理论课的功能

从上述思政课的立德树人、培养社会主义建设者和接班人的定位出发,我们不难理解新时代思想政治理论课至少应发挥如下主要功能:

首先,用新时代中国特色社会主义思想铸魂育人。中国特色社会主义进入了新时代,新的实践需要新的理论,也孕育了新的理论,它就是习近平新时代中国特色社会主义思想。我们的青少年将来是要担当起民族复兴大任的时代新人,必须要用习近平新时代中国特色社会主义思想武装他们的头脑,毫无疑问,思想政治理论课在这里必定要发挥它的主要功能。

其次,要给学生心灵埋下真善美的种子。这是总书记在讲话中对思政课教师提出的要求。但是,它其实也道出了思政课的一个十分基础的功能。思想政治理论课的教学内容包括了思想品德教育,它要促进人的全面发展,要培养学生热爱真理、崇尚道德、追求美好的人格素养。

最后,要让学生懂得并努力贯通人生哲理、社会机理、国家政理。总书记在讲话中归纳了当前办好思政课的各种有利基础和条件,比如,马克思主义的指导、对共产党执政规律、社会主义建设规律、人类社会发展规律的认识和把握不断深入、"四个自信"的不断增强等等,这些基础和条件,其实主要就是贯通了人生哲理、社会机理、国家政理的各种规律的理论概论和总结。思政课的教学就是要使青少年理解并掌握这些贯通人生、社会和国家道理的理论总结。

(三) 新时代如何办好思政课

新时代的思政课要全面、高效地发挥其应有的功能,必须全力办好思政课。总书记的讲话着重从三个方面进行了阐述。

第一,办好思想政治理论课关键在教师,关键在发挥教师的积极性、主动性和创造性。对于思政课教师,总书记从六个方面提出了要求,即:政治要强、情怀要深、思维要新、视野要广、自律要严、人格要正。这六个要求,将成为衡量新时代思政课教师是否合格的重要标准,思政课教师必须朝着这个方向努力,不断提升自身的素质和水平。

第二,要推动思想政治理论课的改革创新。改革的方向是要不断增强思政课的思想性、理论性和亲和力、针对性。在改革过程中,要坚持"八个统一",即政治性和学理性相统一、价值性和知识性相统一、建设性和批判性相统一、理论性和实践性相统一、统一性和多样性相统一、主导性和主体性相统一、灌输性和启发性相统一、显性教育和隐性教育相统一。

第三,办好思想政治理论课,必须坚持党的领导。习近平总书记在讲话中指出:"各级党委要把思想政治理论课建设摆上重要议程,抓住制约思政课建设的突出问题,在工作格局、队伍建设、支持保障等方面采取有效措施。"

如何办好思政课,我校同样高度重视并一直在进行各种探索和改革。我校党委书记、校长以及二级学院党总支书记院长"思政第一课"已经制度化、常态化。在推进思政课程教学改革方面,我校以强化马克思主义学院建设和思想政治理论课程建设为载体,确立了"明道德,修主体,建体系"的思政课程发展规划,进行思政课教学内容、教学形式、教学方法等的探索。根据高职类学生的特点,我校组织教师编写了"三贴近"(贴近实际、贴近生活、贴近学生)及"三同"特征(同城的即深圳特区的、同龄的即年轻人的、同群的即大学生的)案例教学教材《思想道德修养与法律基础学习指导》,正在编写学生辅助学习案例材料《毛泽东思想和中国特色社会主义理论体系概论》。《形势与政策》课程也在积极推动教学内容与方法的改革。通过不断的探索与改革,我校思政课教学的实践与研究取得了丰硕的成果。2017 年 5 月,我校荣获中国青年报社联合中国思想政治工作研究会等单位授予的"2017 全国高职院校思想政治工作创新示范案例 50 强";我校马克思主义学院院长夏晋祥教授在全国首倡"生命课堂",他的"高职类院校思想政治理论课'生命课堂'的构建"研究项目被教育部列为 2018 年全国"思政课教学方法改革项目择优推广计划",是广东高职高专院校唯一的入选项目学校。

(本文发表于《人民网》2019 年 3 月 26 日,与陈忠宁同志合著)

后 记

人们都说"百无一用是书生",但我就是一介书生,一个一辈子喜欢读书、写书、教书的书生,一个一心做事、人情不练达、世事不洞明的书生,一个对真善美有着无限热爱和追求、总相信人性美好的书生……

作为一介书生,在过往的人生经历中,经常会在短期和眼前价值的追求上显得不积极,在物质利益面前显得清高,在处理一些具体的事情上显得迟钝或迂腐,总会在有些事情上吃一些眼前亏!当然书生也有他的可取和可爱之处,他比较看重的是长远、是精神、是大局,他不会为眼前的一点蝇头小利而斤斤计较,不会为了生活中的一些小事而自寻烦恼,他愿意为了心中的理想、为了"诗和远方"而不断探索与追求……

我现在已经到了孔子所说的"知天命"的年龄,道理上也知道"尽信书,则不如无书",但总是在实践中和生活上相信书本上说的很多"高大上"的道理,并且坚守它,尽管也为此吃过许多苦头、受过一些欺骗、摔过许多跟头,曾经有时也认为"山不是山,水不是水",但现在还是相信"山还是山,水还是水"!

作为一个一辈子都在从事教育工作的书生,对自己工作的主阵地——课堂教学一直都是情有独钟,不仅深耕几十年从未间断过,而且不断地思考和研究它,从现象中去探索规律、从表面去追寻本质、从低效中寻求高效……呈现在读者面前的这本著作,就是自己近 20 年不断实践不断反思不断总结的结晶!希望你通过阅读这本论文集,能够读懂我热爱学生、热爱课堂、热爱教育的"初心",能够清楚我的心路历程与思考脉络,能够激发你爱学生、爱学校、爱教育的内心热情……

我人生路上和从教路上需要感恩的人有很多,首先要感谢的就是我的父母,尽管他们目不识丁缺少文化、尽管他们地位卑微贫穷一生,但父母身上表现出来的忘我、善良、朴实和勤劳的高贵精神，是我永远学习的榜样，是我一辈子取之不尽用之不竭的力量源泉！小学时期的班主任邱先民老师、大学时期的班主任汤树森老师、系主任胡福星老师以及其他许多人生的贵人，给予我的关心、爱护与教诲，也时常让我觉得内心的温暖和人生的美好，感谢他们。

在理论研究方面，最要感谢的就是《课程·教材·教法》杂志社的苏丹兰老师，正是由于她的正直、慧眼与坚持，才使"生命课堂"这一全新的课堂教学新理念登上了我国基础教育研究最权威刊物的"大雅之堂"，并逐渐被教育理论与实践界所认同与接受！如果没有她的正直、智慧与胆识，至少我的有关"生命课堂"研究，会受到更多的质疑与阻碍。

在实践研究方面，第一个要感谢的是福田区全海小学张国彬校长，正是由于他的远见与胆识，才使"生命课堂"有了第一所实验学校，才让"生命课堂"能够根植于基础教育第一线，才让"生命课堂"能够在基础教育大地开出绚丽的"花"，结出丰硕的"果"！第二个要感谢的就是光明新区东周小学冯硕万校长，正是由于他展现出的主体性、积极性与创造性思维，才让"生命课堂"在一块并不肥沃的土地上，开出了一朵灿烂的生命课堂之花！

要感谢的还有北京师范大学博士生导师肖川教授、北京大学教育学院博士生导师蒋凯教授、复旦大学博士生导师罗书华教授、香港教育大学心灵教育中心专业顾问何荣汉博士、南山外国语学校（集团）崔丽华老师，他们在百忙中阅读了我的书稿，写下了中肯的评语及鼓励性的意见和建议。

"生命课堂"的理论与实践研究，也得到了我校的大力支持，被列为学校"创新团队"研究项目！同时，全国有30多所生命课堂课题实验学校积极参与研究与实验，在此一并向学校各级领导和课题组成员表示衷心感谢！由于作者能力有限、加之行政事务繁杂，书中肯定有许多不成熟不完美的地方，真诚欢迎批评指正。